D1747426

Wörterbuch der Wasserchemie

Dictionary of Water Chemistry

Dictionnaire de la Chimie de l'Eau

VCH

© VCH Verlagsgesellschaft mbH, D-6940 Weinheim (Federal Republic of Germany), 1985

Vertrieb:
VCH Verlagsgesellschaft, Postfach 12 60/12 80, D-6940 Weinheim (Federal Republic of Germany)
USA und Canada: VCH Publishers, 303 N.W. 12th Avenue, Deerfield Beach, FL 33442-1705 (USA)

ISBN 3-527-25956-2 (VCH Verlagsgesellschaft)
ISBN 0-89573-434-6 (VCH Publishers)

Friedrich von Ammon

in Zusammenarbeit mit der Fachgruppe Wasserchemie

Wörterbuch der Wasserchemie
Deutsch/Englisch/Französisch

Dictionary of Water Chemistry
English/German/French

Dictionnaire de la Chimie de l'Eau
Français/Allemand/Anglais

Prof. Dr. Friedrich von Ammon
Nadistraße 14/9
D-8000 München 40

Lektorat / Editorial Director / Service de lecture: Dr. Hedda Schulz
Manuskriptbearbeitung / Copy Editor / Rédaction de l'édition: Christa Becker
Herstellerische Betreuung / Production Manager / Surveillance de fabrication: Dipl.-Ing. (FH) Hans Jörg Maier

CIP-Kurztitelaufnahme der Deutschen Bibliothek
Deutsche Bibliothek Cataloguing-in-Publication Data
Title abrégé fixé par la Deutsche Bibliothek

Ammon, Friedrich von:
Wörterbuch der Wasserchemie: [dt./engl./franz.]
= Dictionary of water chemistry / Friedrich von Ammon.
In Zusammenarbeit mit d. Fachgruppe Wasserchemie. –
Weinheim: VCH 1985.
   ISBN 3-527-25956-2 (Weinheim);
   ISBN 0-89573-434-6 (Deerfield Beach, Florida)
NE: HST

© VCH Verlagsgesellschaft mbH, D-6940 Weinheim (Federal Republic of Germany), 1985.

Alle Rechte, insbesondere die der Übersetzung in andere Sprachen, vorbehalten. Kein Teil dieses Buches darf ohne schriftliche Genehmigung des Verlages in irgendeiner Form – durch Photokopie, Mikroverfilmung oder irgendein anderes Verfahren – reproduziert oder in eine von Maschinen, insbesondere von Datenverarbeitungsmaschinen, verwendbare Sprache übertragen oder übersetzt werden.
Die Wiedergabe von Warenbezeichnungen, Handelsnamen oder sonstigen Kennzeichen in diesem Buch berechtigt nicht zu der Annahme, daß diese von jedermann frei benutzt werden dürfen. Vielmehr kann es sich auch dann um eingetragene Warenzeichen oder sonstige gesetzlich geschützte Kennzeichen handeln, wenn sie nicht eigens als solche markiert sind.

All rights reserved (including those of translation into other languages). No part of this book may be reproduced in any form – by photoprint, microfilm, or any other means – nor transmitted or translated into a machine language without written permission from the publishers.
Registered names, trademarks, etc. used in this book, even when not specifically marked as such, are not to be considered unprotected by law.

Tous droits, en particulier ceux de la traduction dans d'autres langues sont réservés. Aucune partie de ce livre ne peut être reproduite, sans consentement écrit de l'édition, sous quelque forme – photocopie, microfilm, ou par quelque procédé que ce soit – ou être transmise ou traduite en langues utilisables par des machines, en particulier par ordinateurs.
La reproduction de désignations des marchandises, de noms commerciaux ou d'autres marques dans ce livre laisse à supposer que ceux-ci ne soient pas par quiconque librement utilisés. Au contraire, il se peut qu'il s'agisse aussi de marques déposées ou n'importe quelles marques protégées par la loi, quand celles-ci ne sont pas volontairement en tant que telles figurées.

Satz / Composition / Composition: Josef Keller GmbH & Co., D-8130 Starnberg
Druck / Printing / Impression: betz-druck gmbh, D-6100 Darmstadt 12
Buchbinder / Bookbinding / Relieur: Georg Kränkl, D-6148 Heppenheim
Printed in the Federal Republic of Germany

Geleitwort

Auf dem Gebiet der Wasserchemie hat sich im letzten Jahrzehnt die internationale Zusammenarbeit zur Standardisierung von Untersuchungsverfahren, zur Erstellung von Richtlinien und Kriterien für die Wassergüte sowie zur Erprobung von Aufbereitungsmethoden für das Rohwasser oder zur Behandlung des Abwassers laufend verstärkt. In gleichem Maße entwickelte sich der internationale Erfahrungsaustausch durch Veröffentlichungen und Vorträge. So ist es durchaus verständlich, daß vermehrt und von verschiedenen Seiten der Wunsch nach einem Wörterbuch an die Fachgruppe Wasserchemie in der Gesellschaft Deutscher Chemiker herangetragen wurde. Dabei sollte vor allem der spezielle Wortschatz des Fachgebietes dreisprachig erfaßt und trotzdem der Umfang eines Taschenwörterbuches eingehalten werden, um den Benutzern nicht nur eine mehrsprachige, sondern auch eine handliche Hilfestellung zu geben.

Die Fachgruppe dankt ihrem langjährigen Mitglied F. K. von Ammon, daß er diese Erarbeitung im Interesse des Fachgebietes übernommen hat. Der Dank gilt auch dem Verlag für die buchtechnische Gestaltung. Die Fachgruppe wünscht dem Wörterbuch eine weite Verbreitung und seinen Besitzern den erhofften Nutzen bei der Verwendung.

Prof. Dr. K.-E. Quentin
Vorsitzender der Fachgruppe Wasserchemie
in der Gesellschaft Deutscher Chemiker

Foreword

Over the last decade, the field of water chemistry has experienced the continuous growth of international cooperation in the standardization of analytical procedures, in the establishment of guidelines and criteria for water quality, and in the development of methods for the treatment of raw water and sewage. Likewise, the international exchange of experience has expanded through publications and lectures. Thus, it is not at all surprising that the Water Chemistry Section of the German Chemical Society has received an ever-increasing number of requests for a dictionary. In particular this dictionary should render the specialized vocabulary of the field in three languages, and at the same time stay limited in size to provide the user with a multilanguage aid that is also conveniently manageable.

The Water Chemistry Section would like to thank their long-time member F.K. von Ammon for performing this service to the field of water chemistry. Thanks are also due to the publishers for the production of this book. The Section wishes this dictionary a wide distribution, and its owners the benefit expected from its use.

> Prof. Dr. K.-E. Quentin
> Chairman of the Water Chemistry Section
> of the German Chemical Society

Préface

Au cours des dernières décennies, la coopération internationale dans le domaine de la Chimie des Eaux n'a pas cessé de s'accentuer, à savoir dans la standardisation de procédés de recherche, dans l'établissement de directives et de critères de la qualité de l'eau, tout comme dans l'essai de méthodes d'amélioration de l'eau brute ou dans le traitement des eaux usées. Dans la même mesure, l'échange international d'expérience se développait par le biais de publications et de conférences. Ainsi, il est aussi tout à fait compréhensible que le désir, intense et provenant de différentes sources, d'un dictionnaire eu été avancé au Groupement Spécialisé de la Chimie des Eaux de l'Association des Chimistes Allemands. Cependant, le vocabulaire particulier de la matière, conçu en trois langues, et malgré le volume d'un dictionnaire de poche, devait être respecté afin d'apporter aux utilisateurs une aide non seulement polyglotte mais aussi pratique.

Le Groupement Spécialisé remercie son membre de longue date F.K. von Ammon qui s'est chargé de cette élaboration dans l'interêt de cette matière, ainsi que la maison d'édition pour l'organisation technique du livre. Le Groupement Spécialisé souhaite au dictionnaire une vaste divulgation et, quant à ses possesseurs, le meilleur profit dans son utilisation.

> Prof. Dr. K.-E. Quentin
> Président du Groupement Spécialisé de la Chimie des Eaux
> dans l'Association des Chimistes Allemands

Vorwort

Die Anregung zu diesem Wörterbuch der Wasserchemie entsprang der praktischen Arbeit der Chemiker, die für ihr Spezialgebiet nach einer handlichen Übersetzungshilfe suchen. Ich habe hier die wichtigsten Begriffe zusammengetragen, die sich auf die Beschaffenheit und Qualität des Wassers beziehen. Sowohl die Fachausdrücke, die zur Beschreibung und Beurteilung der Wasserqualität dienen, als auch Bezeichnungen der Wasseraufbereitung und zu anderen technischen Verfahren sind berücksichtigt. Die Fachausdrücke stammen aus allen Bereichen der Wasserchemie. Sie beziehen sich auf die Entnahme von Wasserproben, die Analytik und deren Prüfung nach statistischen Kriterien und reichen bis zur praktischen Anwendung der Ergebnisse als Kennzahlen für die Planung und den Betrieb von Anlagen zur Wasseraufbereitung und Abwasserreinigung. Erfaßt wurden auch die Grundbegriffe der Gewässerkunde sowie Bezeichnungen geologischer, physikalischer und biologischer Vorgänge, der wichtigsten Abwasserquellen und der Dinge, die in der Technologie des Wassers eine Rolle spielen. Begriffe ohne Bezug zur Wasserchemie sowie technische Gebiete wie Wasserbau oder Hydraulik ohne Bezug zur Qualität des Wassers blieben unberücksichtigt.

Bei der Wortwahl erhielten moderne Bezeichnungen den Vorzug. Bei einigen häufiger benutzten Begriffen wurden auch ältere Bezeichnungen aufgeführt, um den Kollegen zu helfen, die der Entwicklung der chemischen Nomenklatur nicht laufend folgen können.

München, September 1984   Friedrich von Ammon

Preface

The idea of a Dictionary of Water Chemistry arose from the work of chemists, who, in the field of water chemistry, require a handy aid for translations. This dictionary presents a compilation of the most important terms related to water composition and quality. Technical terms used to describe water purification and other technical processes are also included. In fact, terms come from all areas of water chemistry: they concern water sampling, water analysis and its statistical interpretation, the evaluation of results as indicators for planing and operating water purification and waste-water plants. Furthermore, basic terms related to hydrology, geological, physical and biological processes, the most important sources of waste-water, and water technology are included. Terms not connected with water chemistry, and terms from areas such as hydraulic engineering not related to water quality have not been considered.

In the choice of words, modern expressions are prefered. However, for same frequently used terms older expressions are included to help colleagues who may not have been able to follow the developments in nomenclature.

Munich, September 1984   Friedrich von Ammon

Avant-propos

La suggestion d'un dictionnaire de la Chimie des Eaux résulte du travail pratique des chimistes qui, justement dans le domaine particulier de la Chimie des Eaux, sont souvent à la recherche d'une aide de traduction commode. Les termes les plus importants des différents domaines, qui se réfèrent à la nature et à la qualité de l'eau, sont recueillis dans ce dictionnaire. Non seulement des termes techniques qui servent à la description et à l'analyse de la qualité de l'eau, mais aussi des termes du traitement des eaux et d'autres procédés techniques sont pris en considération. Les termes techniques proviennent de tous les domaines de la Chimie des Eaux, depuis le prélèvement d'échantillons d'eau, de l'analytique et de son examen selon des critères statistiques, jusqu'à l'utilisation pratique des résultats comme signes particuliers pour la planification et l'exploitation d'installations pour le traitement des eaux et l'épuration des eaux d'égout. De plus, les notions fondamentales de l'hydrographie, à l'inclusion des processus géologiques, physiques et biologiques, ont été enregistrés, tout comme les plus importantes sources d'eaux d'égout et les termes spéciaux sur la technologie des eaux. Des notions chimiques pures, sans rapport à la Chimie des Eaux ou à des domaines techniques comme la construction hydraulique ou l'hydraulique elle-même et sans rapport à la qualité de l'eau, n'ont pas été prises en considération.

Dans le choix des mots, on a aspiré à utiliser les désignations modernes. Dans le cas de quelques notions employées plus fréquemment, des désignations plus âgées ont été quand même mentionnées, afin de venir au devant des collègues des matières voisines, ceux-ci ne pouvant pas toujours suivre le développement de la nomenclature chimique.

Munich, septembre 1984   Friedrich von Ammon

Inhalt
Contents
Table des matières

Wörterbuch der Wasserchemie
Deutsch / Englisch / Französisch

Erläuterungen 1
Verzeichnis der Abkürzungen 2
Wörterverzeichnis 3

Deutsch

Dictionary of Water Chemistry
English / German / French

Explanatory Notes 69
Index of Abbreviations 70
Dictionary 71

English

Dictionnaire de la Chimie de l'Eau
Français / Allemand / Anglais

Notes explicatives 139
Index des Abréviations 140
Dictionnaire 141

Français

Erläuterungen

Das Wörterbuch der Wasserchemie besteht aus drei gleichwertigen Teilen, in denen jeweils alle Begriffe in Deutsch, Englisch oder Französisch alphabetisch geordnet sind. Der erste und letzte Begriff auf einer Seite wird im Seitenkopf angezeigt.
   Jedem Eintrag folgen – durch Schrägstrich getrennt – alle Übersetzungen in die beiden anderen Sprachen. Müssen bei den Übersetzungen Synonyma aufgeführt werden, so sind diese durch Kommata getrennt. Bei der Übertragung in eine der Ausgangssprachen werden Synonyma als eigenständige Eintragungen behandelt. Begriffe, die sich aus mehreren Wörtern zusammensetzen, sind sowohl als solche als auch unter den substantivischen Wortbestandteilen aufgeführt. Man findet also beispielsweise die Eintragungen:
   gesamter Sauerstoffbedarf
   GSB → gesamter Sauerstoffbedarf
   Sauerstoffbedarf → gesamter Sauerstoffbedarf.
   Bei allen französischen und deutschen Substantiven ist das Geschlecht in kursiven Buchstaben angegeben (m männlich, maskulinum; f weiblich, femininum; n sächlich, neutrum). Wörter, die nur im Plural vorkommen, sind durch pl gekennzeichnet. Bei englischen Begriffen wird die britische Schreibweise bevorzugt, jedoch bei Abweichungen ergänzt durch die amerikanische Schreibweise. Im englischen Teil erhalten die amerikanischen Begriffe einen Querverweis auf die britische Schreibweise. Gebräuchliche Akronyme sind alphabetisch eingeordnet, mit einem Querverweis auf den ausgeschriebenen Begriff. Die Benennung der Analyseverfahren erfolgte nach den Deutschen Einheitsverfahren des Deutschen Institutes für Normung (DIN–DEV), der Standard Methods for Examination of Water and Waste Water der American Public Health Association, der American Waterworks Association und der Water Pollution Control Federation sowie nach den Normen der Association Française de Normalisation (AFNOR).
   Bei zahlreichen Begriffen ist in Klammern – in abgekürzter Form – das Spezialgebiet angegeben, dem der Ausdruck angehört, oder es wird durch Erläuterungen darauf hingewiesen, in welchem Zusammenhang der Begriff normalerweise Verwendung findet.

Verzeichnis der Abkürzungen

Abw	Abwasser	sewage, waste water	eau usée
Anal	Analytik	analytics	analytique
Bakt	Bakteriologie	bacteriology	bacteriologie
Biol	Biologie	biology	biologie
Bot	Botanik	botany	botanique
Chem	Chemie	chemistry	chimie
Elekt	Elektrizität	electricity	électricité
Geol	Geologie	geology	géologie
GB	Großbritannien	Great Britain	Grande-Bretagne
Hydrol	Hydrologie	hydrology	hydrologie
Korr	Korrosion	corrosion	corrosion
Labor	Laboratorium	laboratory	laboratoire
Limnol	Limnologie	limnology	limnologie
Math	Mathematik	mathematics	mathématique
Med	Medizin	medicine	médicine
Meteor	Meteorologie	meteorology	météorologie
Papier	Papier, Pappe	paper, cardboard	papier, carton
Phy	Physik	physics	physique
Physiol	Physiologie	physiology	physiologie
Techn	Technik	engineering	technique
Text	Textil	textile	textile
USA	Vereinigte Staaten von Amerika	United States of America	Etats-Unis de l'Amerique
Zool	Zoologie	zoology	zoologie

Abbau   **Absenkung**

Abbau *m* (Geol) / disintegration / désintégration *f*
— (Biol) / degradation, digestion / dégradation *f*
Abbaubarkeit *f* / degradability / dégradabilité *f*
abbauen (Biol) / decompose, disintegrate / dégrader
Abblasen *n* / blow down / purge *f* sous pression
abblasen / blow down / purger
Abdampf *m* / exhaust steam / vapeur *f* d'échappement, vapeur *f* épuisée
abdampfen / evaporate, vaporize, boil down / évaporer, vaporiser
Abdampfrückstand *m* / residue on (of) evaporation, evaporation residue / résidu *m* d'évaporation
Abdampfschale *f* / evaporating dish / capsule *f* d'évaporation
Abfälle *mpl* / wastes *pl*, garbage / déchets *mpl*, résidus *mpl*
Abfallauge *f* / spent lye, tail liquor / lessive *f* épuisée
Abfallbeize *f* / spent pickling liquor / liqueur *f* de décapage épuisée
Abfallsäure *f* / spent acid / acide *m* épuisé
abfiltrierbare Stoffe *mpl* / nonfiltrable matter / matières *fpl* en suspension
abfließen / run off, flow out / écouler (s')
Abfluß *m* (Abw) / effluent, discharge / rejet *m*, effluent *m*
— (Hydrol) / discharge, run off, flow / écoulement *m*
Abfluß-Dauerlinie *f* / flow duration curve / courbe *f* de débits classés
Abflußspende *f* (eines Niederschlagsgebietes) / discharge / débit *m*, indice *m* d'écoulement
abgießen / decant / décanter
abheben (einer Schwimmdecke) / skim / enlever le chapeau, enlever l'écume
abkippen (abladen) / dump / décharger
abkühlen / refrigerate, cool (down) / réfrigérer, refroidir
ablagern / deposit / déposer
Ablagerungen *fpl* / deposits / salissures *fpl*
Ablaß *m* / drain / vidange *f*
Ablauf *m* (-Bauwerk d. Kläranlage) / effluent channel, outlet / émissaire *m*
Ablauge *f* / spent lye, tail liquor / lessive *f* épuisée
ableiten / divert / déverser, dériver
Ablesefehler *m* / error of observation / erreur *f* de mesure
Abluft *f* / exhaust air / air *m* d'échappement
Abnahme *f* / decrease, decline / diminution *f*
— (einer Ware) / acceptance / réception *f*
Abnutzung *f* / wear / usure *f*
Abort *m* / closet, latrine, lavatory / cabinet *m*, lieux *mpl* d'aisances
Abrieb *m* / abrasion, attrition / abrasion *f*, attrition *f*
Absalzung *f* / desalting / purge *f* de déconcentration
absaugen (von Gas) / aspirate / aspirer
Absaugen *n* (von Gas) / aspiration / aspiration *f*
abscheiden / separate, isolate / séparer, isoler, évacuer à part
Abscheider *m* / separator / séparateur *m*
Abscheidung *f* / separation / séparation *f*
Abschlämmung *f* / purge, blow down / purge *f*
Abschlammwasser *n* / boiler blow-down water / eau *f* de purge de la chaudière
Absenkung *f* (Geol) / depression / dépression *f*

Absenkung   **akklimatisieren**

— (Hydrol) / draw down / abattement *m*
Absenkungsbereich *m* (Hydrol) / area of influence / zone *f* d'appel
Absenkungstrichter *m* (Hydrol) / cone of depression / cône *m* d'appel
absetzbar / settleable / décantable, déposable
absetzbare Stoffe *mpl* / settleable solids *pl*, settleable matter / matières *fpl* décantables, matières *fpl* sédimentables
Absetzbecken *n* / clarifier / clarificateur *m*, décanteur *m*
Absetzen *n* / sedimentation, settling, decanting / sédimentation *f*
Absetzglas *n* / settling glas, Imhoff cone / éprouvette *f* conique graduée, éprouvette *f* de décantation, cône *m* Imhoff à sédimentation
absieben / screen, sieve, sift / tamiser, cribler
Absorption *f* (Chem, Phy, Physiol) / absorption / absorption *f*
Absorptionsgefäß *n* / absorption vessel / vase *m* d'absorption, absorbeur *m*
abstoßend / repulsive, repelling / repoussant
Abstreifer *m* (für Schwimmstoffe) / skimmer, scum collector / racleur *m* superficiel
Abstreifergut *n* / skimmings / matières *fpl* flottantes
Abstrich *m* (Bakt) / streak / frottis *m*
abtrennen / isolate, separate / isoler, séparer
— (Abw) / segregate, separate / évacuer à part
Abwärme *f* / waste heat / chaleur *f* perdue
Abwasser *n* / sewage, waste water / eau *f* résiduaire, eau *f* usée
Abwasserbehandlung *f* / sewage, waste water treatment / traitement *m* des eaux d'égout
Abwasserpilz *m* / sewage fungus / champignon *m* filamenteux
Abwasserreinigung *f* / sewage purification / épuration *f* des eaux usées
Abwasserreinigungsanlage *f* / sewage treatment works, waste water treatment plant / station *f* d'épuration des eaux d'égout
Abwasserschlamm *m* / sewage sludge / boues *fpl* d'épuration
Abwasserteich *m* / lagoon, stabilization pond / lagune *f*, étang *m* de stabilisation
Abzug *m* (Techn) / exhaust, hood fume cupboard, exhauster / hotte *f* aspirante
Acetat *n* / acetate / acétate *m*
Aceton *n* / acetone / acétone *f*
Acetylen *n* / acetylene / acétylène *m*
Adaptierung *f* / adaptation / adaptation *f*
Additionsmethode *f* / standard addition / méthode *f* d'ajouts dosés
adsorbierbare organische Halogenverbindungen *fpl* **AOX** / adsorbable organic halogen compounds / dérivés *mpl* organohalogéniques adsorbable
adsorbieren / adsorb / adsorber
Adsorption *f* / adsorption / adsorption *f*
aerob / aerobic / aérobie
Aerosol *n* / aerosol / aérosol *m*
Ätzalkalität *f* / caustic alkalinity / alcalinité *f* caustique
Ätzkalk *m* / quick lime, caustic lime / chaux *f* anhydre, chaux *f* vive
Aggregation *f* / aggregation / agrégation *f*
aggressiv / aggressive / agressif
aggressives Kohlenstoffdioxid *n* / aggressive carbon dioxide / acide *m* carbonique agressif
Aggressivität *f* / aggressiveness / agressivité *f*
akklimatisieren / acclimatize / acclimater

Akkumulation　　　　　　　　　　　　　　　　　　　　　　　　　　　　　**Angabe**

Akkumulation *f* / accumulation / accumulation *f*
A-Kohle *f* → Aktivkohle *f*
aktives Chlor *n* / active chlorine / chlore *m* actif
aktivierte Kieselsäure *f* / activated silica / silice *f* activée
Aktivierung *f* / activation / activation *f*
Aktivkohle *f* / activated carbon / charbon *m* actif
Aktivkohlegranulat *n* / granulated activated carbon / charbon *m* actif en grains
Aktivkohlepulver *n* / powdered activated carbon / charbon *m* actif en poudre
akut / acute / aigu
Akzeptor *m* / acceptor / accepteur *m*
Alge *f* / alga / algue *f*
Algenblüte *f* / algae bloom / floraison *f* d'algue
Algizid *n* / algicide / algicide *m*
aliphatisch / aliphatic / aliphatique
Alkali *n* / alkali / alcali *m*
alkalisch / alkaline / alcalin
alkalische Gärung *f* / alkaline fermentation / fermentation *f* alcaline, fermentation *f* méthanique
Alkalität *f* / alkalinity / alcalinité *f*, titre *m* alcalimétrique
Alkalisilikat *n* / water glass / silicate *m* de sodium, verre *m* soluble
Alkohol *m* / alcohol / alcool *m*
alkoholfreie Getränke *npl* / soft drinks / boissons *fpl* non alcoolisées
Alkylbenzolsulfonat *n* / alkylbenzene sulfonate / alkylbenzène sulfonat *m*
Allylthioharnstoff *m* **ATH** / allyl thiourea / thiourée *f* allylique
Alter *n* / age / âge *m*
Alterung *f* / ageing / vieillissement *m*
Aluminat *n* / aluminate / aluminate *m*
Aluminium *n* / aluminum (USA), aluminium / aluminium *m*
Aluminiumoxid *n* / alumina / alumine *f*
Ameisensäure *f* / formic acid / acide *m* formique
Aminosäure *f* / amino acid / acide *m* aminé
Ammoniak *n* / ammonia / ammoniaque *f*
— → gebundenes Ammoniak *n*
Ammoniakabwasser *n* / ammonia waste / eaux *fpl* ammoniacales résiduaires
Ammonium *n* / ammonium / ammonium *m*
Ammoniummolybdat *n* / ammonium molybdate / paramolybdate *m* d'ammonium
Ammoniumstickstoff *m* / ammonia nitrogen / azote *m* ammoniacal
Amöbe *f* / amoebe / amibe *f*
amorph / amorphous / amorphe
anaerob / anaerobic / anaérobie
Analyse *f* / analysis / analyse *f*
analysieren / analyze / analyser
Anfälligkeit *f* / susceptibility / susceptibilité *f*
anfärben (Bakt) / stain / teinter
Anfangsgehalt *m* / initial content / teneur *f* initiale
anfaulen / become fouled / pourrir (commencer à -)
anfeuchten / moisten / humidifier
Angabe *f* **der Ergebnisse** / expression of results / expression *f* des résultats

5

angeben **Art**

angeben als / report as / présenter, exprimer en
angreifen / corrode / corroder
angreifend / corrosive / corrosif
Angriffsfähigkeit f / aggressiveness / agressivité f
angriffsverhütend / inhibitory / inhibitoire
Anhäufung f / aggregation / agrégation f
Anhydrid n / anhydride / anhydride m
animpfen / seed, inoculate / inoculer, ensemencer
Anion n / anion / anion m
anionisch / anionic / anionique
Anlage f / plant, works / installation f, établissement m
Annahme f / acceptance / réception f (de travaux)
Anode f / anode / anode f
anorganischer Kohlenstoff m / inorganic carbon / carbone m inorganique
Anpassung f / adaptation / adaptation f
Anregung f / excitation, stimulation / excitation f, stimulation f
anreichern (Chem) / concentrate / concentrer
— (Hydrol) / replenish, recharge / enrichir, recharger
Anreicherung f / enrichment / enrichissement m
— (quantitativ) / accumulation / accumulation f
— → Grundwasseranreicherung f
ansäuern / acidify / acidifier
Ansäuerung f / acidification / acidification f
ansammeln / gather, collect, accumulate / amasser (s'), accumuler, collecter
Ansammlung f / gathering, collection, accumulation / collecte f
Ansaugen n / aspiration, suction, priming / aspiration f, succion f
ansaugen / aspirate / aspirer
Anschwemmfilter m / precoat filter / filtre m à précouche
ansetzen, sich / deposit, become coated / attacher (s'), déposer (se)
ansteckend / infectious, contagious / transmissible, contagieux
Ansteckung f / infection, contagion / infection f, contagion f
Anstrich m (mit Farbe) / coat, coating / peinture f, couche f de peinture
Antibiotika pl / antibiotics pl / antibiotiques mpl
Antimon n / antimony / antimoine m
anwendbar / applicable / applicable
Anwendungsbereich m (Labor) / field of application / domaine m d'application
Anwesenheit f / presence / présence f
Anzeiger m / detector, tracer, indicator / détecteur m, indicateur m
Anziehungskraft f / force of attraction / force f d'attraction
Apparat m / apparatus, device / appareil m
Appretur f / sizing (of fabric), dressing, finish / apprêtage m
Aquifer m / aquifer, water bearing formation / aquifère f (formation)
arithmetischer Mittelwert m / arithmetic mean / moyenne f arithmétique
aromatisch / aromatic / aromatique
Arsen n / arsenic / arsenic m
Arsentrihydrid n / arsenic trihydride / trihydrure m d'arsenic
Arsenwasserstoff m / arsenic trihydride / trihydrure m d'arsenic
Art f (Biol) / species / espèce f, ordre m

artesisch / artesian / artésien
Asbest *m* / asbestos / asbeste *m*, amiante *m*
Asbestzement *m* / asbestos cement / amiante-ciment *m*
Asche *f* / ash, cinders / cendre *f*
aschefrei (Filter) / ashless (filter) / sans cendre (filtre)
Ascorbinsäure *f* / ascorbic acid / acide *m* ascorbique
Asphalt *m* / asphalt / asphalte *m*
Assimilation *f* / assimilation / assimilation *f*
ATH → Allylthioharnstoff *m*
Atmosphäre *f* / atmosphere / atmosphère *f*
Atmung *f* / respiration / respiration *f*
Atom *n* / atom / atome *m*
Atomabsorption *f* (Anal) / atomic absorption / absorption *f* atomique
Atomgewicht *n* / atomic weight / poids *m* atomique
Atomisieren *n* / atomization / atomisation *f*
Atomkern *m* / atomic nucleus / noyau *m* atomique
Atomreaktor *m* / nuclear reactor, atomic pile / réacteur *m* nucléaire, pile *f* atomique
Aufbereitung *f* / treatment, conditioning / traitement *m*
Aufenthaltszeit *f* / detention period, retention time / durée *f* de séjour, temps *m* d'arrêt
auffüllen zu / add to, dilute to / amener à, compléter au volume
Aufhärtung *f* (Hydrol) / hardening / endurcissement *m*
— (Techn) / recarbonation / récarbonisation *f*
aufladen / charge, fill / emplir, remplir
Auflockerung *f* (des Bodens) / loosening / ameublissement *m*
auflösen (Chem) / solve, dissolve / dissoudre
Auflösen *n* / solution, dissolving / dissolution *f*
Aufnahme *f* / absorption / incorporation *f*
— (Biol) / uptake, intake, ingestion / ingestion *f*, réception *f*
Aufnahmefähigkeit *f* / carrying capacity / capacité *f* de charge
Aufnahmevermögen *n* / absorption capacity / capacité *f* d'absorption
Aufprallen *n* / shock, impact / choc *m*, coup *m*
Aufsaugen *n* / aspiration / aspiration *f*
Aufschluß *m* (Chem) / digestion, decomposition / décomposition *f*
Aufstiegsgeschwindigkeit *f* / upward flow rate, rising velocity / vitesse *f* ascensionnelle
Aufstockversuch *m* / standard addition / méthode *f* d'ajouts dosés
auftauen / melt, thaw / dégeler
Auftreten *n* / occurrence / apparition *f*
Auftrieb *m* / ascending force, buoyancy / poussée *f* verticale
Aufwärtsströmung *f* / upward flow / courant *m* ascendant
Ausbeute *f* / output (Techn), yield (Chem) / rendement *m*
ausfällen (Chem) / precipitate / précipiter
Ausfällung *f* (Chem) / precipitate, precipitation / précipitation *f*
ausfaulen / digest, putrefy / digérer, pourrir, putréfier
ausflocken / floc, flocculate, coagulate / floculer, coaguler
Ausflocken *n* / flocculation, coagulation / floculation *f*, coagulation *f*
Ausfluß *m* / effluent, outflow, discharge / effluence *f*, émission *f*
ausgedrückt als / expressed as / exprimé en
ausgefaulter Schlamm *m* (Abw) / digested sludge / boue *f* digérée

Ausgleich   bebrüten

Ausgleich *m* **des Abflusses** / equalization of discharge / régulation *f* de la décharge
Auslauf *m* / outlet, outfall / dégorgeoir *m*, issue *f*, déchargeoir *m*
auslaugen (Schlamm-) / elutriate, lixiviate, leach / lixivier, lessiver
Auslaugung *f* / elutriation, leaching (of sludge) / lessivage *m*, lixiviation *f*, élutriation *f*
— / extraction / extraction *f*
auspumpen / exhaust / épuiser
Ausreißertest *m* (Math) / outlier test / test *m* de rejet
Ausrüstung *f* / equipment, accomodation / équipement *m*
Ausschreibung *f* / submission / soumission *f*
Aussehen *n* / appearance / apparence *f*
Aussetzung *f* / exposure / exposition *f*
Ausstrahlung *f* / radiancy, radiation, irradiation / irradiation *f*, radiation *f*, rayonnement *m*
Austausch *m* / exchange / échange *m*
— (Ersatz) / replacement / remplacement *m*
Austauscher *m* / exchanger / échangeur *m*
Austauschvermögen *n* / exchange capacity / pouvoir *m* d'échange
Auster *f* / oyster / huître *f*
Austreiben *n* (von Gas) / stripping / strippage *f*
Auswahltest *m* / screening test / test *m* de sélection
Auswertefunktion *f* / evaluation function / fonction *f* d'évaluation
Auswertemodell *n* / evaluation model / modèle *m* de référence
auswerten / evaluate / évaluer
Auswertung *f* / evaluation, assessment / évaluation *f*
Autoklav *m* / autoclave / autoclave *m*
automatische Probenahme *f* / automatic sampling / échantillonnage *m* automatique
autotroph / autotrophic / autotrophe
Azid *n* / azide / azoture *m*
Azidität *f* / acidity / acidité *f*

Bach *m* / creek, brook / ruisseau *m*
Bad *n* / bath / bain *m*
Badewanne *f* / bath tub / baignoire *f*
bakteriell / bacterial / bactérien
Bakterien *fpl* / bacteria *pl* / bactéries *fpl*
Bakteriologie *f* / bacteriology / bactériologie *f*
bakterizid / germicidal, bactericidal / bactéricide
Ballast *m* / ballast / ballast *m*
Ballastwasser *n* / ballast water / eau *f* de lestage
Balneologie *f* / balneology / thermalisme *m*
Bandwurm *m* / tape worm / ver *m* solitaire, ténia *m*
Barium *n* / barium / baryum *m*
Base *f* (Chem) / base / base *f*
Basekapazität *f* / base binding capacity / consommation *f* de bases
— → Azidität *f*
basisch (stark, schwach) / basic (strong, weak) / basique (fortement, faiblement)
Baustelle *f* / construction site / chantier *m*
bebrüten / incubate / couver

Bebrütung *f* / incubation / incubation *f*
Becherglas *n* (Chem) / beaker / bécher *m*
Becken *n* / basin, tank / bassin *m*
Bedarf *m* / demand, requirements *pl* / demande *f*, besoin *m*
befeuchten / moisten / humidifier
Befund *m* (Anal) / result, finding / résultat *m*, valeur *f* trouvée
Behälter *m* / container, tank, receptacle / réservoir *m*, récipient *m*
behandeln / treat, condition / traiter
Behandlung *f* / treatment, conditioning / traitement *m*
beheizen / heat / chauffer
Beheizung *f* / heating / chauffage *m*
Beiwert *m* / coefficient / coefficient *m*
Beizen *n* / pickling / décapage *m*
Beizerei *f* / pickling plant / décaperie *f*, atelier *m* de décapage
bekämpfen (Biol) / control / lutter
Belästigung *f* / nuisance / nuisance *f*
Belag *m* / coating / couche *f*
belasten / load / charger
Belastung *f* (Hydrol) / load / charge *f*
belebter Schlamm *m* / activated sludge / boue *f* activée
Belebtschlamm *m* / activated sludge / boue *f* activée
Belebtschlammgemisch *n* (im Belüftungsbecken) / mixed liquor / liqueur *f* mixte
Belebungsanlage *f* / activated sludge plant / installation *f* à boues activées, installation *f* d'activation
Belebungsbecken *n* / activated sludge tank, aeration tank / bassin *m* d'aération, bassin *m* d'activation
Belichtung *f* (Photo) / exposure / exposition *f*
belüften / aerate / aérer, souffler de l'air
Belüfter *m* / aerator / aérateur *m*
Belüftung *f* / aeration, air diffusion / aération *f*, diffusion *f* de l'air
— → feinblasige Belüftung *f*
— → grobblasige Belüftung *f*
Belüftungsbecken *n* / activated sludge tank, aeration tank / bassin *m* d'aération *f*, bassin *m* d'activation *f*
benetzen / wet, sprinkle / mouiller, humecter
Benetzungsmittel *n* / wetting agent / mouillant *m*
Benthos *n* / benthic deposit / benthos *m*
Bentonit *m* / bentonite / bentonite *f*
Benzin *n* / gasoline (USA), petrol (GB) / essence *f* (de pétrole)
Benzinabscheider *m* / petrol separator / séparateur *m* d'essence
Benzol *n* / benzene / benzène *m*, benzine *f*
Berechnung *f* / calculation / calcul *m*, compte *m*
Beregnung *f* / spray irrigation / irrigation *f* par aspersion
Beregnungsvorrichtung *f*→ Regner *m*
Bereich *m* / range / domaine *m*
Bergbau *m* / mining / exploitation *f* des mines
Bergwerk *n* / mine pit / mine *f*, minière *f*
berieseln / irrigate, water / irriguer

Bernsteinsäure f / succinic acid / acide m succinique
Berührungsfläche f / contact area / surface f de contact
beschaffen / supply, provide / alimenter, approvisionner, desservir
Beschaffenheit f / quality / qualité f
beschichtet / coated / revêtu
Beschichtung f / coating, lining / revêtement m
beschicken / charge, fill / emplir, remplir
Beschickung f / charge, feed / alimentation f, approvisionnement m, chargement m
Beseitigung f / removal, elimination, disposal / évacuation f, élimination f, enlèvement m
besetzen (mit Fisch) / stock / empoissonner, aleviner
besprengen / spray, sprinkle / arroser
Beständigkeit f / stability / stabilité f
— / persistency / persistance f
Bestandteil m / component, constituent / élément m, composant m
Bestimmung f (Chem) / determination / détermination f
Bestimmung f **der Fäulnisfähigkeit** / stability test, metylene blue test / test m de stabilité
Bestimmung f **der Haltbarkeit** / stability test, metylene blue test / test m de stabilité
Bestimmung der Wirkung auf Fische / fish test, determination of effects on fish / détermination f des effets vis-à-vis des poissons
Bestimmungsgrenze f / limit of determination / limite m de détermination
Bestrahlung f / radiancy, radiation, irradiation / irradiation f, radiation f, rayonnement m
Beton m / concrete / béton m
betreiben / operate / exploiter
Betrieb m / plant, works / installation f, établissement m
— (Techn) / operation / opération f
Betriebsdauer f / operating period / durée f de fonctionnement
Betriebsstundenzähler m / service hours counter / compteur m horaire
Betriebswasser n / process water, industrial water, service water / eau f d'usage industriel, eau f de procédés
Bett n (Geol) / layer, stratum, bed / couche f, strate f
Bevölkerung f / population / population f
bewässern / irrigate, water / irriguer
Bewässerung f / irrigation / irrigation f, arrosage m
beweglich / mobile / mobile
Beweglichkeit f / mobility / mobilité f
bewehren (Beton) / reinforce / renforcer
bewerten / evaluate / évaluer
Bewertung f / evaluation, assessment / évaluation f
Bewirtschaftung f / management / aménagement m, exploitation f, gestion f
Bewuchs m (Biol) / periphyton / périphyton m, couvertures fpl biologiques
Bezugselektrode f / reference electrode / électrode f de référence
Bezugselement n / reference element / élement m de référence
Bi-aktiv / bismuth-active / bismuth m actif
Bias m (quantitativ) / accuracy of the mean, bias / justesse f, biais m (quantitativ)
Bicarbonat n / bicarbonate, hydrogen carbonate / bicarbonate m, hydrogènecarbonate m

Biertreber *mpl* / brewers grains *pl* / drêche *f*
Bilanz *f* / balance / bilan *m*
Bilgewasser *n* / bilge water / eau *f* de cale
Bindemittel *n* / binder, binding agent / agent *m* liant
Bindung *f* (Chem) / bond / liaison *f*
Binnensee *m* / inland lake / lac *m* intérieur
Binse *f* / rush / jonc *m*
Biochemie *f* / biochemistry / biochimie *f*
biochemischer Sauerstoffbedarf BSB / biochemical oxygen demand / demande *f* biochimique en oxygène
biologisch / biological / biologique
biologische Abbaubarkeit *f* / biodegradability / biodégradabilité *f*
biologische Anreicherung *f* / biological accumulation / enrichissement *m* biologique
Biomasse *f* / biomass / biomasse *f*
Bismut *n* / bismuth / bismuth *m*
Bismut-aktiv / bismuth-active / bismuth *m* actif
Bitumen *n* / bitumen / bitume *m*
Blähschlamm *m* / bulking sludge / boue *f* gonflante
Blase *f* / bubble / bulle *f*
Blausäure *f* / hydrocyanic acid, hydrogen cyanide, Prussic acid / acide *m* cyanhydrique, acide *m* prussique
Blech *n* / sheet metal / tôle *f*
Blei *n* / lead / plomb *m*
bleibende Härte *f* / non alkaline (permanent) hardness, non-carbonate hardness / dureté *f* non-carbonatée, dureté *f* non alcaline (permanente)
Bleiche *f* / bleaching / blanchiment *m*
Bleichen *n* / bleaching / blanchiment *m*
Bleicherde *f* / bleaching earth / terre *f* décolorante
Bleicherei *f* / bleaching plant / blanchisserie *f*
Bleichlauge *f* / bleaching lye / eau *f* de Javel
Bleilösevermögen *n* / plumbo-solvency / capacité *f* de dissoudre le plomb
Bleitetraethyl *n* / tetraethyl lead / tetraéthyle *m* de plomb
Blindversuch *m* / blank test / essai *m* à blanc
Blindwert *m* / blank value / valeur *f* témoin, valeur *f* à blanc
Blütenstaub *m* / pollen / pollen *m*
Boden *m* / bottom, floor / plancher *m*, fond *m*, radier *m*
— (Geol) / ground, soil / sol *m*
Bodensatz *m* / deposit, sediment / dépôt *m*
Bodenschicht *f* / bottom stratum, bottom layer / couche *f* de fond
Bodenverbesserung *f* / soil melioration / amélioration *f* des sols
Bodenverdichtung *f* / soil compaction / compactage *m* du sol
Bodenverfestigung *f* / soil stabilization / stabilisation *f* du sol
bohren / drill, bore / forer
Bohrgut *n* / drillings *pl*, debris / déblai *m* de forage
Bohrkern *m* / core / carotte *f* de sondage
Bohrschlamm *m* / drilling mud / boue *f* de forage
Bohrung *f* / boring / forage *m*
Bonderung *f* (Korr) / bondering / bondérisation *f*

Bor **Chemie**

Bor n / boron / bore m
Borat n / borate / borate m
Borsäure f / boric acid / acide m borique
brackig / brackish / saumâtre
Branntkalk m / quick lime, caustic lime / chaux f anhydre, chaux f vive
Brauerei f / brewery / brasserie f
Braunkohle f / lignite, brown coal / lignite m, houille f brune
Braunkohlenschwelanlage f / lignite coking plant / usine f à distillation de lignite
Braunschliff m / steamed mechanical (wood) pulp / pâte f mécanique brune
Braunstein m / manganese dioxide / dioxyde m de manganèse
Brause f / douche, shower (bath) / douche f
Brecher m (Techn) / crusher / concasseur m
Brecher mpl (Hydrol) / breakers pl, surf / ressac m, brisement m
brennbar / inflammable, combustible / combustible, inflammable
brennen / distill / distiller
Brennen n (von Kalk) / calcining / calcination f
Brenner m / burner / brûleur m
Brennerei f / distillery / distillerie f
Brennstoff m / fuel, combustible / combustible m
bröckelig / friable / friable
Brom n / bromine / brome m
Bromid n / bromide / bromide m
bruchfest / unbreakable, break-resistant / résistant à la rupture
Bruchfestigkeit f (gegen Außendruck) / crushing strength / résistance f à l'écrasement, résistance f à la rupture
— (gegen Innendruck) / bursting strength / résistance f à la pression, résistance à l'éclatement
brüchig / friable, brittle / friable, fragile, cassant
Brunnen m / well / puits m
Brunnenfilter n / strainer pipe / crépine f de puits, tuyau m filtre
Brutschrank m / incubator / couveuse f, incubateur m
BSB → biochemischer Sauerstoffbedarf m
Bürette f / burette / burette f
Bürste f / brush / brosse f
Bunsen-Brenner m / Bunsen burner / bec m de Bunsen
Buttersäure f / butyric acid / acide m butyrique

Cadmium n / cadmium / cadmium m
Calcium n / calcium / calcium m
Calciumcarbonatsättigung f / calcium carbonate saturation / saturation f en carbonate de calcium
Calciumhydroxid n / hydrated lime, slaked lime / chaux f hydratée, chaux f éteinte
Calciumoxid n / quick lime, caustic lime / chaux f anhydre, chaux f vive
calibrieren / calibrate, gauge / jauger, étalonner, calibrer
Carbonat n / carbonate / carbonate m
Chargenbetrieb m / intermittent operation, batch operation / marche f intermittente, opération f par cuvées
Chemie f / chemistry / chimie f

Chemikalie *f* / chemical / produit *m* chimique
chemisch / chemical / chimique
chemischer Blindwert *m* / chemical blank / essai *m* à blanc chimique
chemischer Sauerstoffbedarf *m* CSB / chemical oxygen demand COD / demande *f* chimique en oxygène DCO
Chlor *n* / chlorine / chlore *m*
— → gelöstes organisch gebundenes Chlor *n*
Chloramin *n* / chloramine / chloramine *f*
Chlorbedarf *m* / initial chlorine demand / demande *f* en chlore
Chlorbindungsvermögen *n* / chlorine combining capacity / capacité *f* d'absorption de chlore
Chlorcyan *n* / cyanogen chloride / chlorure *m* de cyanogène
Chlordioxid *n* / chlorine dioxide / dioxyde *m* de chlore
chloren / chlorinate / chlorer
Chlorid *n* / chloride / chlorure *m*
chlorierte Kohlenwasserstoffe *mpl* / chlorinated hydrocarbons / hydrocarbures *mpl* chlorés
Chlorit *n* / chlorite / chlorite *m*
Chlorkohlenwasserstoffe *mpl* → chlorierte Kohlenwasserstoffe *mpl*
Chlorophyll *n* / chlorophyll / chlorophylle *f*
chlororganische Verbindungen *fpl* / chlororganic substances / composés *mpl* organochlorés
Chlorphenol *n* / chlorophenol / chlorophénol *m*
Chlorung *f* / chlorination / chloration *f*
Chlorwasser *n* / chlorine solution / eau *f* chlorée
Chlorwasserstoffsäure *f* / hydrochloric acid, muriatic acid / acide *m* chlorhydrique
Chlorzehrung *f* / initial chlorine demand, chlorine combining capacity / demande *f* en chlore, capacité *f* d'absorption de chlore
Cholera *f* / cholera / choléra *m*
Chrom *n* / chromium / chrome *m*
Chromat *n* / chromate / chromate *m*
Chromatographie *f* → Hochdruck-Flüssigkeits-Chromatographie *f*
Chromsäure *f* / chromic acid / acide *m* chromique
Colititer *m* (Biol) / coli titer / colititre *m*, titre *m* colimétrique
CSB → chemischer Sauerstoffbedarf *m*
Cyan *n* / cyanogen / cyanogène *m*
Cyanat *n* / cyanat / cyanate *m*
Cyanid *n* / cyanide / cyanure *m*
Cyanide *npl* → leicht freisetzbare Cyanide *npl*
Cyanwasserstoff *m* / hydrocyanic acid, hydrogen cyanide, Prussic acid / acide *m* cyanhydrique, acide *m* prussique

Dämpfe *mpl* / fumes *pl* / fumées *fpl*, vapeurs *fpl*
Damm *m* / dam, embankment / digue *f*
Dampf *m* / vapor (USA), vapour, steam / vapeur *f*
Dampfdruck *m* / vapour (vapor) pressure / pression *f* de la vapeur
Darm *m* / intestine, bowel / intestin *m*, boyau *m*
Dauerlinie *f* → Abfluß-Dauerlinie *f*

13

Dauerprobenahme *f* / continuous sampling / échantillonnage *m* en continu
Deckschicht *f* (eines Anstriches) / coating, top coating / couche *f* superficielle
Defizit *n* / deficiency, deficit / déficit *m*
dekantieren / decant / décanter
Dekapieren *n* / pickling / décapage *m*
Dekontamination *f* / detoxification, decontamination / détoxication *f*, décontamination *f*
Denitrifikation *f* / denitrification / dénitrification *f*
Depolarisation *f* / depolarization / dépolarisation *f*
Deponie *f* (Müll-) / dump / décharge publique *f*
deponieren / deposit / déposer
Derivat *n* / derivative / dérivé *m*
Desinfektion *f* / disinfection / désinfection *f*
Desinfektionsmittel *n* / disinfectant / désinfectant *m*
Desodorierung *f* / odour control, deodorization / élimination *f* des odeurs, désodorisation *f*
Destillat *n* / distillate / distillat *m*
Destillation *f* / distillation / distillation *f*
destillieren / distill / distiller
Destillierkolben *m* / distilling flask / ballon *m* de distillation
destilliertes Wasser *n* / distilled water / eau *f* distillée
Detektor *m* / detector / détecteur *m*
Detergens *n* / detergent / détergent *m*, détersif *m*
Determinand *m* / determinand / déterminant *m*
Detritus *m* / detritus / détritus *m*
Diagramm *n* / diagram, graph, plot / diagramme *m*
Dialyse *f* / dialysis / dialyse *f*
— → Durchfluß-Dialyse *f*
Diatomeen *fpl* / diatoms *pl* / diatomées *fpl*
Diazotierung *f* / diazotation / diazotation *f*
Dichromatverbrauch *m* / dichromate value / valeur *f* en dichromate
Dichromatwert *m* → Dichromatverbrauch *m*
dicht / tight / étanche
Dichte *f* / density / densité *f*
Dichteströmung *f* / density current / courant *m* de densité
Dichtigkeit *f* / tightness / étanchéité *f*
Dicke *f* / thickness / épaisseur *f*
dickes Abwasser *n* / strong sewage / eaux *fpl* usées concentrées
dickflüssig / viscous / visqueux
Dicyan *n* / cyanogen / cyanogène *m*
Diffusion *f* / diffusion / diffusion *f*
Dioxid *n* / dioxide / dioxyde *m*
direkte Chlorung *f* / direct chlorination / application *f* directe de chlore
direkte Kühlung *f* / contact cooling / refroidissement *m* direct
diskontinuierlicher Betrieb *m* / intermittent operation, batch operation / marche *f* intermittente, opération *f* par cuvées
Diskriminanzanalyse *f* / discriminant analysis / analyse *f* discriminante
dispergierend / dispersing / dispersant
Dispersion *f* / dispersion / dispersion *f*

DL → tödliche Dosis *f*
Dosiergerät *n* / feeder, dosing device / doseur *m*
Dosierpumpe *f* / proportioning pump / pompe *f* de dosage
Dosierung *f* / dosing / dosage *m*
drainieren (Geol) / drain / drainer
Drehsprenger *m* / sprinkler, rotary distributor / arroseur *m* rotatif
Drehung *f* / rotation, revolution / rotation *f*, tour *m*, révolution *f*
Dreihalskolben *m* / three-necked flask / ballon *m* à trois cols
Dreiweghahn *m* / three-way cock / robinet *m* à trois voies
dreiwertig (Chem) / trivalent / trivalent
dritte Reinigungsstufe *f* / tertiary treatment / traitement *m* tertiaire
drosseln / throttle / étrangler
Druck *m* / pressure, head, compression / poussée *f*, pression *f*, compression *f*
Druckerniedrigung *f* / depression / dépression *f*
Druckfestigkeit *f* (gegen Innendruck) / bursting strength / résistance *f* à la pression, résistance *f* à l'éclatement
Druckfilter *m* / pressure filter / filtre *m* sous pression
Druckleitung *f* / pressure line / conduite *f* sous pression
Druckluft *f* / compressed air / air *m* comprimé
Druckluftbelüftung *f* / diffused air aeration / aération *f* par diffusion
Druckluftheber *m* / compressed air ejector, air lift pump / éjecteur *m* à l'air comprimé
Druckverlust *m* / pressure drop, loss of head / perte *f* de charge
Dünger *m*, **Düngemittel** *n* / fertilizer / engrais *m*
dünnes Abwasser *n* / weak sewage / eaux *fpl* usées diluées
Dünnschicht-Chromatographie *f* **DC** / thin layer chromatography / chromatographie *f* à couche mince
Düse *f* (Chem) / nozzle / buselure *f*, tuyère *f*, gicleur *m*
duktile Gußrohre *npl* / ductile cast iron pipes / tuyaux *mpl* en fonte ductile
Dunkelheit *f* / darkness / obscurité *f*
dunkles Glas *n* / dark glass / verre *m* foncé
Dunst *m* / mist / brume *f*
durchdringen / penetrate, pierce / pénétrer, traverser
Durchfluß *m* / flow, passage / débit *m*, passage *m*
Durchfluß-Dialyse *f* / continuous flow dialysis / dialyse *f* en flux continu
Durchflußgeschwindigkeit *f* / velocity of flow / vitesse *f* de débit
Durchflußmesser *m* / flow meter / débitmètre *m*
Durchflußzeit *f* (Becken) / detention time / durée *f* de passage
— (Leitung) / flow time / durée *f* de transport
Durchführung *f* (Anal) / procedure / mode *m* opératoire
durchlässig / permeable, pervious / perméable
Durchlässigkeit *f* / permeability / perméabilité *f*
— (für Strahlung) / transmission / transmission *f*
Durchlaufsystem *n* **der Wasserkühlung** / once-through system of cooling / refroidissement *m* de l'eau à circuit ouvert
Durchmesser *m* / nominal width, diameter / diamètre *m* nominal
Durchschnitt *m* / average / moyenne *f*
Durchschnittswert *m* / mean, average / valeur *f* moyenne
durchsichtig / transparent, clear, limpid / transparent, clair, limpide

Durchsichtigkeit   **Einzelwert**

Durchsichtigkeit f / transparency / transparence f
durchsickern / leach, percolate, infiltrate / infiltrer (s'), suinter
Durchsickerung f / percolation, seepage, infiltration / infiltration f, percolation f
Dusche f / douche, shower (bath) / douche f
dynamisch / dynamic / dynamique

Ebbe f / low tide / marée f basse
Eichen n / calibration / étalonnage m
eichen / calibrate, gauge / jauger, étalonner, calibrer
Eichlösung f / standard solution / solution f étalon
Eichstandard m / calibration standard / étalon m
Eichstrich m / calibration mark / repère m
eiförmig / ovoide / ovale
Eimer m / pail, bucket / seau m
eindampfen / evaporate, vaporize, boil down / évaporer, vaporiser
eindicken / thicken, densify / épaissir
Eindicker m / thickener / épaississeur m
Eindickung f / thickening / épaississement m
eindringen / penetrate, pierce / pénétrer, traverser
Einfluß m / influence / influence f
eingearbeiteter Faulschlamm m / ripe sludge / boue f mûre
eingearbeiteter Filter m / ripened filter / filtre m mûr
eingeboren / indigenous / indigène
eingraben / bury, dig in / enterrer
Einheit f / unit / unité f
Einheitsverfahren n / standard method / procédé m normalisé, méthode f normalisée
Einlaufbecken n / intake basin / bassin m de puise
Einleiten n (Abw) / discharge, introduction / décharge f
einleiten (Abw) / discharge into, pass into, introduce / rejeter
Einleitung f / influx, influent / introduction f, adduction f
Einpressung f / injection, grouting / injection f
Einrichtung f / equipment, accomodation / équipement m
einsickern / leach, percolate, infiltrate / infiltrer (s'), suinter
Einspritzkondensator m / jet condenser / condenseur m à jet, condenseur m par injection
Einstrahlung f / solar radiation / radiation f solaire, insolation f
einweichen / soak, steep, macerate / ramollir, amollir (s'), tremper
Einweichwasser n (Gerberei) / soaking water / eau f de reverdissage
— (Mälzerei) / steep water / eau f de trempe
einwertig (Chem) / monovalent / monovalent
Einwirkung f / influence / influence f
Einwirkungszeit f / reaction time / temps m de contact
Einwohner m / inhabitant / habitant m
Einwohnergleichwert m / population equivalent / équivalent m habitant, population f équivalente
einzellig / unicellular, monothalamous / unicellulaire
Einzelprobenahme f / discrete sampling / échantillonnage m intermittent
Einzelwert m / individual value / valeur f individuelle

Einzugsgebiet Entfettung

Einzugsgebiet *n* (Hydrol) / watershed (Geol), catchment area / bassin *m* versant
Eis *n* / ice / glace *f*
Eisen *n* / iron / fer *m*
Eisenbakterien *fpl* / iron bacteria / bactéries *fpl* ferrugineuses
Eisenblech *n* / sheet iron / tôle *f* de fer
Eisenerz *n* / iron ore / minerai *m* de fer
eisenhaltig / ferruginous / ferrugineux
Eisen(II)- / ferrous / ferreux
Eisen(III)- / ferric / ferrique
Eisen(III)hydroxid *n* / ferric hydroxide / hydroxyde *m* ferrique
Eisen(II)sulfat *n* / copperas / sulfate de fer *m*
Eisenoxidhydrat *n* / ferric hydroxide / hydroxyde *m* ferrique
Eisensulfatchlorid *n* / chlorinated copperas / sulfate *m* de fer chloré
Eisschrank *m* / ice box, refrigerator / réfrigérateur *m*, glacière *f*
Eiweiß *n* / albumin, protein / albumine *f*, protéine *f*
Eiweiß-Stickstoff *m* / albuminoid nitrogen / azote *m* albuminoïde
ekelhaft / disgusting / dégoûtant
Elektrizitätswerk *n* / power station / usine *f* électrique
Elektrode *f* / electrode / électrode *f*
Elektrodialyse *f* / electrodialysis / électrodialyse *f*
Elektrolyse *f* / electrolysis / électrolyse *f*
Elektronenschale *f* / shell / couche *f* électronique
Elektrophorese *f* / electrophoresis / électrophorèse *f*
Element *n* / element / corps *m* simple, élément *m* chimique
eliminieren / eliminate / éliminer
Eluierbarkeit *f* / leachability / lessivage *m*
Eluierung *f* / elutriation, leaching (of sludge) / lessivage *m*, lixiviation *f*
emaillieren / enamel, vitrify / émailler
Empfänglichkeit *f* / susceptibility / susceptibilité *f*
Empfindlichkeit *f* / sensitivity / sensibilité *f*
Emscherbecken *n* (Abw) / Imhoff tank / fosse *f* Emscher, fosse *f* Imhoff
Emulgator *m* / emulsifying agent / émulsifiant *m*
emulgieren / emulgate, emulsify / émulsionner
Emulsion *f* / emulsion / émulsion *f*
Endablauf *m* / final effluent / effluent *m* final
endogen / endogenous / endogène
endogene Atmung *f* / endogenous respiration / respiration *f* endogène
Energie *f* / energy / énergie *f*
entchloren / dechlorinate / déchlorer
enteisenen / remove iron, deferrize / déferriser
Enteisenung *f* / iron removal, deferrization / déferrisation *f*
entfärben / decolorize / décolorer
Entfärbung *f* / decolorizing / décoloration *f*
  — (von Altpapier) / de-inking / désencrage *m*
Entfernung *f* / removal, elimination, disposal / évacuation *f*, élimination *f*, enlèvement *m*
entfetten / degrease / dégraisser
Entfettung *f* / grease removal, degreasing / dégraissage *m*

17

entflammen / ignite, inflame / allumer (s'), enflammer (s')
Entgaser *m* / gas expeller, degasser / dégazeur *m*
Entgasung *f* / degassing, deaeration / dégazage *m*
Entgiftung *f* / detoxification, decontamination / détoxication *f*, décontamination *f*
enthärten / soften / adoucir
Enthärtung *f* / softening / adoucissement *m*
entkalken / delime, decalcify / décalcifier
Entkarbonisierung *f* / decarbonization / décarbonatation *f*
Entkeimung *f* / sterilization / stérilisation *f*
Entkieselung *f* / desilicification / désilication *f*
Entkrautung *f* / weed control / désherbage *m*
Entlastung *f* (bei Überfüllung) / discharge, relief / décharge *f*
Entlaubungsmittel *n* / defoliant / défoliant *m*
entleeren / empty, drain / vider
— / evacuate / évacuer
Entleerung *f* / drain / vidange *f*
entlüften / deaerate, ventilate / désaérer
Entlüftungsventil *n* / air-relief valve / ventouse *f*, soupape *f* d'évacuation de l'air
Entmanganung *f* / manganese removal / démanganisation *f*
Entmineralisierung *f* / demineralization / déminéralisation *f*
Entnahmeleitung *f* / sampling line / conduite *f* d'échantillonnage
entnehmen / take / prélever
Entölung *f* / oil removal, oil separation / déshuilage *m*
Entphenolung *f* / dephenolizing / déphénolisation *f*, déphénolage *m*
entsäuern / deacidificate / désacidifier
Entsäuerung *f* → Entkarbonisierung *f*
entsalzen / demineralize, deionize / déminéraliser, dessaler
Entsalzung *f* / desalination, desalting / dessalement *m*, dessalage *f*
Entschäumer *m* / antifoam / agent *m* antimoussant
Entschlammung *f* / sludge removal, de-sludging / évacuation *f* des boues
Entschlichtung *f* (Text) / de-sizing / désencollage *m*
Entschwefelung *f* / desulfuration / dessoufrage *m*, désulfuration *f*
Entstauber *m* / dust separator / dépoussiéreur *m*
entwässern (Geol) / drain / drainer
Entwässerung *f* / dehydration, dewatering / déshydratation *f*, assèchement *m*
— (Hydrol) / drainage / drainage *m*, assainissement *m*
Entwässerungsnetz *n* / canalization, sewerage / canalisation *f*, réseau *m* d'assainissement
entwickeln / develop / développer
Entzinken *n* / dezinc(k)ing / dézincification *f* (enlever la couche de zinc)
entzündbar / inflammable, combustible / combustible, inflammable
entzünden / ignite, inflame / allumer (s'), enflammer (s')
Entzug *m* (Hydrol) / abstraction / privation *f*
Entzunderung *f* / de-scaling / décalaminage *m*
Enzym *n* / enzyme / enzyme *m*
EOX → extrahierbare organische Halogenverbindungen *fpl*
Epidemie *f* / epidemic / épidémie *f*
Epilimnion *n* (Limnol) / epilimnion / épilimnion *m*

Erdalkalimetall *n* / alkaline earth metal / métaux *mpl* alcalino-terreux
Erdbecken *n* / earth basin / bassin *m* en terre
Erdboden *m* / ground, soil / sol *m*
Erdöl *n* / mineral oil, crude oil / huile *f* minérale, naphte *m* brut
Erdreich *n* / ground, soil / sol *m*
Erdsenkung *f* / land subsidence / affaissement *m* de terrain
Erfassungsgrenze *f* (untere -) / lower limit of detection / limite *f* de dosage
Ergebnis *n* (Anal) / result, finding / résultat *m*, valeur *f* trouvée
Ergiebigkeit *f* (Hydrol) / yield, delivery / débit *m*
ergießen / run off, flow out / écouler (s')
Erlaubnis *f* / permit / permis *m*
Erlenmeyer-Kolben *m* / Erlenmeyer flask / Erlenmeyer *m*, fiole *f* conique
Ernährung *f* / nutrition / nutrition *f*
Erniedrigung *f* / decrease, lowering, reduction / abaissement *m*
Erosion *f* / erosion / érosion *f*
Erregung *f* / excitation, stimulation / excitation *f*, stimulation *f*
Ersatzteil *n* / spare part / pièce *f* de rechange
Erschließung *f* (Hydrol) / capture, tapping / captage *m*
Ertrag *m* / output (Techn), yield (Chem) / rapport *m*, rendement *m*
— (Biol) / yield, crop / rendement *m*
Ertragsfähigkeit *f* / productivity, fertility / capacité *f* biogénique, productivité *f*
Erzgrube *f* / ore mine / mine *f* métallique
Essig *m* / vinegar / vinaigre *m*
Essigsäure *f* / acetic acid / acide *m* acétique
Ethylacetat *n* / ethyl acetate / acétate *m* d'éthyle
Ethylendiamintetraacetat *n* / ethylenediamine tetraacetate / éthylène *m* diaminé tétraacétique
eutroph / eutrophic / eutrophe
Eutrophierung *f* (Limnol) / eutrophication / eutrophisation *f*
exogen / exogenous / exogène
explodieren / explode / exploser
Exsikkator *m* / exsiccator, desiccator / dessiccateur *m*
Extinktion *f* / absorbance / absorbance *f*
extrahierbar / extractable / extractible
extrahierbare organische Halogenverbindungen *fpl* EOX / extractable organic halogen compounds / dérivés *mpl* organohalogèniques extractibles
Extraktion *f* / extraction / extraction *f*

Fabrik *f* / factory, mill, works, plant / usine *f*, fabrique *f*, exploitation *f* industrielle
Fabrikationswasser *n* / process water, industrial water, service water / eau *f* d'usage industriel, eau *f* de procédés
Fackel *f* / flare / torche *f*
fade / tasteless / insipide
fadenförmig / filamentous, filiforme / filamenteux
Fäkalienabfuhr *f* / scavenging service / enlèvement *m* des matières fécales, service *m* des vidanges
Fäkalienschlamm *m* / fecal matter, faeces *pl*, night soil / fèces *fpl*, matières *fpl* de vidange

fällbar / precipitable / précipitable
fällen (Chem) / precipitate / précipiter
Fällmittel *n* / precipitant, coagulant / précipitant *m*
Fällung *f* (Chem) / precipitate, precipitation / précipitation *f*
Fällungsmittel *n* / precipitant, coagulant / précipitant *m*
färben / dye, colour / colorer, teinter
— (Bakt) / stain / teinter
Färberei *f* / dye house / teinturerie *f*
Färbung *f* / colour, pigment, color (USA) / couleur *f*, teinte *f*, coloration *f*
Fäulnis *f* / putrefaction / pourriture *f*
fäulniserregend / putrefactive / putréfactif
fäulnisfähig / putrescible / putrescible, putréfiable
Fäulnisfähigkeit *f* / putrescibility / putrescibilité *f*
— → Bestimmung *f* der Fäulnisfähigkeit
Fäulnisfähigkeit *f* / putrescibility / putrescibilité *f*
Faktorenanalyse *f* / factor analysis / analyse *f* factorielle
fakultativ / facultative / facultatif
Fallwasser *n* (Zuckerfabrik) / condenser water / eaux *fpl* de condenseur
Faltenfilter *m* / folded filter / filtre *m* à plis
Farbe *f* / colour, pigment, color (USA) / couleur *f*, teinte *f*, coloration *f*
— / dye, paint / colorant *m*, couleur *f*
farbig / coloured / coloré
farblos / colourless / incolore
Farbstoff *m* / dye, paint, colorant / colorant *m*, couleur *f*
Faser *f* / fiber, filament / fibre *f*
Faserstoffänger *m* / save-all, reclaimer / ramasse-pâte *m*
Faß *n* / barrel / fût *m*, tonneau *m*, baril *m* (petrole)
Fassung *f* (Hydrol) / capture, tapping / captage *m*
Fassungsraum *m* / storage capacity / capacité *f* de stockage
faul / foul, putrid / pourri, putride
Faulbarkeit *f* / putrescibility, digestibility / digestibilité *f*
Faulbehälter *m* / digestion chamber, digester / chambre *f* de digestion des boues, digesteur *m*
faulen / digest, putrefy / digérer, pourrir, putréfier
faulfähig / putrescible / putrescible, putréfiable
Faulfähigkeit *f* / putrescibility, digestibility / digestibilité *f*
Faulgas *n* / digester gas / gaz *m* de digestion
Faulgrube *f* / septic tank / fosse *f* septique
faulig / foul, putrid / pourri, putride
— (Med) / septic / septique
Faulkammer *f* / septic tank / fosse *f* septique
Faulschlamm *m* (Abw) / digested sludge / boue *f* digérée
Faulung *f* (Biol, Med) / digestion / digestion *f*
Fehler *m* / error / erreur *f*
Fehlmenge *f* / deficiency, deficit / déficit *m*
fein / fine / fin
feinblasige Belüftung *f* / fine bubble aeration / aération *f* à fines bulles
Feinsieb *n* / micro-strainer / microtamis *m*

Feldversuch   Fischteich

Feldversuch *m* / field test / essai *m* sur place
Fell *n* / pelt / poil *m*
— / skin, hide / derme *m*, peau *f*
Fels *m* / rock / rocher *m*
fermentieren / ferment / fermenter
Fernsteuerung *f* / remote control / télécommande *f*, commande *f* à distance
Ferri- / ferric / ferrique
Ferro- / ferrous / ferreux
Fertigbeton *m* / prefabricated concrete / béton *m* préfabriqué
fester Aggregatzustand *m* / solid state / état *m* solide d'agrégat
Feststoffe *mpl* / solids *pl*, solid matter / matières *fpl* solides
Festwert *m* / constant / constante *f*
Fett *n* / fat, grease / graisse *f*
Fettabscheider *m* / grease separator, grease trap / dégraisseur *m*, bac *m* à graisse
Fettsäure *f* / fatty acid / acide *m* gras
feucht / moist, humid / humide
Feuchte *f*, **Feuchtigkeit** *f* / moisture, humidity / humidité *f*
Feuerlöschwasser *n* / fire fighting water / eau *f* pour la lutte incendie
feuerverzinken / dip galvanize / galvaniser à chaud
Filter *m* / filter / filtre *m*
Filterboden *m* / filter bottom, filter drainage / fond *m* d'un filtre, plancher *m* à buselure
Filterbrunnen *m* / filtering well, screened well / puits *m* filtrant, puits *m* crépiné
Filterkerze *f* / filtering candle / bougie *f* filtrante
Filterkuchen *m* / filter cake, sludge cake / gâteau *m* de presse
Filtermaterial *n* / filter material, filter medium / matériau *m* de filtration
Filterpapier *n* / filter paper / papier *m* filtre
Filterpresse *f* / filter press / filtre-presse *m*
Filterrohr *n* / strainer pipe, screen pipe / crépine *f* de puits, tuyau *m* filtre, tube *m* crépine
Filterschicht *f* / filtering layer / couche *f* filtrante
Filterspülung *f* / filter washing / lavage *m* d'un filtre
Filtertiegel *m* / filter crucible / creuset *m* filtrant
Filtertuch *n* / filtering cloth / étoffe *f* filtrante
Filterwiderstand *m* / filter resistance / résistance *f* à la filtration
Filtrat *n* / filtrate / filtrat *m*
Filtration *f* / filtration / filtration *f*
Filtrierbarkeit *f* / filtrability, filterability / filtrabilité *f*
filtrieren / filter / filtrer
filtriert / filtered, filtrated / filtré
Filz *m* / felt / feutre *m*
Fisch *m* / fish / poisson *m*
Fischbesatz *m* / stock of fish / empoissonnement *m*, alevinage *m*, peuplement *m* piscicole
Fischerei *f* / fishery / pêche *f*
Fischgiftigkeit *f* / toxicity to fish / toxicité *f* vis-à-vis des poissons
Fischnahrung *f* / fish food / nourriture *f* pour les poissons
Fischsterben *n* / fish kill / mort *f* de poissons
Fischteich *m* / fish pond / étang *m* à poissons

Fischtest *m* / fish test, determination of effects on fish / détermination *f* des effets vis-à-vis des poissons
Fischtreppe *f* / fish pass / échelle *f* à poissons
Fischzucht *f* / fish rearing, fish culture / pisciculture *f*
Flachsröste *f* / flax rettery / rouissage *m*
Flächenbelastung *f* / surface loading / charge *f* superficielle
Flächeninhalt *m* / area / aire *f*, superficie *f*
Flamme *f* / flame / flamme *f*
Flammenphotometer *n* / flame photometer / photomètre *m* de flamme
Flammpunkt *m* / flash point / point *m* d'inflammation
Flasche *f* / bottle / bouteille *f*
Fleischextrakt *m* / meat extract / extrait *m* de viande
Fleischwarenfabrik *f* / packing house / conserverie *f* de viande
Fliege *f* / fly / mouche *f*
Fließbett *n* / fluidized bed / lit *m* fluidifié
Fließbild *n* / flow sheet / schéma *m* de circulation
fließen / flow / couler
Flocke *f* / floc / flocon *m*
flocken / floc, flocculate, coagulate / floculer, coaguler
Flockung *f* / flocculation, coagulation / floculation *f*, coagulation *f*
Flockungsfiltration *f* / floc filtration / filtration *f* avec coagulation
Flockungshilfsmittel *n* / coagulant aid / adjuvant *m* de floculation
Flockungsmittel *n* / flocculant, floccing agent / floculant *m*
Flotation *f* / flotation / flottation *f*
flotieren / float / flotter
flüchtig / volatile / volatil
flüchtige Säuren *fpl* / volatile acids / acides *mpl* volatils
Flüchtigkeit *f* (Chem) / volatility / volatilité *f*
flüssig / liquid, fluid / liquide, fluide
Flüssiggas *n* / liquefied petroleum gas / gaz *m* liquide
Flüssigkeit *f* / liquid, fluid, liquor / fluide *m*, liqueur *f*
Flüssigkeits-Chromatographie *f* / liquid chromatography / chromatographie *f* en phase liquide
Flugasche *f*, **Flugstaub** *m* / fly ash, flue dust / cendres *fpl* volantes
Fluor *n* / fluorine / fluor *m*
Fluorescein *n* / fluorescein / fluorescéine *f*
Fluoreszenz *f* / fluorescence / fluorescence *f*
Fluorid *n* / fluoride / fluorure *m*
Fluoridierung *f* / fluoridation / fluoration *f*
Fluorwasserstoffsäure *f* / hydrofluoric acid / acide *m* fluorhydrique
Fluß *m* / river / rivière *f*
flußabwärts / downstream / en aval
flußaufwärts / upstream / en amont
Flußbett *n* / river bed / lit *m* d'une rivière
Flußgebiet *n* / river basin / bassin *m* fluvial
Flußsäure *f* / hydrofluoric acid / acide *m* fluorhydrique
Flußstrecke *f* / reach of a river / tronçon *m* de rivière, section *f* de rivière
fortpflanzen (Biol) / reproduce / reproduire

Fracht *f* (Hydrol) / load / charge *f*
frei / free / libre
Freibad *n* / open air swimming pool / piscine *f* en plein air
freies Chlor *n* / free chlorine / chlore *m* libre
Freiheitsgrad *m* / degree of freedom / degré *m* de liberté
Fremdstoff *m* / impurity / impureté *f*
frieren / freeze / geler
Frischschlamm *m* / raw sludge / boue *f* fraîche
Frost *m* / frost / gelée *f*, gel *m*
Frostschutzmittel *n* / antifreeze / antigel *m*
fruchtbar / fertile / fertile, fécond
Fruchtbarkeit *f* / productivity, fertility / capacité *f* biogénique, productivité *f*
Frühjahrsumwälzung *f* (Limnol) / spring overturn / inversion *f* vernale
füllen / charge, fill / emplir, remplir
Füllen *n* / fill, filling / remplissage *m*
Füllkörper *m* / packing / corps *m* de remplissage
— (Abw) / contact bed, contact filter / lit *m* de contact
Füllung *f* / fill, filling / remplissage *m*
— (einer Säule) / packing / corps *m* de remplissage

Gärbottich *m* / fermenter / cuve *f* de fermentation
gären / ferment / fermenter
gärfähig / fermentable / fermentable
Gärfaulverfahren *n* / fermentation-septization process / procédé *m* de fermentation-digestion
Gärkolben *m* / fermentation flask / flacon *m* pour fermentation
Gärung *f* / fermentation / fermentation *f*
— → Methanfaulung *f*
— → saure Gärung *f*
gallertartig / gelatinous / gélatineux
galvanisieren / electro-plate, galvanize / galvaniser
Galvanotechnik *f* / electro-plating / galvanoplastie *f*
Gas *n* / gas / gaz *m*
Gaschromatographie *f* GC / gas chromatography / chromatographie *f* en phase gazeuse
gasdicht / gas tight / étanche aux gaz
gasförmig / gaseous / gazeux
Gasgewinnung *f* / gas collection / récupération *f* du gaz
Gasphase *f* / gaseous phase / état *m* gaseux
Gaswäscher *m* / scrubber / scrubber *m*, laveur *m* à gaz
Gaszustand *m* / gaseous phase / état *m* gazeux
Gaze *f* / gauze / gaze *f*
GC → Gaschromatographie *f*
Gebläse *n* / blower / soufflante *m*, soufflerie *f*
gebleicht / bleached / blanchi
Gebrauch *m* / use / emploi *m*
gebundenes Ammoniak *n* / fixed ammonia / ammoniaque *f* liée
gebundenes Chlor *n* / combined chlorine / chlore *m* combiné
gefährden / endanger / mettre en danger, menacer

gefährlich / dangerous / dangereux
Gefälle *n* / slope / pente *f*
gefärbt / coloured / coloré
Gefäß *n* / vessel / vase *m*
Gefahr *f* / danger / danger *m*
gefiltert / filtered, filtrated / filtré
Geflügel *n* / fowl / volaille *f*
Gefrierpunkt *m* / freezing point / point *m* de congélation
Gefrierschrank *m* / deep freezer / conservateur *m*
Gefriertrocknung *f* / freeze drying / lyophilisation *f*
Gefüge *n* / structure, texture / structure *f*, texture *f*
Gegendruck *m* / back pressure, counter pressure / contre-pression *f*
Gegenstrom *m* / counter current / contre-courant *m*
Gegenstromwäsche *f* / counter current wash, back-washing / lavage *m* à contre-courant
Gegenwart *f* / presence / présence *f*
Gehalt *m* / content(s) / teneur *f*, contenu *m*, contenance *f*
Gehalt an starken freien Säuren *fpl* / content of strong free acids / titre en acides *mpl* forts libres
geheizter Faulraum *m* / heated digester / digesteur *m* chauffé
Gelatine *f* / gelatine / gélatine *f*
gelatinös / gelatinous / gélatineux
gelöschter Kalk *m* / hydrated lime, slaked lime / chaux *f* hydratée, chaux *f* éteinte
gelöste Stoffe *mpl* / dissolved solids / matières *fpl* dissoutes
gelöster organischer Kohlenstoff *m* / dissolved organic carbon / carbone *m* organique dissout
gelöstes (freies) Kohlenstoffdioxid *n* / dissolved carbon dioxide / anhydre *m* (gaz) carbonique dissout
gelöstes organisch gebundenes Chlor *n* / dissolved organic chlorine / chlore *m* organique dissout
Gemeinde *f* / community / commune *f*
Gemüse *n* / vegetable / légume *m*
Genauigkeit *f* / precision / précision *f*
geneigt / inclined, sloped / incliné, penché, biais
Generator *m* / generator / générateur *m*
Geologie *f* / geology / géologie *f*
Gerät *n* / apparatus, device / appareil *m*
Gerbbrühe *f* / tanning liquor / tannée *f*, jus *m* de tannerie
Gerberei *f* / tannery / tannerie *f*
Gerbstoff *m* / tannin / tannin *m*, tanin *m*
Gerinne *n* / flume, race, channel / caniveau *m*, rigole *f*, canal *m*
Geruch *m* / odour, smell / odeur *f*
Geruchsbelästigung *f* / odour nuisance, odour trouble / nuisance *f* olfactive
Geruchsbeseitigung *f* / odour control, deodorization / élimination *f* des odeurs, désodorisation *f*
gesättigt / saturated / saturé
gesamt / total / total, global
gesamter organischer Kohlenstoff *m* TOC / total organic carbon / carbone *m* organique total

gesamter organischer Schwefel *m* / total organic sulfur / soufre *m* organique total
gesamter organisch gebundener Stickstoff *m* / total organic nitrogen / azote *m* organique total
gesamter Sauerstoffbedarf *m* / total oxygen demand TOD / demande *f* en oxygène totale DOT, demande *f* totale en oxygène DTO
Gesamthärte *f* / total hardness / dureté *f* totale, titre *m* hydrotimétrique
Gesamtinhalt *m* / total capacity / capacité *f* totale, volume *m* total
Gesamtmittelwert *m* / general mean, total mean / moyenne *f* générale
Gesamtphosphor *m* / total phosphorous / phosphore *m* total
Gesamtrückstand *m* / total solids / résidu *m* total, matières *fpl* solides totales
gesamter Sauerstoffbedarf *m* **GSB** / total oxygen demand / demande *f* totale en oxygène
Gesamtstickstoff *m* / total nitrogen / azote *m* total
Gesamtzahl *f* (Math) / population / population *f* effective
geschlossener Filter *m* / pressure filter / filtre *m* sous pression
geschlossener Kreislauf *m* / closed circuit / circuit *m* fermé
Geschmack *m* / taste / goût *m*, saveur *f*
geschmacklos / tasteless / insipide
Geschwindigkeit *f* / velocity / vitesse *f*
Gestein *n* / rock / rocher *m*
Gesundheit *f* / health / santé *f*
Gesundheitstechnik *f* / sanitary engineering / technique *f* d'hygiène publique
Gesundheitswesen *n* / public health / santé *f* publique
Getränk *n* / drink, beverage / boisson *f*
Gewässer *n* / waters *pl* / eaux *fpl*
Gewässerschutz *m* / pollution control of water, pollution abatement of water / protection *f* des eaux naturelles contre la pollution
Gewebe *n* / fabric, tissue / tissu *m*, étoffe *f*
Gewebefilter *m* / woven filter / filtre *m* en toile
Gewerbehygiene *f* / occupational health, industrial hygiene / hygiène *f* industrielle
gewerblicher Schlamm *m* / industrial sludge / boue *f* industrielle
gewerbliches Abwasser *n* / industrial wastes, trade waste water / eaux *fpl* résiduaires industrielles
Gewicht *n* / weight / poids *m*
Gewichtsanalyse *f* / gravimetric analysis / analyse *f* gravimétrique
Gewichtsprozent *n* / percentage by weight / pourcentage *m* du poids
Gewichtsverlust *m* / loss of weight / perte *f* de poids
Gewitter *n* / thunderstorm / orage *m*
gewogenes Mittel *n* / weighted mean / moyenne *f* pondérée
Gezeiten *pl* / tide / marée *f*
Gichtgas *n* / blast furnace gas / gaz *m* de hauts fourneaux, gaz *m* du gueulard
gießen (Flüssigkeiten) / pour / verser
— (Metalle) / cast / couler, fondre
Gießerei *f* / foundry / fonderie *f*
Gift *n* / poison, venom / poison *m*, toxique *m*
giftig / toxic, poisonous / toxique, vénéneux
Giftigkeit *f* / toxicity / toxicité *f*
Gips *m* / gypsum / plâtre *m*

gipshaltiges Wasser *n* / selenitic water / eau *f* séléniteuse
Gitter *n* / grating, grill / grille *f*
— (Chem, Techn) / lattice, grid / treillis *m*
Glätte *f* / smoothness / lissage *m*, glissance *f*
Glas *n* / glass / verre *m*
Glasballon *m* / carboy / tourie *f*, dame-jeanne *f*
Glaselektrode *f* / glass electrode / électrode *f* à membrane de verre
Glasfaser *f* / glass fiber / fibre *f* de verre
Glasfaserfilter *m* / glass fiber filter / filtre *m* en fibre de verre
Glasfritte *f* / glass frit / verre *m* fritté
Glasgeräte *npl* / glassware / verrerie *f*
Glashütte *f* / glass factory / verrerie *f*
Glaswolle *f* / glass wool, spun glass / laine *f* de verre
glatt / smooth, even / lisse, uni
gleichartig / homgeneous / homogène
gleichförmige Strömung *f* / uniform flow / écoulement *m* uniforme
Gleichgewicht *n* / equilibrium, balance / équilibre *m*
Gleichstrom *m* / parallel flow / co-courant *m*
— (Elekt) / direct current / courant *m* continu
Gleichung *f* (Math) / equation / équation *f*
Gletscher *m* / glacier / glacier *m*
glühen (Chem) / ignite / calciner
Glühofen *m* / muffle furnace / four *m* à moufle
Glührückstand *m* / residue on ignition, fixed residue solids / résidu *m* calciné
Glühverlust *m* / loss on ignition, volatile matter, volatile solids / matières *fpl* volatiles, perte *f* au feu
Glukose *f* / glucose / glucose *m*
Graben *m* / ditch, trench / tranchée *f*, fossé *m*
Grad *m* / degree / degré *m*
Gradierung *f* / scale, graduation / graduation *f*, gamme *f*
gradkettig / straight chain, linear / linéaire
Graphit *m* / graphite / graphite *m*, plombagine *f*
Gravimetrie *f* / gravimetric analysis / analyse *f* gravimétrique
Grenzschicht *f* / boundary layer, interface / couche *f* limite, interface *f*
grob / coarse / gros
grobblasige Belüftung *f* / large bubble aeration / aération *f* par grosses bulles
Grobfilter *m* / roughing filter / préfiltre *m*, filtre *m* dégrossisseur
Größenordnung *f* / order of magnitude / ordre *m* de grandeur
größte / maximum / maximum
Großversuch *m* / full-scale test / essai *m* à grande échelle
Großvieh *n* / large cattle / gros bétail *m*
Grube *f* / mine pit / mine *f*, minière *f*
Grubenwasser *n* / mine water / effluent *m* minier
Grundablaß *m* / bottom outlet / vidange *f* de fond
Grundeis *n* / anchor ice, bottom ice / glace *f* de fond
Grundlast *f* / base load / charge *f* normale
Grundreaktion *f* / base reaction / réaction *f* de base
Grundstoff *m* / element / corps *m* simple, élément *m* chimique

Grundwasser *n* / ground water / eau *f* souterraine
Grundwasseranreicherung *f* / ground-water recharge / réalimentation *f* des nappes souterraines
Grundwasserleiter *m* **mit gespanntem Wasser** / artesian aquifer / nappe *f* artésienne
Grundwasseroberfläche *f* / ground-water table / surface *f* libre de la nappe
Grundwasserraum *m* / aquifer, water bearing formation / aquifère *f* (formation)
GSB → gesamter Sauerstoffbedarf *m*
Gülle *f* / liquid manure / purin *m*
Güte *f* / quality / qualité *f*
Gully *m* / gully, sink trap, street inlet / siphon *m* de décantation, bouche *f* d'égout
Gummi *m* / caoutchouc, rubber / caoutchouc *m*, gomme *f*
Gußeisen *n* / cast iron / fer *m* fondu, fonte *f*

Haar *n* / hair / cheveu *m*
Haarriß *m* / hair crack / fissure *f* capillaire
Hälfte *f* / half / moitié *f*
Hälterungsbecken *n* **für Fische** / holding pond for fish / bac *m* d'attente à poissons
Härte *f* / hardness / dureté *f*
Härtegrad *m* / degree of hardness / degré *m* hydrotimétrique, degré *m* de dureté
Härtesalze *npl* / hardening salts / sels *mpl* durcissants
Härtung *f* / hardening, induration / induration *f*, durcissement *m*
Häufigkeitsverteilung *f* / frequency distribution / distribution *f* des fréquences
häufigster Wert *m* (Statistik) / mode / mode *m*
häusliches Abwasser *n* / domestic sewage, household waste water / eaux *fpl* usées domestiques, eaux *fpl* usées ménagères
Hafen *m* / harbor, port / port *m*
Haftwasser *n* / connate water / eau *f* connée
Hagel *m* / hail / grêle *f*, grésil *m*
Hahn *m* / cock / robinet *m*
halbdurchlässig / semipermeable / semi-perméable
halbgebrannter Dolomit *m* / half-calcined dolomite / dolomie *f* demi-calcinée
Halbleiter *m* / semiconductor / semi-conducteur *m*
Halbwertszeit *f* / half-life / demi-vie *f*
Halbzellstoff *m* / semi-chemical pulp / pâte *f* mi-chimique
Hallenbad *n* / indoor swimming pool / piscine *f* couverte
Haloforme *pl* / haloforms / halogénoforme
Halogen *n* / halogen / halogène *m*
haltbar / stable / stable
Haltbarkeit *f* / stability / stabilité *f*
— → Bestimmung *f* der Haltbarkeit
Haltung *f* (Hydrol) / reach / bief *m*
Hanf *m* / hemp / chanvre *m*
Harn *m* / urine / urine *f*
Harnstoff *m* / urea / urée *f*
hartes Wasser *n* / hard water / eau *f* dure
hart löten / solder hardly / braser, souder fortement
Harz *n* / resin / résine *f*
Hauptsammler *m* (Abw) / main collector, trunk sewer, interceptor / collecteur *m* principal

Hausanschluß *m* / service pipe, house connection / branchement *m* d'abonné, raccordement *m*
Hausenthärter *m* / domestic softener / adoucisseur *m* domestique
Hausentwässerung *f* / house drainage / drainage *m* domestique, égout *m* domestique
haushalts- / domestic / ménager
Hauskläranlage *f* / individual sewage treatment plant / installation *f* d'épuration domestique
Hausmüll *m* / trash, rubbish, sweepings / ordures *fpl* ménagères, immondices *fpl*
Hauszuleitung *f* / service pipe, house connection / branchement *m* d'abonné, raccordement *m*
Haut *f* / skin, hide / derme *m*, peau *f*
HCB → Hexachlorbenzol *n*
HCH → Hexachlorcyclohexan *n*
heben / lift, raise / refouler, lever, soulever
Hefe *f* / yeast / levure *f*
Heilbad *n* / mineral bath / station *f* thermale
heiß / warm, hot / chaud
Heißtrocknung *f* / heat drying / séchage *m* thermique
heizen / heat / chauffer
Heizkessel *m* / boiler / chaudière *f*, bouiller *m*
Heizkraftwerk *n* / heating power station / centrale *f* thermique
Heizöl *n* / fuel oil / mazout *m*
— → leichtes Heizöl *n*
Heizung *f* / heating / chauffage *m*
Heizwert *m* / calorific value / pouvoir *m* calorifique
Hemicellulose *f* / hemicellulose / hémicellulose *f*
Hemmstoff *m* / inhibitor / inhibiteur *m*
Hemmung *f* / inhibition / inhibition *f*
Hemmwirkung *f* / inhibiting action / effet *m* inhibiteur, activité *f* inhibitrice
Herbizid *n* / herbicide / herbicide *m*
heterotroph / heterotroph / hétérotrophe
Hexachlorbenzol *n* HCB / hexachlorobenzene / hexachlorobenzène *m*
Hexachlorcyclohexan *n* HCH / hexachlore cyclohexane / hexachlorocyclohexane *m*
Hexametaphosphat *n* / glassy phosphate, hexametaphosphate / hexamétaphosphate *m*
Hexan *n* / hexane / hexane *m*
Hitze *f* / heat, warmth / chaleur *f*
Hochbehälter *m* / elevated reservoir / réservoir *m* surélevé
hochbelastet / highly loaded / fortement chargé
hochchloren / superchlorinate / superchlorer
Hochdruckdampf *m* / high-pressure steam / vapeur *f* à haute pression
Hochdruck-Flüssigkeits-Chromatographie *f* HPLC / high performance liquid chromatography / chromatographie *f* en phase liquide sur colonne à haute performance
Hochlasttropfkörper *m* / high rate filter / filtre *m* à haut débit
Hochmoor *n* / raised bog, domed bog / tourbière *f* haute
Hochofen *m* / blast furnace / haut fourneau *m*
Hochofengas *n* / blast furnace gas / gaz *m* de hauts fourneaux, gaz *m* du gueulard
Hochpunkt *m* (einer Leitung) / high point / point *m* haut

Hochwasser *n* / high water, flood / crue *f*, hautes eaux *fpl*
höchst- / maximum, maximal / maximal
Höchstausschlag *m* / peak / pic *m*
Höchstmenge *f* / peak amount / pointe *f*
Höhle *f* / cavern, cave / caverne *f*
hohe Belastung *f* / high load / forte charge *f*
Hohlkathodenlampe *f* / hollow cathode lamp / lampe *f* à cathode creuse
Hohlraumgehalt *m* / pore space, porosity / porosité *f*
Hohlraumwasser *n* / interstitial water / eau *f* interstitielle
Holz *n* / wood / bois *m*
Holzfaser *f* / wood fiber, grain / fibre *f* ligneuse
Holzkohle *f* / charcoal / charbon *m* de bois
Holzschliff *m* / wood pulp, groundwood, mechanical pulp / pâte *f* de bois, pâte *f* mécanique
Holzstoff *m* → Holzschliff *m*
Holzverzuckerung *f* / wood pulp hydrolysis / hydrolyse *f* du bois, saccharification *f* du bois
homogen / homgeneous / homogène
homogenisieren / mix, blend, homogenize / mêler, mélanger, homogénéiser
Homogenität *f* / homogenity / homogénéité *f*
Hopfenpreßwasser *n* / hop press liquor / eau *f* de presse du houblon
horizontal / horizontal / horizontal
Horizontalbrunnen *m* / horizontal well / puits *m* horizontal
Hüttenwerk *n* / smelting works, iron works, metallurgical plant / usine *f* métallurgique
Huminsäure *f* / humic acid / acide *m* humique
Humus *m* / humus / humus *m*
Hydrat *n* / hydrate / hydrate *m*
Hydrazin *n* / hydrazine / hydrazine *f*
Hydrierung *f* / hydrogenation / hydrogénation *f*
Hydrobiologie *f* / hydrobiology / hydrobiologie *f*
Hydrogencarbonat *n* / bicarbonate, hydrogen carbonate / bicarbonate *m*, hydrogènecarbonate *m*
Hydrolyse *f* / hydrolysis / hydrolyse *f*
hydrolisierbar / hydrolizable / hydrolysable
hydrophil / hygroscopic, hydrophilic / hygroscopique, hydrophile
hydrophob / hydrophobic, water repellent / hydrophobe
Hydroxid *n* / hydroxide / hydroxyde *m*
Hydrozyklon *m* / wet cyclone / hydrocyclone *m*
hygienisch / hygienic / hygiénique
hygroskopisch / hygroscopic, hydrophilic / hygroscopique, hydrophile
Hypochlorit *n* / hypochlorite / hypochlorite *m*
Hypolimnion *n* / hypolimnion / hypolimnion *m*

Imhoffglas *n* / settling glass, Imhoff cone / éprouvette *f* conique graduée, éprouvette *f* de décantation, cône *m* Imhoff à sédimentation
impfen / seed, inoculate / inoculer, ensemencer
Impfung *f* / seeding, inoculation / inoculation *f*, ensemencement *m*
imprägnieren / impregnate / imprégner

Impuls m / impulse / impulsion f
— (Elekt) / pulse / impulsion f
Indikator m / tracer, indicator / indicateur m
indirekte Kühlung f / indirect cooling / refroidissement m indirect
Industrieabwasser n / industrial wastes, trade waste water / eaux fpl résiduaires industrielles
infektiös / infectious, contagious / transmissible, contagieux
Infektion f / infection, contagion / infection f, contagion f
Infrarot n **IR** / infra-red / infrarouge m
Inhalt m / content(s) / teneur f, contenu m, contenance f
— (Math) / volume, capacity / volume m, capacité f
Injektion f (von Zement) / injection, grouting / injection f
Inkrustation f / incrustation, scaling / entartrage m, incrustation f
innerer Standard m / internal standard / étalon m interne
Instandhaltung f / maintenance, upkeep / entretien m
intermittierend / intermittent / intermittent
intrazelluläre Veratmung f / endogenous respiration / respiration f endogène
Iod n / iodine / iode m
Ion n / ion / ion m
Ionenaustausch m / ionic exchange / échange m d'ions
Ionenaustauscher m / ion exchanger / échangeur m d'ions
Ionenaustauscherharz n / ion exchange resin / résine f échangeuse d'ions
ionensensitive Elektrode f / ion-specific electrode / électrode f ionique selective
Ionenstärke f / ionic strength / force f ionique
Ionisation f / ionization / ionisation f
IR → Infrarot n
isokinetische Probenahme f / isokinetic sampling / échantillonnage m isocinétique
Isolation f / insulation, isolation / isolation f
isolieren / isolate, separate / séparer
— (Elekt) / insulate / isoler
Isolierung f / insulation, isolation / isolation f
Isotop n / isotope / isotope m

jahreszeitlich / seasonal / saisonnier
Jauche f / liquid manure / purin m
Jod n → Iod n
Jura m (Geol) / jurassic / jurassique m
Jurakalk m / jurassic limestone / calcaire m jurassique
juvenil / juvenile / juvénile

Käserei f / cheese dairy / fromagerie f
Kalibrieren n / calibration / étalonnage m
Kalium n / potassium / potassium m
Kaliumpermanganatverbrauch m / potassium permanganate consumption / dosage m de l'oxygène cédé par le permanganate de potassium
Kalk m / lime / chaux f
— → gelöschter Kalk m

Kalk   **Kern**

— → gebrannter Kalk *m*
Kalkaggressivität *f* / aggressivity against lime / agressivité *f* vis-à-vis de la chaux
Kalkhärte *f* / calcium-hardness / dureté *f* calcaire
Kalkhydrat *n* / hydrated lime, slaked lime / chaux *f* hydratée, chaux *f* éteinte
Kalk-Kohlensäure-Gleichgewicht *n* / carbonate equilibrium / équilibre *m* carbonique
Kalklöscher *m* / lime slaker / extincteur *m* de chaux
Kalklösungsvermögen *n* / marble test for water stability / essai *m* au marbre
Kalkmilch *f* / milk of lime, lime slurry / lait *m* de chaux
Kalk-Soda-Verfahren *n* / lime soda process / procédé *m* chaux-soude
Kalkstein *m* / limestone / calcaire *m*
Kalkung *f* / lime treatment / chaulage *m*
Kalkwasser *n* / lime water / eau *f* de chaux
Kalorie *f* / calorie, calory / calorie *f*
kalt / cold / froid
Kaltwalzwerk *n* / cold-rolling mill / laminoir *m* à froid
Kammer *f* / chamber, compartment / chambre *f*, compartiment *m*
Kanal *m* (Abw) / sewer, drain / égout *m*
— (Hydrol) / channel / canal *m*
Kanalisation *f* (Abw) / canalization, sewerage / canalisation *f*, réseau *m* d'assainissement
Kanalrohr *n* / sewer pipe / tuyau *m* d'égout
kanzerogen / cancerogenic / cancérogène
kapillar / capillary / capillaire
Karbid *n* / carbide / carbure *m*
Karbolsäure *f* / phenol, carbolic acid / phénol *m*, acide *m* carbolique
Karbonat *n* → Carbonat *n*
Karbonathärte *f* / alkaline (temporary) hardness, carbonate hardness / dureté *f* alcaline (temporaire), dureté *f* carbonatée
Karbonisierung *f* / carbonization / carbonatation *f*
karzinogen / cancerogenic / cancérogène
Kaskade *f* / cascade / cascade *f*
Kaskadenbelüftung *f* / tray aeration / aération *f* par cascade
Katalysator *m* / catalyst / catalyseur *m*
katalytisch / catalytic / catalytique
kathodischer Korrosionsschutz *m* / cathodic protection / protection *f* cathodique
Kation *n* / cation / cation *m*
Kationaustauscher *m* / cation exchanger / échangeur *m* de cations
kationisch / cationic / cationique
Kautschuk *m* / caoutchouc, rubber / caoutchouc *m*, gomme *f*
kegelförmig / conical / conique
Kehricht *m* / trash, rubbish, sweepings / ordures *fpl* ménagères, immondices *fpl*
Keim *m* / germ / germe *m*
keimen / germinate / germer
keimfrei / sterile / stérile, stérilisé
keimtötend / germicidal, bactericidal / bactéricide
Keimzahl *f* (Bakt) / bacterial count / dénombrement *m* des bactéries
Kern *m* / kernel, nucleus / noyau *m*
— → Atomkern *m*

Kern   **Kocherablauge**

— → Bohrkern *m*
Kernreaktor *m* / nuclear reactor, atomic pile / réacteur *m* nucléaire, pile *f* atomique
Kernspaltung *f* / nuclear fission / fission *f* nucléaire
Kerzenfilter *m* / candle filter / filtre *m* à bougie
Kessel *m* / boiler / chaudière *f*, bouilleur *m*
Kesselschlammwasser *n* / boiler blow-down water / eau *f* de purge de la chaudière
Kesselstein *m* / scale, incrustation (cettle) / tartre *m*
Kesselwasser *n* / boiler water / eau *f* de chaudière
Kesselzusatzwasser *n* / feed water, boiler make up / eau *f* d'alimentation, eau *f* d'appoint
Kessener Walzenbürste *f* / Kessener revolving brush / brosse *f* rotative Kessener
Kies *m* / gravel, grit / gravier *m*
Kieselalgen *fpl* / diatoms *pl* / diatomées *fpl*
Kieselfluorwasserstoff *m* / fluosilicic acid / acide *m* fluosilicique
Kieselgur *f* / kieselgur, diatomite, diatomaceous earth / terre *f* à diatomées
Kieselgurfilter *m* / diatomite filter / filtre *m* à diatomées
Kieselsäure *f* / silicic acid, silica / silice *f*
Kiesfilter *m* / gravel filter / filtre *m* de gravier
Kiesgrube *f* / gravel pit / ballastière *f*, gravière *f*
Kinderlähmung *f* / poliomyelitis / paralyse *f* infantile
kinetisch   / kinetic / cinétique
Kitt *m* / putty / mastic *m*
Kjeldahl-Stickstoff *m* / Kjeldahl nitrogen / azote *m* Kjeldahl
Kläranlage *f* / clarification plant / installation *f* de clarification
Klärbecken *n* / clarifier / clarificateur *m*, décanteur *m*
klären   / clarify / clarifier
Klärschlamm *m* / sewage sludge / boues *fpl* d'épuration
Klärung *f* (Abw) / clarification / clarification *f*, décantation *f*
Klärwärter *m* / sewage works operator / agent *m* de station d'épuration
Klärwerk *n* / sewage treatment works, waste water treatment plant / station *f* d'épuration des eaux d'égout
klar   / transparent, clear, limpid / transparent, clair, limpide
Klarheit *f* / clearness, transparency (of a liquid) / limpidité *f*
Kleinkläranlage *f* / individual sewage treatment plant / installation *f* d'épuration domestique
Kleinlebewesen *n* / microorganism / microorganisme *m*
Kleinvieh *n* / small cattle / petit bétail *m*
Klimatisierung *f* / air conditioning / conditionnement *m* de l'air
Klosett *n* / closet, latrine, lavatory / cabinet *m*, lieux *mpl* d'aisances
klüftig   / fissured, crevassed / fissuré, crevassé
Knickpunktchlorung *f* / break-point chlorination / chloration *f* au point de rupture, surchloration *f*
Koagulation *f* / flocculation, coagulation / floculation *f*, coagulation *f*
kochen   / boil / bouillir
Kochen *n* / boiling / ébullition *f*
Kochendwasser *n* / boiler water / eau *f* de chaudière
Kocher *m* / boiler / bouilleur *m*, chaudière *f*
Kocherablauge *f* / boiler waste liquor / lessive *f* épuisée du bouilleur

32

Koeffizient   **Kondenstopf**

Deutsch

Koeffizient m / coefficient / coefficient m
körnig / granular / granuleux, grenue
Kohle f / coal / charbon m, houille f
Kohlefilter m / carbon filter / filtre m à charbon
Kohlengrube f / coal mine / mine f de charbon
Kohlenhydrat n / carbohydrate / hydrate m de carbone
Kohlensäure f / carbon dioxide, carbonic acid / acide m carbonique, dioxyde m de carbone, anhydre m carbonique
Kohlenstoff m / carbon / carbone m
— → anorganischer Kohlenstoff m
— → gelöster organischer Kohlenstoff m
— → gesamter organischer Kohlenstoff m
— → organischer Kohlenstoff m
Kohlenstoffdioxid n / carbon dioxide, carbonic acid / acide m carbonique, dioxyde m de carbone, anhydre m carbonique
— → gelöstes (freies) Kohlenstoffdioxid n
— → überschüssiges Kohlenstoffdioxid n
kohlenstoffhaltig / carbonaceous / carboné
Kohlenstoff(mon)oxid n / carbon(mon)oxid / oxyde m de carbone
Kohlenwasserstoff m / hydrocarbon / hydrocarbure m
Kohlenwasserstoffe mpl → chlorierte Kohlenwasserstoffe mpl
— → polare Kohlenwasserstoffe mpl
— → polycyclische aromatische Kohlenwasserstoffe mpl
— → unpolare Kohlenwasserstoffe mpl
Kohlewaschwasser n / coal washing water / eau f de lavage du charbon
Koks m / coke / coke m
Kokslöschwasser n / coke-quenching water / eau f d'extinction du coke
Kolben m (Chem) / flask / ballon m
Kolbenpumpe f / piston pump / pompe f à piston
Kolloid n / colloid / colloïde m
kolloid, kolloidal / colloidal / colloïdal
Koloniezahl f (Bakt) / bacterial count / dénombrement m des bactéries
Kolonne f (Chem) / column / colonne f
Kolorimeter n / colorimeter / colorimètre m
kolorimetrisch / colorimetric / colorimétrique
Komplex m / complex / complexe m
Komplexbildner m / complexing agent / réactif m complexant
Komplexierung f / complexation / complexation f
komplexometrisch / complexometric / complexométrique
Kompost m / compost / compost m
Kompressor m / compressor / compresseur m
komprimieren / compress / comprimer
Kondensat n / condensate, condenser water / condensat m
Kondensationspunkt m / dew point / point m de rosée, point m de condensation
Kondens(ations)wasser n / condensate, condenser water / condensat m
Kondensator m (Labor) / condenser / condenseur m, réfrigérant m
— (Elekt) / condenser, capacitor / condensateur m
Kondenstopf m / steam trap / séparateur m d'eau

33

Konditionieren *n* / conditioning / conditionnement *m*
Konditionierung *f* / conditioning / conditionnement *m*
konisch / conical / conique
Konservenfabrik *f* / cannery / conserverie *f*
konservieren / preserve / conserver
Konservierung *f* / stabilization, preservation / préservation *f*
Konservierung *f* **von Proben** / sample stabilization / stabilisation *f* de l'échantillon
Konsistenz *f* / consistency / consistance *f*
Konstante *f* / constant / constante *f*
Kontaktstabilisierung *f* / contact stabilization / stabilisation *f* par contact
kontinuierlich / continuous / continu
kontinuierliche Probenahme *f*→ Dauerprobenahme *f*
Konzentration *f* / concentration / concentration *f*
Konzentration *f* **ohne sichtbaren Effekt** / no observed effect concentration / concentration *f* d'aucun effet observé
konzentrieren (Chem) / concentrate / concentrer
Korbflasche *f* / carboy / tourie *f*, dame-jeanne *f*
Kork *m* / cork / liège *m*
Korkplatte *f* / cork slab / plaque *f* de liège
Korn *n* / grain / grain *m*
Korngröße *f* / size of grain / grosseur *f* des grains, taille *f* des grains
Korngrößenbereich *m* / grain size range / classe *f* granulométrique
Korrelation *f* / correlation / corrélation *f*
korrespondierende Probe *f* / corresponding sample / échantillon *m* correspondant
korrodieren / corrode / corroder
Korrosion *f* / corrosion / corrosion *f*
korrosionsbeständig / corrosion-resisting, non-corrosive / non-corrosif
Korrosionsschutz *m* / corrosion prevention, protection / protection *f* contre la corrosion
Korrosionsschutzmittel *n* / corrosion inhibitor, anticorrosive / inhibiteur *m* de corrosion
korrosiv / corrosive / corrosif
Kotstoffe *mpl* / fecal matter, faeces *pl*, night soil / fèces *fpl*, matières *fpl* de vidange
Kracken *n* (von Kohlenwasserstoffen) / cracking (of hydrocarbons) / craquage *m* (d'hydrocarbures)
Kraftstoff *m* / fuel (motor-) / carburant *m*
Kraftwerk *n* / power station / usine *f* électrique
Krankenhaus *n* / hospital, infirmary / hôpital *m*
Krankheit *f* / disease / maladie *f*
krankheitserregend / pathogenic / pathogène
Kratzer *m* / scraper / racleur *m*
krebserregend / cancerogenic / cancérogène
Kreide *f* / chalk / craie *f*
Kreisbecken *n* / circular tank / bassin *m* circulaire
Kreiselpumpe *f* / centrifugal pump / pompe *f* centrifuge
Kreislauf *m* / circulation, circuit, cycle / cycle *m*, circuit *m*
— / recirculation, recycling / recirculation *f*, recyclage *m*
— → geschlossener Kreislauf *m*
— → offener Kreislauf *m*
Kristallisation *f* / crystallization / cristallisation *f*

kristallisieren / crystallize / cristalliser
Kristallwasser *n* / water of crystallization / eau *f* de cristallisation
kristallwasserhaltig / hydrous / hydraté
Kriterium *n* / criterion / critère *m*
Kropf *m* / goiter / goitre *m*
kubik / cubic / cubique
Küchenabfall *m* / garbage (USA) / déchets *mpl* de cuisine
Küchenabfallzerkleinerer *m* / garbage grinder / broyeur *m* d'ordures, dilacérateur *m*
Küchenabwasser *n* / scullery wastes *pl* / eaux *fpl* ménagères
Kühlanlage *f* / refrigeration plant, cooling plant / installation *f* réfrigérante
kühlen / refrigerate, cool (down) / réfrigérer, refroidir
Kühler *m* (Labor) / cooler, condenser / condenseur *m*, réfrigérant *m*
Kühlmittel *n* / coolant, refrigerant / réfrigérant *m*
Kühlschlange *f* / cooling coil / serpentin *m* de refroidissement
Kühlschrank *m* / ice box, refrigerator / réfrigérateur *m*, glacière *f*
Kühlteich *m* / cooling pond / étang *m* de refroidissement
Kühlturm *m* / cooling tower / tour *f* de refroidissement
Kühlung *f* → indirekte Kühlung *f*
Kühlwasser *n* / cooling water / eau *f* de refroidissement
künstlich / artificial / artificiel
Küvette *f* / cuvette / cuve *f*
kugelförmig / spherical / sphérique
Kugelkühler *m* (Chem) / ball condenser / réfrigérant *m* à boules
Kugelmühle *f* / ball mill / broyeur *m* à jarre et à billes
Kulturschale *f* (Bakt) / Petri-dish, culture dish / boîte *f* de Pétri
Kunstharz *n* / plastic, synthetic resin / résine *f* synthétique, plastique *m*
Kunstseide *f* / artificial silk, rayon / rayonne *f*, soie *f* artificielle
Kupfer *n* / copper / cuivre *m*
Kurve *f* / curve / courbe *f*
Kurzzeit *f* / short time / court terme *m*

Laboratorium *n* / laboratory / laboratoire *m*
Lack *m* / lacquer / laque *f*
Lackmus *m* / litmus / tournesol *m*
Ladung *f* / charge, feed / alimentation *f*, approvisionnement *m*, chargement *m*
ländlich / rural / champêtre, rural
Längsprofil *n* / longitudinal profile / profil *m* en long
Lärmbelästigung *f* / noise disturbance / nuisance *f* de bruit
Lagune *f* / lagoon / lagune *f*
Laktose *f* / lactose / lactose *m*, sucre *m* de lait
laminar / laminar / laminaire
laminare Strömung *f* / streamline flow, steady flow / écoulement *m* laminaire
landwirtschaftliche Abwasserverwertung *f* / agricultural use of sewage / utilisation *f* agricole des eaux usées urbaines
Langlebigkeit *f* / longevity / longévité *f*
Langzeitbelüftung *f* / extended aeration / aération *f* prolongée
Lattenpegel *m* / staff gauge / échelle *f* limnimétrique
Laubholz *n* / deciduous wood / bois *m* feuillu

Laufzeit *f* / operating period / durée *f* de fonctionnement
Lauge *f* / lye, liquor / lessive *f*
Laugenbrüchigkeit *f* / caustic embrittlement / fragilité *f* caustique
Lava *f* / lava / lave *f*
Lavaschlacke *f* / lava slag / scorie *f* de lave
LC → Letalkonzentration *f*
LD → Letaldosis *f*
Lebensdauer *f* / life time, service life (of an instrument) / durée *f* de vie
Lebensgemeinschaft *f* (Biol) / community, association, biocoenose / biocénose *f*, communauté *f*, association *f*
Lebensmittel *n* / victuals *pl* / denrée *f*
Lebewesen *n* / organism / organisme *m*
Leck *n* / leak / fuite *f*
Leckverlust *m* / leakage, loss (of a liquid) / perte *f* de fuite
Leder *n* / leather / cuir *m*
leer / empty, void / vide
Leerlauf *m* / no-load, idling / marche *f* à vide
Leerwert *m* / blank value / valeur *f* témoin, valeur *f* à blanc
Legierung *f* / alloy / alliage *m*
Lehm *m* / ooze, loam / limon *m*
Lehmboden *m* / loamy soil / terre *f* limoneuse
leichtes Heizöl *n* / light fuel oil / fuel *m* léger
leichtflüchtig / low volatile / volatil
leichtflüchtige Kohlenwasserstoffe *mpl* / low volatile hydrocarbons / hydrocarbures *mpl* volatils
Leichtflüssigkeitabscheider *m* / petrol separator / séparateur *m* d'essence
leicht freisetzbare Cyanide *npl* / easily liberable cyanides / cyanures *mpl* aisément libérables
Leichtmetall *n* / light metal / métal *m* léger
Leim *m* / glue / colle *f*
Leistung *f* / output, performance, yield / rapport *m*
Leistungsfähigkeit *f* (Techn) / capacity / capacité *f* de production
Leiter *f* / ladder / échelle *f*
Leiter *m* / conductor / conducteur *m*
Leitfähigkeit *f* / conductivity / conductivité *f*
Leitorganismus *m* (Biol) / indicator organism / organisme *m* indicateur
Leitung *f* / conduit, tubing, line / conduite *f* (d'eau potable), canalisation *f* (d'eau usée)
Leitungswasser *n* / supply water, tap water / eaux *fpl* de distribution
Letaldosis *f* **LD** / lethal dose / dose *f* létale
Letalkonzentration *f* **LC** / lethal concentration / concentration *f* létale
Letten *m* / clay / argile *f*, glaise *f*
Lichtstreuung *f* / light scattering / dispersion *f* de la lumière
Lieferbedingungen *fpl* / terms of delivery / conditions *fpl* de livraison
liefern / supply, deliver / livrer
linear / straight chain, linear / linéaire
lineares Alkylbenzolsulfonat *n* / linear alkylbenzene sulfonate / alkylbenzène sulfonate *m* linéaire
Linienstrahler *m* / line source / source *f* à spectre de raie

lipophil / lipophilic / lipophile
Liter n / liter / litre m
Loch n / hole / trou m
Lochblech n / perforated plate / tôle f perforée
Lochfraß m (Korr) / pitting / piqûre f
Lochung f / perforation / trous mpl
löschen (von Kalk) / slake / éteindre
Löschwassernetz n / fire protection network / réseau m d'incendie
Lösemittel n / solvent / solvant m, dissolvant m
lösen (Chem) / solve, dissolve / dissoudre
Lösen n (Chem) / solution, dissolving / dissolution f
löslich / soluble / soluble
Löslichkeit f / solubility / solubilité f
Lösung f / solution / solution f
Lösungsmittel n → Lösemittel n
löten → hart löten
— → weich löten
Lohgerberei f / bark tannery / tannerie f au tan
Lokalelement n / local cell / couple m local
Lüftung f / aeration, ventilation / aération f, ventilation f
Luft f / air / air m
Luftaufbereitung f / air conditioning / conditionnement m de l'air
Luftdruck m / atmospheric pressure / pression f atmosphérique
Luftfeuchtigkeit f / air humidity / humidité f atmosphérique
Luftsauerstoff m / atmospheric oxygen / oxygène m atmosphérique
lufttrocken / air-dry / séché à l'air
Luftverteilung f / air diffusion / diffusion f de l'air
Luftverunreinigung f / air pollution / pollution f atmosphérique
Luftzufuhr f / air supply / introduction f d'air
Luftzug m / (air) draft / tirage m, courant m d'air

Mälzerei f / malt house / malterie f
Magermilch f / skim milk / lait m écrémé
Magnesia f / magnesia / magnésie f
Magnesium n / magnesium / magnésium m
Magnesiumoxid n / magnesia / magnésie f
magnetisches Feld n / magnetic field / champ m magnétique
Magnetrührer m / magnetic stirrer / agitateur m magnétique
Magnetrührstab m / magnetic stirrer rod (bar) / barreau m aimanté
Magnomaterial n / magno / magno m
Maische f / mash / trempe f
makroporös / macroporous / macroporeux
Malzfabrik f / malt house / malterie f
Mangan n / manganese / manganèse m
Mangandioxid n / manganese dioxide / dioxyde m de manganèse
Mangel m / defect / défaut m
— (Med) / deficiency, deficit / déficit m
— (Techn) / shortage, lack / manque m

mangelhaft / defective / défectueux
Mannloch n / manhole / trou m d'homme
Markierung f / tracing / traçage m
Marmor m / marble / marbre m
Marmorlösungsversuch m / marble test for water stability / essai m au marbre
Masche f / mesh / maille f
Maschine f / engine / machine f
maskieren / mask / masquer
maßanalytisch / volumetric, titrimetric / volumétrique
Masse f / mass / masse f
Massenkonzentration f / mass concentration / masse f volumique
Massenwirkungsgesetz n / law of mass action / loi f d'action de masse
Maßstab m / scale, graduation, ratio of dimensions / graduation f
maximal / maximum, maximal / maximal
maximal tolerierte tägliche Dosis f / maximal tolerated dosis per day / dose f maximale quotidienne tolérée
MBAS → Methylenblau-aktive Substanz f
mechanische Abwasserreinigung f / primary treatment of waste water, sedimentation (sludge) / épuration f mécanique des eaux d'égout
Medianwert m / median / médiane f
Medium n / medium / médium m
Meer n / sea / mer f
Meerwasser n / sea water / eau f de mer
Mehrschichtfilter m / multilayer filter / filtre m multicouche, filtre m à lits superposés
Mehrstoffilter m / mixed media filter / filtre m à lits mélangés
mehrstufig / multi-stage / à plusieurs étages
Melasse f / molasses / mélasse f
Membrane f / membrane / membrane f
Menge f / amount, quantity / quantité f
Mergel m / marl / marne f
mesophil / mesophilic / mésophile
mesosaprob (Biol) / mesosaprobic / mésosaprobe
Meßbereich m / measuring range / champ m de mesure, étendue f de dosage
messen / measure, gauge / mesurer
— (Techn) / gauge / jauger
Meßfehler m / error of observation / erreur f de mesure
Meßgerinne n / measuring duct, measuring flume / canal m de mesure, canal m de jaugeage
Messing n / brass / laiton m
Meßinstrument n / measuring instrument, gauge, meter / instrument m de mesure
Meßkolben m / graduated flask / ballon m jaugé
Meßlösung f / solution for measurement / solution f de mesure
Meßpipette f / graduated pipet / pipette f graduée
Meßprogramm n / monitoring / programme m de contrôle
Meßstelle f / gauging station / point m de mesure, station f de jaugeage
Messung f / metering, gauging, measurement / mensuration f, mesure f
Meßwehr n / measuring weir / déversoir m de jaugeage
Meßwertausgabe f / readout of measured values / affichage m de mesure

Meßwertwandler   Mittel

Meßwertwandler *m* / transmitter / transmetteur *m* de mesure
Meßzylinder *m* / graduated cylinder / éprouvette *f* graduée
Metalimnion *n* (Limnol) / thermocline, metalimnion / thermocline *f*, métalimnion *m*, couche *f* du saut thermique
Metall *n* / metal / métal *m*
metallangreifend / corrosive to metals / corrosif pour les métaux
Metalldampflampe *f* / metal vapour lamp / lampe *f* à vapeur métallique
metallisch / metallic / métallique
Methan *n* / methane / méthane *m*
Methanfaulung *f* / alkaline fermentation / fermentation *f* alcaline, fermentation *f* méthanique
Methangewinnung *f* / methane collection / récupération *f* du méthane
Methode *f* / process, method, procedure / procédé *m*, méthode *f*
Methylenblau *n* / methylene blue / bleu *m* de méthylène
Methylenblau-aktive Substanz *f* **MBAS** / methyleneblue active substance / composé *m* réactif au bleu de méthylène
Methylenblau-Test *m* / stability test, methylene blue test *m* / test *m* de stabilité
Methylorange *n* / methyl orange / méthylorange *m*
mg/l → Milligramm/Liter
Mikrobiologie *f* / microbiology / microbiologie *f*
Mikrogramm/Liter / parts per billion / microgrammes *mpl* per litre
Mikroorganismus *m* / microorganism / microorganisme *m*
Mikrosieb *n* / micro-strainer / microtamis *m*
Milchsäure *f* / lactic acid / acide *m* lactique
Milchzucker *m* / lactose / lactose *m*, sucre *m* de lait
Milliarde *f* / billion / milliard *m*
Milligramm/Liter mg/l / milligrams *pl* per liter, parts per million / milligrammes *mpl* par litre
Mineral *n* / mineral / minéral *m*
mineralisch / mineral / minéral
mineralische Stoffe *mpl* / inorganic matter, mineral substances *pl* / matières *fpl* minérales
Mineralisierung *f* / mineralization / minéralisation *f*
Mineralöl *n* / mineral oil, crude oil / huile *f* minérale, naphte *m* brut
Mineralwasser *n* / mineral water / eau *f* minérale
mischbar / miscible / miscible, alliable
Mischbecken *n* / mixing basin / bassin *m* d'homogénéisation
Mischbett *n* / mixed bed / lit *m* mélangé
mischen / mix, blend, homogenize / mêler, mélanger, homogénéiser
Mischentwässerung *f* / combined sewerage / réseau *m* unitaire d'assainissement
Mischer *m* / mixer / mélangeur *m*
Mischprobe *f* / composite sample / échantillon *m* composite
Mischung *f* / mixture, mix, blend / mélange *m*
Mischverhältnis *n* / mixing rate, proportion of mixture / relation *f* de mélange, rapport *m* de mélange
Mischwasserkanal *m* / combined sewer / égout *m* unitaire
Mist *m* / manure / fumier *m*
Mittel *n* (Chem) / agent / agent *m*

— (Math) / mean, average / moyenne f simple
Mittelwasser n (Hydrol) / mean water / eaux mpl moyennes
Mittelwert m / mean, average / valeur f moyenne
mittlerer Fehler m / standard error / erreur-type f
Mobilität f / mobility / mobilité f
Mörser m / mortar / mortier m
Mörtel m / mortar / mortier m
Molekül n / molecule / molécule f
molekulare Masse f / molecular weight / poids m moléculaire
Molke f / whey / petit-lait m, lactosérum m
Molkerei f / dairy, creamery / laiterie f
Molvolumen n / molecular volume / volume m moléculaire
monomolekularer Film m / monomolecular film / couche f monomoléculaire, pellicule f monomoléculaire
moorig / swampy, moory, fenny / marécageux, bourbeux
Moos n / moss / mousse f (Bot)
Moräne f / moraine / moraine f
Morast m / morass, swamp / bourbe f
Mühle f / mill / moulin m
Müll m / trash, rubbish, sweepings / ordures fpl ménagères, immondices fpl
Mündung f (Hydrol) / mouth / embouchure f
Mündungsgebiet n (Geol) / estuary / estuaire m
Muffelofen m / muffle furnace / four m à moufle
Muschel f / mussel, shell / coquillage m, mollusque m
Muschelkalk m / shelly limestone / calcaire m coquillé
Mutagen n / mutagen / mutagène m
Mutterlauge f / mother lye / eau f mère

Nachchlorung f / post-chlorination / post-chloration f
Nachfaulraum m / final digester / digesteur m final
Nachfilter m / final filter, subsequent filter / filtre m finisseur
Nachgeschmack m / aftertaste / arrière-goût m
Nachklärung f (Abw) / final clarification, secondary sedimentation / décantation f secondaire
Nachreinigung f / final purification / épuration f finale
nachträgliches Wachstum n (Bakt) / aftergrowth / reviviscence f
Nachweis m (Chem) / detection / détection f
Nachweisgrenze f / lower limit of detection / limite f de dosage
Nadel f / needle / aiguille f
Nährboden m / culture medium / milieu m de culture, gélose f
Nährlösung f (Bakt) / nutrient broth, substrate, nutrient solution / bouillon m de culture
nährstoffarm (Limnol) / oligotrophic / oligotrophe
nährstoffreich (Limnol) / eutrophic / eutrophe
Nagetierbekämpfungsmittel n / rodenticide / rodenticide m
Nahrungsmittelindustrie f / food industry / industrie f alimentaire
Nahrungsumsatz m / metabolism / métabolisme m
Nannoplankton n / nannoplankton / nannoplancton m

naß / wet, humid / mouillé
Naßdosierung f / solution-feed dosage / dosage m par solution
Naßverbrennung f / wet oxidation / oxydation f humide
naszierend / nascent / naissant
Natrium n / sodium / sodium m
Natriumhypochloritlauge f / bleaching lye / eau f de Javel
Natriumtripolyphosphat n / sodium tripolyphosphate / tripolyphosphate m de sodium
Natronlauge f / caustic soda lye / solution f de soude caustique
natürlich / natural / naturel
natürliche Verdunstungsmenge f / quantity of natural evaporation / quantité f d'évaporation naturelle
Nebel m / fog, mist / brouillard m, brume f
Nebenfluß m / tributary, affluent / affluent m
Nebenleitung f / by-pass / by-pass m
Neigung f / slope / pente f
Nennweite f / nominal width, diameter / diamètre m nominal
Netz n / net / réseau m
netzförmig / reticular / réticulaire
Netzmittel n / wetting agent / mouillant m
neutral / neutral / neutre
nicht absetzbare Stoffe mpl / non settable matter / matières fpl non décantables
Nichtcarbonathärte f / non alkaline (permanent) hardness, non-carbonate hardness / dureté f non-carbonatée, dureté f non alcaline (permanente)
Nichteisenmetall n / nonferrous metal / métal m non ferreux
nichtionisch / non-ionic / non-ionique
nichtrostend / stainless / inoxydable
Nickel n / nickel / nickel m
Niederdruck m / low pressure / pression f basse
Niederschlag m (Chem) / precipitate / précipité m, floculat m
— (Meteor) / precipitation, rain, storm water / pluie f, précipitation f
— → radioaktiver Niederschlag m
niederschlagen (Chem) / precipitate / précipiter
Niederschlagsgebiet n → Einzugsgebiet n
niedrig / low / bas
niedrige Belastung f / low load / faible charge f
Niedrigwasser n (Hydrol) / low water / debit m d'étiage, basses eaux fpl
Nitrat n / nitrate / nitrate m
Nitrat-Stickstoff m / nitrate nitrogen / azote m nitrique
Nitrifikation f / nitrification / nitrification f
nitrifizieren / nitrify / nitrifier
Nitril n / nitrile / nitrile m
Nitrilotriessigsäure f / nitrilotriacetic acid / acide m nitrilotriacétique
Nitrit n / nitrite / nitrite m
Nitrit-Stickstoff m / nitrite nitrogen / azote m nitreux
nitrose Gase npl / nitrous gas / gaz m nitreux
Norm f / standard / norme f, standard m
Normallösung f / standard solution / solution f normale
Normalverteilung f / normal distribution / distribution f normale, distribution f gaussienne

Normung *f* / standardization / normalisation *f*
Notwasserversorgung *f* / emergency water supply / alimentation *f* en eau de secours
nützlich / useful, profitable, beneficial / utile, profitable
Nulleffekt *m* / background radiation / rayonnement *m* de fond
nutzbar / usable / exploitable
nutzbarer Bereich *m* / working range / domaine *m* utile
Nutzinhalt *m* / working capacity, usable capacity / capacité *f* utile, volume *m* utile
Nutzung *f* / use / emploi *m*
— / beneficial use / mise *f* à profit

Oberfläche *f* / surface / surface *f*
— (Math) / area / aire *f*, superficie *f*
Oberflächenabfluß *m* (Hydrol) / run-off / ruissellement *m*
oberflächenaktive Stoffe *mpl* / surfactants, surface-active agents *pl* / agents *mpl* tensio-actifs, agents *mpl* de surface
Oberflächenbelastung *f* / surface loading / charge *f* superficielle
Oberflächenbelüftung *f* / surface aeration / aération *f* superficielle
Oberflächenfilterung *f* / surface filtration / filtration *f* en surface
Oberflächengewässer *n* / surface waters *pl* / eaux *fpl* de surface
Oberflächenkondensator *m* / surface condenser / condenseur *m* à surface
Oberflächenkühler *m* / indirect cooler / refrigérant *m* superficiel
Oberflächenspannung *f* / surface tension / tension *f* superficielle
Oberflächenspannungsmesser *m* / surface tension meter / tensiomètre *m* interfacial
öffentlich / public / public
Öffnung *f* / opening, orifice / orifice *m*, bouche *f*, ouverture *f*
Ökologie *f* / ecology / écologie *f*
Öl *n* / oil / huile *f*
Öl *n* **ablassen** / oil dumping / décharge *f* d'hydrocarbures
Ölabscheider *m* / oil separator, oil trap, oil collector / déshuileur *m*, séparateur *m* d'huile
Ölfänger *m* / oil separator, oil trap, oil collector / déshuileur *m*, séparateur *m* d'huile
Ölfleck *m* / oil slick / tache *f* d'huile
Ölleitung *f* / pipeline / oléoduc *m*
offener Kreislauf *m* / open circuit / circuit *m* ouvert
oligosaprob / oligosaprobic / oligosaprobie
oligotroph (Limnol) / oligotrophic / oligotrophe
online Analyse *f* / on-line analysis / analyse *f* en ligne
opaleszierend / opalescent / opalescent
Opferanode *f* / sacrified anode, protective anode / anode *f* sacrifiée
Optimierung *f* / optimization / optimisation *f*
optisch / optical / optique
organisch / organic / organique
organischer Kohlenstoff *m* / organic carbon / carbone *m* organique
Organismen *mpl* / organisms *pl* / organismes *mpl*
organoleptisch / organoleptic / organoleptique
Orthophosphat *n* / orthophosphate / orthophosphate *m*
Orthophosphorsäure *f* / (ortho)phosphoric acid / acide *m* phosphorique
Ortsbesichtigung *f* / local survey, site inspection / visite *f* des lieux, inspection *f* locale
Ort und Stelle (an) / site (on the) / in situ

osmotischer Druck *m* / osmotic pressure / pression *f* osmotique
Oszillation *f* / oscillation, variation, fluctuation / oscillation *f*, variation *f*, fluctuation *f*
oval / ovoide / ovale
Oxid *n* / oxide / oxyde *m*
Oxidans *n* / oxidizing agent / oxydant *m*
Oxidation *f* / oxidation / oxydation *f*
Oxidationsgraben *m* (Abw) / oxidation ditch / fossé *m* d'oxydation, chenal *m* d'oxydation
Oxidationsmittel *n* / oxidizing agent / oxydant *m*
Oxidationsteich *m* / oxidation pond / étang *m* d'oxydation
Oxidierbarkeit *f* / oxidizability / oxydabilité *f*
Oxidierbarkeit *f* **mit Kaliumpermanganat** / permanganate value / valeur *f* en permanganate
oxidieren / oxidize / oxyder
Ozean *m* / ocean / océan *m*
Ozon *n* / ozone / ozone *m*
Ozonid *n* / ozonide / ozonide *m*
Ozonisator *m* / ozonizer / ozoneur *m*
Ozonung *f* / ozonation, ozonization / ozonation *f*, ozonisation *f*

PAK → polycyclische aromatische Kohlenwasserstoffe *mpl*
Papierfabrik *f* / paper mill / papeterie *f*, fabrique *f* de papier
Papierstoff *m* / pulp / pâte *f*
Pappe *f* / cardboard, paperboard / carton *m*
Parallelbetrieb *m* / parallel operation / marche *f* en parallèle
Parallelplattenabscheider *m* / parallel plate separator / déshuileur *m* à plaque parallèle
Parameter *m* / parameter / paramètre *m*
Partialdruck *m* / partial pressure / pression *f* partielle
Partikel *n* / particle / particule *f*
Passivierung *f* / passivation / passivation *f*
Passivität *f* / passivity / passivité *f*
Pasteurisierung *f* / pasteurization / pasteurisation *f*
pathogen / pathogenic / pathogène
PCB → polychlorierte Biphenyle *npl*
Peak *m* / peak / pic *m*
Pech *n* / pitch / poix *f*
Pelz *m* / pelt / poil *m*
Pepton *n* / peptone / peptone *f*
Perchlorat *n* / perchlorate / perchlorate *m*
Perchlorsäure *f* / perchloric acid / acide *m* perchlorique
Permanganat *n* / permanganate / permanganate *m*
Permanganatverbrauch *m* / permanganate value / valeur *f* en permanganate
Persistenz *f* / persistency / persistance *f*
Persulfat *n* / per(oxy)sulfate / persulfate *m*
Petrischale *f* / Petri-dish, culture dish / boîte *f* de Pétri
Petrochemie *f* / petrochemistry / pétrochimie *f*
Petrolether *m* / petroleum ether / éther *m* de pétrole

Pferdestärke f PS / horse power / cheval-vapeur *m*
Pflanze *f* / plant / plante *f*
Pflanzenschutzmittel *n* / agricultural pesticide / pesticide *m*
pflanzlich / vegetable / végétal
Pfropfen *m* / plug / tampon *m*
Pfropfenströmungssystem *n* / plug flow system / système *m* à courant continu
Pfützenbildung *f* / clogging, ponding / encrassement *m*, engorgement *m*
Phenol *n* / phenol, carbolic acid / phénol *m*, acide *m* carbolique
Phenolphthalein *n* / phenolphthalein / phénolphthaléine *f*
Phosphat *n* / phosphate / phosphate *m*
Phosphatierung *f* (Korr) / bondering / bondérisation *f*
Phosphor *m* / phosphorus / phosphore *m*
Phosphorverbindungen *fpl* / phosphorous compounds / composés *mpl* de phosphore
Photometer *n* / photometer / photomètre *m*
Photosynthese *f* / photosynthesis / photosynthèse *f*
Photozelle *f* / photoelectric cell / cellule *f* photoélectrique
pH-Wert *m* / pH-value / pH *m*, valeur *f* du pH
physikalisch / physical / physique
physikalisch-chemisch / physico-chemical / physico-chimique
Phytoplankton *n* / phytoplankton / phytoplancton *m*
Pilz *m* / fungus, mushroom / champignon *m*
Pipette *f* / pipette / pipette *f*
Pissoir *n* / urinal / urinoir *m*
Planktonnetz *n* / plankton net / filet *m* à plancton
Plastik *n* / plastic, synthetic resin / résine *f* synthétique, plastique *m*
Platin *n* / platinum / platine *f*
Platte *f* / plate, slab / plaque *f*, dalle *f*
Plattenabscheider *m* / plate separator / séparateur *m* lamellaire
Plattenabsetzbecken *n* / plate clarifier / décanteur *m* lamellaire
Plattenkultur *f* (Bakt) / Petri-dish culture / culture *f* en boîtes de Pétri
polare Kohlenwasserstoffe *mpl* / polar hydrocarbons / hydrocarbures *mpl* polaires
polarisieren / polarize / polariser
Polarograph *m* / polarograph / polarographe *m*
Pollen *m* / pollen / pollen *m*
polychlorierte Biphenyle *npl* **PCB** / polychlorinated biphenyls / diphényls *mpl* polychlorés
polycyclische aromatische Kohlenwasserstoffe *mpl* **PAK** / polynuclear aromatic hydrocarbons PAH / hydrocarbures *mpl* polycycliques aromatiques HPA
Polyelektrolyte *mpl* / polyelectrolytes *pl* / polyélectrolytes *mpl*
Polyethylen *n* / polyethylene / polyéthylène *m*
Polyphosphat *n* / polyphosphate / polyphosphate *m*
polysaprob (Biol) / polysaprobic / polysaprobie
Polystyrol *n* / polystyrene / polystyrène *m*
Polyvinylchlorid *n* / polyvinylchloride / polychlorure *m* de vinyle
Porenwasser *n* / interstitial water, connate water / eau *f* interstitielle, eau *f* connée
porös / porous / poreux
Porosität *f* / pore space, porosity / porosité *f*
Porzellan *n* / porcelain / porcelaine *f*

potentiometrisch / potentiometric / potentiométrique
Präzision f / precision / précision f
Preßkuchen m / filter cake, sludge cake / gâteau m de presse
Primärproduktion f / primary production / production f primaire
Probe f / sample / échantillon m
— (Techn) / test / épreuve f
Probehahn m / sampling tap, faucet / robinet m de prise d'échantillons
Probenahme f / sampling / échantillonnage m, prélèvement m d'échantillon
Probenahmegebiet n / sampling site / zone f d'échantillonnage
Probenahmegerät n / sampler / échantillonneur m
Probenahmenetz n / sampling network / réseau m d'échantillonnage
Probenahmestelle f / sampling point / point m d'échantillonnage
Probenausgabestelle f / sample delivery point / point m de distribution d'échantillon
Probenlösung f / sample solution, test solution / solution f d'échantillonnage, solution f d'épreuve
Probenstabilisierung f / sample stabilization / stabilisation f d'échantillon
Produktivität f / productivity, fertility / capacité f biogénique, productivité f
Profundal n (Limnol) / profundal zone / zone f profonde
Programmierung f / programming / programmation f
pro Kopf und Tag / per capita per day / par tête et par jour
Prokopfverbrauch m / per capita consumption / consommation f par habitant
Proportionalprobenahme f / proportional sampling / échantillonnage m proportionnel
Protein n / albumin, protein / albumine f, protéine f
Protokoll n / record / procès-verbal m
Protoplasma n / protoplasm / protoplasme m
Protozoen fpl / protozoa pl / protozoaires mpl
Prozentsatz m / rate, percentage / taux m, pourcentage m
Prozeßwasser n / process water / eau f de procédés
Prüfsiebmaschine f / sieving machine / tamiseur m
Prüfstandard m / calibration standard / étalon m
Prüfung f / examination, investigation, test / examen m, vérification f
Prüfverfahren n / test (of significance) / test m de signification, test m d'épreuve
PS → Pferdestärke f
Pülpe f / pulp / pulpe f
Puffer m (Chem) / buffer / tampon m
Pufferlösung f (Chem) / buffer solution / solution f tampon
puffern / buffer / tamponner
Pulverkohle f / powdered coal / charbon m pulvérisé
Pumpe f / pump / pompe f
Pumpensumpf m / pumping pit, wet well, sump / puisard m
Pumpversuch m / pumping test / essai m de pompage
Punktquelle f / point source / source f ponctuelle
Putz m / plaster / enduit m
putzen / scour / récurer
Pyrit m / pyrite / pyrite f

Quadratmeter m / square meter / mètre m carré
Quadratwurzel f / square root / racine f carrée

Qualität f / quality / qualité f
qualitativ / qualitative / qualitatif
quantitativ / quantitative / quantitatif
Quarz m / quartz / quartz m
Quarzsand m / quartz sand / sable m siliceux
quaternäres Ammonium n / quaternary ammonia / ammonium m quarternaire
Quecksilber n / mercury / mercure m
Quelle f / spring, source / source f
Querschnitt m / cross section / section f
— (Hydrol) / cross section / profil m en travers
— → wirksamer Querschnitt m
Querverbindung f / cross connection / interconnexion f

Rad n / wheel / roue f
radial durchströmtes Becken n / radial flow basin / bassin m à écoulement radial
radioaktiv / radioactive / radioactif
radioaktiver Niederschlag m / radioactive fall-out / retombée f radioactive
Radioaktivität f / radioactivity / radioactivité f
Radium n / radium / radium m
Radius m / radius / rayon m
Rädertierchen n / rotifer / rotifère m
Räuber mpl (Zool) / predator / prédateur m
Räumer m / scraper / racleur m
Raffinerie f / refinery / raffinerie f
Rasen m (eines Tropfkörpers) / slime, surface film / pellicule f, film m biologique
Rauchgas n / flue gas / gaz m de fumée
rauh / rough / rugueux
Rauhigkeit f / roughness / rugosité f
Raum m / chamber, compartment / chambre f, compartiment m
Raumbelastung f (Abw) / space loading / charge f spatiale
Rauminhalt m / volume, capacity / volume m, capacité f
Reaktion f / reaction / réaction f
Reagens n / reagent / réactif m
Reagenzglas n / test tube, test glass / tube m à essai
reagieren / react / réagir, agir
Reaktionsgeschwindigkeit / reaction rate / vitesse f de réaction
Rechen m **(Grob-, Fein-)** / screen (coarse, fine), rack / grille f (grossière, fine)
Rechengut n / screenings / refus m de grille
rechteckig / rectangular / rectangulaire
Redoxpotential n rH → Redoxspannung f
Redoxspannung f / oxidation reduction potential / potentiel m redox
Reduktion f (Chem) / reduction, deoxidation / réduction f, désoxydation f
Reduktionsmittel n / reducing agent / agent m réducteur
reduzieren / reduce, deoxidize (Chem) / réduire, désoxyder (Chem)
Reduzierstück n / reducer / tuyau m de réduction
regeln / control, regulate / régler
Regelung f / control, regulation / réglage m, régulation f
Regen m / precipitation, rain, storm water / pluie f, précipitation f

Regeneration *f* / regeneration / régénération *f*
Regeneriermittel *n* / regenerant / régénérant *m*
Regenfall *m* / rainfall / chute *f* de pluie
Regenrückhaltebecken *n* / storm-water retention basin / bassin *m* de retenue des eaux de pluie
Regenüberlauf *m* / storm-overflow, rain outlet / déversoir *m* d'orage
Regenwasser *n* / rain water / eau *f* de pluie, eaux *fpl* pluviales
Regler *m* / regulator, controller / régulateur *m*
regnen / rain / pleuvoir
Regner *m* / sprinkler / aspersoir *m*
Regression *f* / regression / régression *f*
Regulierung *f* / control, regulation / réglage *m*, régulation *f*
Reibschale *f* / mortar / mortier *m*
Reibung *f* / friction / friction *f*, frottement *m*
Reibungsverlust *m* / frictional loss / perte *f* par friction
reif / ripened / mûr
Reifen *n* / ripening, maturing / maturation *f*
Reifung *f* / ripening / maturation *f*
Reihenbestimmung *f* (Chem) / series determination / détermination *f* en série
Reinheit *f* / purity, pureness / pureté *f*
— → spektrale Reinheit *f*
reinigen / purify, clean, decontaminate / purifier, épurer, nettoyer
Reinigung *f* / purification, cleaning, decontamination / épuration *f*, curage *m*, nettoyage *m*
Reinigungsmittel *n* / detergent / détergent *m*, détersif *m*
Reinkultur *f* (Bakt) / pure culture / culture *f* pure
Rekarbonisation *f* / recarbonation / récarbonisation *f*
Resonanz *f* / resonance / résonance *f*
Restchlor *n* / residual chlorine / chlore *m* résiduel
restlich / residual / résiduel
Retentionszeit *f* / retention time, detention period / durée *f* de séjour, temps *m* d'arrêt
Reversosmose *f* / reverse osmosis / osmose *f* inverse
rH → Redoxpotential *n*
Rhodanid *n* / thiocyanate / thiocyanate *m*
Richtigkeit *f* / accuracy / exactitude *f*, validité *f*
— → Bias *m*
Rieseler *m* / percolator, irrigator / percolateur *m*
Rieselfeld *n* / irrigation field / champ *m* d'irrigation, champ *m* d'épandage
rieseln / trickle, percolate / ruisseler
Ringleitung *f* / circular main, ring main / conduite *f* de ceinture
Ringversuch *m* / interlaboratory trial / intercalibration *f*
Riß *m* / crack, fissure / gerçure *f*, fissure *f*
Rißbildung *f* (Korr) / cracking / fissurage *m*
Röhre *f* / pipe, tube / tube *m*, tuyau *m*
Röntgenuntersuchung *f* / X-ray test / examen *m* aux rayons X
roh / raw, crude / brut
Rohmaterial *n* / raw material, basic material / matière *f* première
Rohr *n* / pipe, tube / tube *m*, tuyau *m*

Rohrwandung f / wall of pipe, pipe barrel / paroi f du tuyau
Rohrzucker m / cane sugar / sucre m de canne
Rohstoff m / raw material, basic material / matière f première
Rohwasser n / raw water / eau f brute
Rost m (Korr) / rust / rouille f
— (Techn) / grating, grill / grille f
rosten / rust / rouiller, oxyder (s')
rostfreier Stahl m / stainless steel / acier m inoxydable
Rostknolle f / tubercle, nodule of rust / tubercule m de rouille
Rotation f / rotation, revolution / rotation f, tour m, révolution f
Rotameter m / rotameter / rotamètre m, debitmètre m
Rotationsverdampfer m / rotation evaporator / évaporateur m rotatif
Rüben-Schwemm- und -Waschwasser n / sugar beet flume water, wheel water / eau f de lavage des betteraves
Rübenzucker m / beet sugar / sucre m de betterave
Rückfluß m / backflow, reflux, backsiphonage / reflux m
Rückflußkühler m / reflux condenser / réfrigérant m à reflux
rückgewinnen / recover, reclaim / récupérer
Rückhaltebecken n / detention basin / bassin m de retenue
Rückkühlanlage f / refrigeration plant, cooling plant / installation f réfrigérante
Rücklauf m / recirculation, recycling / recirculation f, recyclage m
Rücklaufschlamm m / return sludge / boue f en recirculation, boue f de retour
Rücknahmeverhältnis n / recirculation ratio / taux m de recyclage
Rückspülung f / counter current wash, back-washing / lavage m à contre-courant
Rückstand m / residue / résidu m
Rückstau m / backwater / remous m
Rücktitration f / back titration / titration f retour
Rücktitrieren n / back titration / titration f retour
Rühren n / agitating, stirring / brassage m, agitation f
rühren / agitate, stir / agiter, brasser
Rührer m / stirrer, agitator / agitateur m
Rührstab m / stirring rod / tige f d'agitateur, bras m d'agitateur
rütteln / shake, vibrate / vibrer, ébranler
Rüttler m / vibrator / vibrateur m
Ruhr f (Med) / dysentery / dysenterie f
Rundbecken n / circular tank / bassin m circulaire
Rundfilter m / round filter / disque m filtrant
Rundkolben m / round bottom flask / ballon m à fond rond
Ruß m / soot / suie f

Sämischgerberei f / chamois tannery / chamoiserie f
sättigen / saturate / saturer
Sättiger m / saturator / saturateur m
Sättigung f / saturation / saturation f
Sättigungsindex m / saturation index / indice m de saturation
Sättigungswert m / saturation value / valeur f de saturation
Säule f / column / colonne f
Säulenchromatographie f / column chromatography / chromatographie f sur colonne

Säure **Schacht**

Säure *f* / acid / acide *m*
säurebeständig / acid-proof, acid-resistant / antiacide, résistant aux acides
Säurebindungsvermögen *n* / acid binding capacity / consommation *f* d'acides
säurefest / acid-proof, acid-resistant / antiacide, résistant aux acides
Säuregrad *m* / acidity / acidité *f*
Säurekapazität *f* / acid binding capacity / alcalinité *f*, titre *m* alcalimétrique
— → Säurebindungsvermögen *n*
Säuren *fpl*, **starke freie** → Gehalt an starken freien Säuren *fpl*
Saline *f* / salt works, salina / saline *f*
Salpetersäure *f* / nitric acid / acide *m* nitrique
salpetrige Säure *f* / nitrous acid / acide *m* nitreux
Salz *n* / salt / sel *m*
Salzgehalt *m* / salinity / salinité *f*
salzig / saline / salin, salant
Salzsäure *f* / hydrochloric acid, muriatic acid / acide *m* chlorhydrique
Sammelbecken *n* / storage basin, receiving tank / réservoir *m* de stockage
Sammelbehälter *m* → Sammelbecken *n*
sammeln / gather, collect, accumulate / amasser (s'), accumuler, collecter
Sammlung *f* / gathering, collection, accumulation / collecte *f*
Sand *m* / sand, grit / sable *m*
Sandfang *m* / grit chamber, sand trap / bassin *m* de dessablement, dessableur *m*
Sandfilter *m* (**Schnell-, Langsam-**) / sand filter (rapid, slow) / filtre *m* à sable (rapide, lent)
sandig / sandy / sableux
Saprobiensystem *n* / saprobic system / système *m* saprobie
sauer / acid / acide
Sauerstoff *m* / oxygen / oxygène *m*
Sauerstoffaufnahme *f* / oxygen uptake, absorption of oxygen / absorption *f* d'oxygène
Sauerstoffaufnahmefähigkeit *f* / oxygenation capacity / capacité *f* d'oxygénation
Sauerstoffbedarf *m* / oxygen demand / demande *f* en oxygène
— → gesamter Sauerstoffbedarf *m*
Sauerstoffbleiche *f* / oxygen bleaching / blanchiment *m* à l'oxygène
Sauerstofffehlbetrag *m* / oxygen deficit / déficit *m* en oxygène
Sauerstoffeintrag *m* / oxygenation / alimentation *f* en oxygène, oxygénation *f*
Sauerstoffeintragsvermögen *n* / oxygenation capacity / capacité *f* d'oxygénation
Sauerstoffflasche *f* / incubation bottle / flacon *m* d'incubation
Sauerstoffgleichgewicht *n* / oxygen balance / bilan *m* d'oxygène
Sauerstoffhaushalt *m* / oxygen balance / bilan *m* d'oxygène
Sauerstofflinie *f* → Tiefpunkt *m* der Sauerstofflinie
Sauerstoff-Meßgerät *n* / oxygen meter / oxymètre *m*
Sauerstoffproduktionspotential *n* / oxygen production potential / potentiel *m* de production d'oxygène
Sauerstoffverbrauch *m* / oxygen consumption / consommation *f* d'oxygène
Saugen *n* / suction, priming / succion *f*
Saugflasche *f* / suction bottle / fiole *f* à vide
Saugpumpe *f* / suction pump / pompe *f* aspirante
saure Gärung *f* / acid fermentation / fermentation *f* acide
Schacht *m* / well / fosse *f*

Schaden m / damage / dommage m, préjudice m
schädlich / noxious, detrimental, injurious / nocif, nuisible
Schädlichkeitsgrenze f / toxic threshold / seuil m de toxicité
schätzen / estimate / estimer
schäumen / foam / mousser
schal / stale / fade
Schale f / dish, bowl / capsule f, boîte f, bol m
— → Elektronenschale f
Schaum m / foam, lather, froth / écume f
Scheibe f / disc / disque m
Scheibentropfkörper m / submerged disk (disc) filter / disque m biologique
Scheideschlamm m (Zuckerfabrik) / defecation scum, defecation slime / boue f de chaux
Scheidetrichter m / separating funnel / ampoule f à décanter
scheuern / scour / récurer
Schicht f (Geol) / layer, stratum, bed / couche f, strate f
Schichtdicke f / thickness (of a layer) / épaisseur f de couche
Schichtung f (Limnol) / stratification / stratification f
Schieber m / valve / vanne f
Schiefer m / shale / schiste m
Schilf n / reed / roseau m
Schimmel(pilz) m / mold / moisissure f
Schlachthaus n / slaughter house, abattoir / abattoir m
Schlachthof m / slaughter house, abattoir / abattoir m
Schlacke f / slag / laitier m, scorie f
Schlämmanalyse f / elutriation / élutriation f
Schlängelgraben m (Abw) / oxidation ditch / fossé m d'oxydation, chenal m d'oxydation
Schlamm m / sludge, mud, silt / boue f
Schlammabsetzvolumen n / settled volume / volume m de boue décantée
Schlammalter n / sludge age / âge m des boues
Schlammbelastung f / sludge loading / charge f massique
Schlammfaulraum m / digestion chamber, digester / chambre f de digestion des boues, digesteur m
schlammig / turbid, muddy / trouble
Schlammkontakt m / sludge contact / contact m de boues
Schlammröhrenwurm m / sludge worm / tubifex m
Schlammrücklauf m / sludge return / retour m des boues
Schlammtrockenplatz m / sludge drying bed / lit m de séchage
Schlammvolumen-Index m / sludge volume index / indice m du volume de boue
Schlamm-Wäsche f / elutriation / lessivage m, élutriation f
Schlauch m / hose, flexible tubing / tuyau m souple
Schlauchpumpe f / elastic tube pump / pompe f péristaltique
Schleim m / slime, mucus / mucus m
Schlempe f / spent mash, slop / vinasses fpl, rinçure f
Schleuder f / centrifuge / centrifugeuse f
Schleuderbeton m / centrifuged concrete / béton m centrifugé
schleudern / centrifuge, spin / centrifuger
Schleuse f / sluice, lock / écluse f

Schlichten *n* (Text) / sizing / encollage *m*
Schlick *m* / ooze, loam, mud, silt / limon *m*, vase *f*
Schliffstopfenflasche *f* / glas-stoppered bottle / flacon *m* bouché à l'émeri
Schliffverbindung *f* (Chem) / ground glass joint / raccord *m* à rodage
Schlitzrohrbrunnen *m* / slotted tube well / tubage *m* perforé
Schluckbrunnen *m* / injection well, recharge well / puits *m* absorbant, puits *m* d'injection
Schlupf *m* / leakage, loss (of a liquid) / perte *f* de fuite
Schmelze *f* / melt / fusion *f*
schmelzen / melt, thaw / dégeler
Schmelzpunkt *m* / melting point / point *m* de fusion
Schmelzwasser *n* / snow water / eau *f* de fusion
Schmiedeeisen *n* / wrought iron / fer *m* forgé
Schmiermittel *n* / lubricant / lubrifiant *m*
Schmierung *f* / lubrication / lubrification *f*, graissage *m*
Schmutz *m* / dirt, filth, pollutant / saleté *f*, ordure *f*
Schnee *m* / snow / neige *f*
Schnelligkeit *f* / speed / vélocité *f*, vitesse *f*
— / celerity / célérité *f*
Schnitzelpreßwasser *n* (Zuckerfabrik) / pulp press water / eaux *fpl* de presse
Schönung *f* (Abw) / advanced treatment, polishing / polissage *m*, traitement *m* final, affinage *m*
Schönungsteich *m* / maturation pond / bassin *m* de maturation
schöpfen / draw / puiser
Schornstein *m* / stack / cheminée *f*
schräg / inclined, sloped / incliné, penché, biais
Schraubverschluß-Flasche *f* / screw cap bottle / flacon *m* à vis
Schreiber *m* / recorder / enregistreur *m*
Schüttelmaschine *f* / vibrator / vibrateur *m*
schütteln / shake, agitate / secouer, remuer
Schüttung *f* (Hydrol) / yield, delivery / débit *m*
schützen / protect, safeguard / protéger
schützend / protective / protectrice
Schutz *m* / protection / protection *f*
Schutzanode *f* / sacrified anode, protective anode / anode *f* sacrifiée
Schutzbelag *m* / protective scale, protective layer, protective coating / couche *f* protectrice, revêtement *m* protecteur
Schutzgebiet *n* / protective area, area of protection / périmètre *m* de protection
Schutzschicht *f* / protective scale, protective layer, protective coating / couche *f* protectrice, revêtement *m* protecteur
schutzschichtbildend / scale forming / formant une couche protectrice
Schutzzone *f* / protective area, area of protection / périmètre *m* de protection
schwach / weak / faible, peu
Schwankung *f* / oscillation, variation, fluctuation / oscillation *f*, variation *f*, fluctuation *f*
Schwarzlauge *f* / sulfate black-liquor / liqueur *f* noire
Schwebefilter *m* / sludge blanket / voile *m* de boue
Schwebestoffe *mpl* / suspended solids / matières *fpl* en suspension
Schwefel *m* / sulfur / soufre *m*

Schwefel   senkrecht

— → gesamter organischer Schwefel *m*
Schwefeldioxid *n* / sulfur dioxide, sulfurous acid / acide *m* sulfureux
Schwefelkies *m* / pyrite / pyrite *f*
Schwefelkohlenstoff *m* / carbon disulfide / sulfure *m* de carbone
Schwefelsäure *f* / sulfuric acid / acide *m* sulfurique
Schwefelwasserstoff *m* / hydrogen sulfide / hydrogène *m* sulfuré
schweflige Säure *f* / sulfur dioxide, sulfurous acid / acide *m* sulfureux
schweißen / weld / souder
Schwelle *f* / threshold, sill / seuil *m*
Schwellenverfahren *n* / threshold treatment / traitement *m* de seuil
Schwellenwertbehandlung *f*→ Schwellenverfahren *n*
Schwelung *f* / low temperature carbonization / distillation *f* à basse température
schwer / heavy / lourd
schwerflüchtig / non volatile / peu volatil
Schwerkraft *f* / gravity / gravitation *f*, pesanteur *f*
Schwerkraftabscheider *m* / gravity separator / séparateur *m* gravitaire
Schwermetall *n* / heavy metal / métal *m* lourd
Schweröl *n* / heavy oil / huile *f* lourde
Schwimmaufbereitung *f* / flotation / flottation *f*
Schwimmbad *n* / swimming pool / piscine *f*
Schwimmdecke *f* / scum, floating layer, floating sludge / chapeau *m* d'écume, boues *fpl* flottantes
Schwimmdecke abstreifen / skim / enlever l'écume
Schwimmer *m* → Schwimmkörper *m*
Schwimmkörper *m* / float / flotteur *m*
Schwimmschlamm *m* / scum, floating layer, floating sludge / chapeau *m* d'écume, boues *fpl* flottantes
Schwimmstoffe *mpl* / floating matter / matières *fpl* flottantes
schwitzen / sweat, transpire / suer, transpirer
Sediment *n* (Geol) / sediment / sédiment *m*
Sedimentierglas *n* / settling glas, Imhoff cone / éprouvette *f* conique graduée, éprouvette *f* de décantation, cône *m* Imhoff à sédimentation
See *f* / sea / mer *f*
See *m* / lake / lac *m*
Seekreide *f* / bog lime, lake marl / calcaire *m* lacustre
Seife *f* / soap / savon *m*
Seifenlösung *f* / soap solution / liqueur *m* de savon
Selbstabsorption *f* / self absorption / auto-absorption *f*
selbstreinigend (Filter) / selfpurifying / autolaveur
Selbstreinigung *f* / self-purification / auto-épuration *f*
Selbstreinigungskraft *f* / assimilative capacity, self-purifying capacity / pouvoir *m* auto-épurateur
selektive Membranelektrode *f* / selective membrane electrode / sonde *f* à membrane sensible
Selen *n* / selenium / sélénium *m*
semipermeable Membran *f* / semipermeable membrane / membrane *f* semi-perméable
senkrecht / vertical, perpendicular / vertical, perpendiculaire

septisch / septic / septique
Seuche f / epidemic / épidémie f
Sicherheitsmaßnahme f / safety measure / mesure f de sécurité
Sichtbarkeit f / visibility / visibilité f
Sichtscheibe f / disc for measuring of transparency / disque m blanc de Secchi
Sichttiefe f / depth of visibility / limite f de visibilité
Sickerbecken n / spreading basin / bassin m d'égouttage
Sickergrube f / dry well, sewage pit / puits m d'infiltration
Sickerung f / percolation, seepage, infiltration / infiltration f, percolation f
Sickerverlust m / leakage (of water) / perte f par infiltration, coulage m
Sieb n / sieve, screen, strainer / tamis m, crible m
Siebanalyse f / sieve analysis / granulométrie f
sieben / screen, sieve, sift / tamiser, cribler
Siebgut n / screenings, sievings / matières fpl retenues par tamisage
Siebrückstand m / screenings, sievings / matières fpl retenues par tamisage
Siebtrommel f / drum screen, rotary screen / tambour m cribleur
sieden / boil / bouillir
Sieden n / boiling / ébullition f
Siedepunkt m / boiling point / point m d'ébullition
Siedestein m / boiling stone / régulateur m d'ébullition
Sielhaut f / sewer film / pellicule f biologique
Silber n / silver / argent m
Silberung f / silver treatment / traitement m à l'argent
Silicat n / silicate / silicate m
Silicium n / silicon / silicium m
Silicofluorid n / silicofluoride / silico-fluorure m
Simultanfällung f / simultanous precipitation / précipitation f simultanée
Sinkkasten m / gully, sink trap, street inlet / siphon m de décantation, bouche f d'égout
Sinkstoffe mpl / deposit, sediment / dépôt m
Skala f / scale, graduation / graduation f, gamme f
Skrubber m / scrubber / scrubber m, laveur m à gaz
Soda f / soda / soude f
Sohle f / bottom, floor / plancher m, fond m, radier m
Sole f / brine / saumure f
Sollwert m / specified value / valeur f fixée
Sonde f / probe / sonde f
Sonnenbestrahlung f / solar radiation / radiation f solaire, insolation f
Spaltbreite f / slitwidth / largeur f de fente
Spalte f / crack, fissure / gerçure f, fissure f
Spaltung f / disintegration / désintégration f
Spannung f / tension, stress / tension f, effort m
Spannweite f / range / écartement m (Techn), intervalle m
Spatel m / spatula / spatule f
Speicherteich m / storage pond / étang m d'accumulation
Speicherung f / accumulation / accumulation f
— (Techn) / storage / stockage m
Speisewasser n / feed water, boiler make up / eau d'alimentation, eau f d'appoint
Speisung f / charge, feed / alimentation f, approvisionnement m, chargement m

spektrale Bandbreite f / spectral bandwidth / bande f passante
spektrale Reinheit f / spectral purity / pureté f spectrale
Spektrallinien fpl / spectral lines / raies fpl spectrales
Spektralphotometer n / spectrophotometer / spectrophotomètre m
Spektrometrie f / spectrometry / spectrométrie f
spezifisch / specific / spécifique
spezifisches Gewicht n / specific gravity, specific weight / poids m spécifique
spezifisches Leitvermögen n / specific conductance / conductance f spécifique
Spezifität f / specifity / spécificité f
Sphaerotilus m / sewage fungus / champignon m filamenteux
Spitze / peak / pic m
Spitzenbedarf m / peak demand / besoins mpl de pointe
Spitzenbelastung f / peak load, maximum load / charge f maximale
Spitzenlast f / peak load, maximum load / charge f maximale
Spitzenwert m / peak amount / pointe f
sprengen (mit Wasser) / spray, sprinkle / arroser
— (mit Explosiv) / blast / sauter (faire -)
Springbrunnen m / fountain / fontaine f
Spritzflasche f / squeeze bottle / pissette f
Sprühdüse f / spray nozzle / buse f de pulvérisation
Sprühen n / spraying / pulvérisation f
Sprung m / crack, fissure / gerçure f, fissure f
Sprungschicht f (Limnol) / thermocline, metalimnion / thermocline f, métalimnion m, couche f du saut thermique
spülen / rinse, flush, scour / rincer
Spülung f / rinsing, washing, flushing / rinçage m, lavage m, chasse f
Spulwurm m / belly worm / ascaride m
Spur f / trace / trace f
Spurenelement n / micronutrient / oligo-élément m
— (Chem) / trace element / élément-trace m
Stabilisierung f / stabilization, preservation / stabilisation f
Stabilisierungsteich m / lagoon, stabilization pond / lagune f, étang m de stabilisation
städtisch / municipal / municipal, urbain
Stärke f / force, strength / puissance f, intensité f
— (Chem) / starch / amidon f
stagnieren / stagnate / stagner
Stahl m / steel / acier m
Stahlbeton m / reinforced concrete / béton m armé
Stallmist m / manure / fumier m
Stammkultur f (Bakt) / stock culture / souche f pour culture
Stammlösung f / stock solution / solution f mère
Stammsiel n (Abw) / main collector, trunk sewer, interceptor / collecteur m principal
Standardabweichung f / standard deviation / écart-type m
Stapelteich m / storage pond / étang m d'accumulation
stark / strong / fortement
Statistik f / statistics / statistique f
Stauanlage f / weir, dam / barrage m
Staub m / dust / poussière f

Stauhaltung *f* / reach / bief *m*
Stauraum *m* / storage capacity / capacité *f* de stockage
Stausee *m* / reservoir, impounded lake / lac *m* de barrage, reservoir *m* de retenue
Stauwerk *n* / weir, dam / barrage *m*
stehendes Gewässer *n* / stagnant water / eau *f* stagnante
Stehkolben *m* / flat bottom flask / ballon *m* à fond plat
Steiggeschwindigkeit *f* / upward flow rate, rising velocity / vitesse *f* ascensionelle
Stein *m* / stone / pierre *f*
Steingut *n* / earthenware, vitrified tile / faïence *f*, grès *m*
Steinzeug *n* / stoneware / grès *m* vernissé
Sterblichkeit *f* / mortality / mortalité *f*
steril / sterile / stérile, stérilisé
Sterilisation *f* / sterilization / stérilisation *f*
stichfest / spadeable, compacted / consistant
Stichprobe *f* / grab sample, spot sample / échantillon *m* ponctuel
Stickstoff *m* / nitrogen / azote *m*
— → gesamter organisch gebundener Stickstoff *m*
— → Kjeldahl-Stickstoff *m*
Stickstoffbakterien *fpl* / nitrogen fixing bacteria / bactéries *fpl* nitrificantes
stickstoffhaltig / nitrogenous / azoté
Stickstoffoxid *n* / nitric oxide / oxyde *m* azotique
stille Entladung *f* (Elekt) / silent discharge / décharge *f* silencieuse
stinkend / stinking / malodorant, fétide, puant
stören / interfere / déranger
Störung *f* / interference / interférence *f*, perturbation *f*
Stoff *m* / matter, substance / substance *f*, matière *f*
Stoffänger *m* / save-all, reclaimer / ramasse-pâte *m*
Stoffwechsel *m* / metabolism / métabolisme *m*
Stopfen *m* / stopper / bouchon *m*
Stoß *m* / shock, impact / choc *m*, coup *m*
Stoßbelastung *f* / shock load / charge *f* de choc
Stoßchlorung *f* / intermittent chlorination / chloration *f* intermittente
stoßweise (diskontinuierlich) / intermittent, in batches / intermittent, périodique, par coups
Strahl *m* (Flüssigkeit) / jet, stream / jet *m*
— (Licht) / ray / rayon *m*
Strahlenschädigung *f* / radiation injury / radiolésion *f*
Strahlenschutz *m* / protection against radiation / protection *f* contre les radiations
Strahlung *f* / radiancy, radiation, irradiation / irradiation *f*, radiation *f*, rayonnement *m*
Strand *m* / shore, beach / plage *f*, rivage *m*
Straßeneinlauf *m* / gully, sink trap, street inlet / siphon *m* de décantation, bouche *f* d'égout
Streuung *f* (Math) / variance / variance *f*
— → Lichtstreuung *f*
Strippen *n* / stripping / strippage *f*
Strömung *f* (Hydrol) / current, flow, drift / courant *m*
— → laminare Strömung *f*
Strom *m* (Elekt) / current / courant *m*

55

— (Hydrol) / stream / fleuve *m*
stromabwärts / downstream / en aval
stromaufwärts / upstream / en amont
Stromstärke *f* (Elekt) / current strength / intensité *f* de courant
Strontium *n* / strontium / strontium *m*
Struktur *f* / structure, texture / structure *f*, texture *f*
Stufenbelastung *f* / stepped feed / alimentation *f* étagée, charge *f* répartie
Stufenbelüftung *f* (Abw) / stepped aeration / aération *f* répartie, aération *f* étagée
stufenweise / stepped / par étages, étagé
Substanz *f* / matter, substance / substance *f*, matière *f*
süßlich / sweetish / douceâtre
Süßwasser *n* / fresh water / eau *f* douce
Sulfat *n* / sulfate / sulfate *m*
Sulfatzellstoff *m* / kraft pulp, sulfate pulp / pâte *f* à la soude, pâte *f* au sulfate
Sulfid *n* / sulfide / sulfure *m*
Sulfit *n* / sulfite / sulfite *m*
Sulfitablauge *f* / spent sulfite liquor / lessive *f* résiduaire sulfitique
Sulfitzellstoff *m* / sulfite pulp / pâte *f* au sulfite
Sulfonierung *f* / sulfonation / sulfonation *f*
Summenhäufigkeit *f* / cumulative frequency / fréquence *f* cumulée
Sumpf *m* / swamp, bog / marais *m*, marécage *m*
sumpfig / swampy, moory, fenny / marécageux, bourbeux
Symbiose *f* / symbiosis / symbiose *f*
Synthese *f* / synthesis / synthèse *f*
synthetisch / synthetic(al) / synthétique
systematischer Fehler *m* / systematic error / erreur *f* systématique

Tabelle *f* / table, chart / tableau *m*
täglich / daily / journalier, quotidien
Tafelwasser *n* / table water / eau *f* de table
Tagebau *m* / open mining / exploitation *f* à ciel ouvert
Tagesabfluß *m* / daily water flow / débit *m* journalier
Tagesmenge *f* → Tagesabfluß *m*
Tal *n* / valley / vallée *f*
Talsperre *f* / reservoir, impounded lake / lac *m* de barrage, reservoir *m* de retenue
Tanker *m* / tanker / pétrolier *m*
Tankstelle *f* / filling station (USA) / poste *m* de distribution de carburant
Tauchbrenner *m* / submerged burner / brûleur *m* immergé
Tauchbrett *n* / scum-board, downflow baffle / cloison *f* plongeante, cloison *f* siphoïde
Tauchsieder *m* / immersion heater / thermoplongeur *m*
Tauchwand *f* / scum-board, downflow baffle / cloison *f* plongeante, cloison *f* siphoïde
tauen / melt, thaw / dégeler
Taupunkt *m* / dew point / point *m* de rosée, point *m* de condensation
Teer *m* / tar / goudron *m*
teerartig / tarry / goudronneux
Teich *m* / pond, lagoon / étang *m*
Teichwirtschaft *f* / fish rearing, fish culture / pisciculture *f*
Teilchen *n* / particle / particule *f*

Teilchengröße   Trägheit

Teilchengröße f / particle size / dimension f des particules
Teildruck m / partial pressure / pression f partielle
Teilenthärtung f / partial softening / adoucissement m partiel
Temperaturgefälle n / temperature gradient / chute f de température
Temperaturgradient n / temperature gradient / chute f de température
Temperaturschichtung f / temperature stratification / stratification f thermique
Tensid n (weich, hart) / surfactant / agent m tensio-actif
Tenside npl / surfactants, surface-active agents pl / agents mpl tensio-actifs, agents mpl de surface
Tetrachlorkohlenstoff m / carbon tetrachloride / tetrachlorure m de carbone
Theorie f / principle / principe m
Thermalquelle f / hot spring / source f thermale
thermisch / thermal / thermique
Thermometer n / thermometer / thermomètre m
thermophil / thermophilic, heat loving / thermophile
Thiosulfat n / thiosulfate / thiosulfate m, hyposulfite m
Thiocyanat n / thiocyanate / thiocyanate m
Thixotropie f / thixotropy / thixotropie f
Tide f / tide / marée f
Tidefluß m / tidal river / fleuve m à marée
tief / deep / profond
Tiefdruck m (Meteor) / depression / dépression f
Tiefe f / depth / profondeur f
Tiefenfiltration f / deep bed filtration / filtration f en profondeur
Tiefpunkt m / lowest point / point m bas
Tiefpunkt m **der Sauerstofflinie** / oxygen sag / courbe f d'oxygène en sac
Tiegel m / crucible / creuset m
Tiegelzange f / crucible tongs / pince f à creuset
Tierkörperverwertungsanstalt f / rendering plant / équarrissage m
Titel m / title / titre m
Titer n (Chem) / standard strength, titer / titre m
Titration f / titration / titrage m
Titrieren n / titration / titrage m
titrieren / titrate / titrer
TOC → gesamter organischer Kohlenstoff m
tödlich / deadly, fatal / mortel
tödliche Dosis f **DL** / lethal dose / dose f létale
Toilette f / closet, latrine, lavatory / cabinet m, lieux mpl d'aisances
tolerierbare tägliche Aufnahme f / acceptable daily intake / prise f quotidienne tolérable
Ton m / clay / argile f, glaise f
Tonerde f / alumina / alumine f
Torf m / peat / tourbe f
Torfmoor n / raised bog, domed bog / tourbière f haute
Totvolumen n / stagnant volume / volume m mort
Toxizität f / toxicity / toxicité f
Tracer m (Physiol, Med) / tracer / traceur m
Trägheit f (Chem) / inertness / inactivité f

Trägheit   Typhus

— (Phy) / inertia / inertie f
tränken (Chem) / impregnate / imprégner
— (Zool) / water / abreuver
transpirieren / sweat, transpire / suer, transpirer
Traubenzucker m / glucose / glucose m
Treibstoff m / fuel, combustible / combustible m
Trend m / trend / tendance f
trennen / separate / séparer
Trennkanalisation f / separate sewage system / réseau m séparatif
Trennung f / separation / séparation f
Trichloressigsäure f / trichloracetic acid / acide m trichloroacétique
Trichter m / funnel, hopper, cone / entonnoir m
Trichterbecken n / hopper-bottomed tank / bassin m à fond conique
trinkbares Wasser n / potable water / eau f potable
trinken / drink / boire
Trinkwasser n / drinking water / eau f de consommation
Tritium n / tritium / tritium m
trocken / dry, arid / sec, aride
Trockenabort m / pail closet, dry closet / cabinet m sec
Trockenbett n / sludge drying bed / lit m de séchage
Trockendosierung f / dry-feed dosage / dosage m à sec
Trockengewicht n / dry weight / poids m sec
Trockenrückstand m / dry residue / résidu m sec
Trockenschlamm m / dry sludge / boue f sèche, boue f deshydratée
Trockenschrank m / drying oven / étuve f
Trockensubstanz f / dried matter / matière f sèche
Trockenwetterabfluß m / dry weather flow / débit m de temps sec
trocknen / dry, desiccate / sécher, dessécher
Trocknung f / dehydration, dewatering / déshydratation f, assèchement m
— / drying / séchage m
Tröpfchen n / droplet / gouttelette f
Trog m / trough, tray / bac m, auge f
Trommel f / drum / tambour m
Trommelfilter m / drum filter, rotary filter / filtre m à tambour
Trommelsieb n / drum screen, rotary screen / tambour m cribleur
Tropfen m / drop / goutte f
Tropfflasche f / drop bottle / flacon m compte-gouttes
Tropfkörper m / trickling filter, biological filter / filtre m percolateur, lit m bactérien, filtre m biologique
Tropfkörperschlamm m / humus (sludge) / boue f humique
Tropftrichter m / separating funnel, dripping funnel / entonnoir m à robinet
trübe / turbid, muddy / trouble
Trübung f / turbidity / turbidité f
Trübungsmesser m / turbidimeter / turbidimètre m
Turbomischer m / flash mixer / turbo-malaxeur m
turbulent / turbulent / turbulent
Turm m / tower / tour f
Typhus m / typhoid fever / fièvre f typhoïde

58

überbelasten / overload, surcharge / surcharger
überchloren / superchlorinate / superchlorer
überdosieren / over-dose / doser en excès
Überdruck *m* / excessive pressure / surpression *f*
Überfall *m* (Hydrol) / spillway, overflow / déversoir *m*
Überfallkante *f* (eines Wehres) / crest / crête *f*
Überfallwehr *n* / overfall weir / barrage-déversoir *m*
überlasten / overload, surcharge / surcharger
Überlauf *m* (Hydrol) / spillway, overfall, overflow / déversoir *m*
überlaufen / overflow / déborder
Überleben *n* / survival / survivance *f*
übersättigen / supersaturate / sursaturer
Übersättigung *f* / supersaturation / sursaturation *f*
überschüssiges Kohlenstoffdioxid *n* / excess carbon dioxide / acide *m* carbonique libre en excès
Überschußschlamm *m* / excess sludge / boue *f* en excès
überstauter Filter *m* / submerged filter / filtre *m* noyé, filtre *m* immergé
überstehende Lösung *f* / liquid supernatant / liquide *m* surnageant
überwachen / control, supervise / surveiller, contrôler
Überwachung *f* / control, supervision / contrôle *m*, surveillance *f*
Überwachungsmessung *f* / monitoring / contrôle *m* continu
Überzug *m* / coating, lining / revêtement *m*
Ufer *n* / shore, bank / bord *m*, rive *f*, berge *f*
Uferbereich *m* / littoral zone / zone *f* littorale
Uferpflanze *f* / rivular plant / plante *f* rivulaire
Ultrafiltration *f* / ultrafiltration / ultrafiltration *f*
Ultraschall *m* / ultrasonics, supersonics / ultrason *m*, infrason *m*
ultraviolett UV / ultra-violet / ultra-violet
Umdrehung *f* / rotation, revolution / rotation *f*, tour *m*, révolution *f*
Umdrehungen *fpl* **pro Minute UPM** / revolutions *pl* per minute / tours *mpl* par minute
Umfang *m* / perimeter / périmètre *m*
Umgebung *f* / environment, surroundings *pl* / environs *mpl*, alentours *mpl*, environnement *m*
Umgegend *f* / environment, surroundings *pl* / environs *mpl*, alentours *mpl*, environnement *m*
Umkehrosmose *f* / reverse osmosis / osmose *f* inverse
Umlauf *m* / circulation, circuit, cycle / cycle *m*, circuit *m*
Umlaufmenge *f* / circulating amount (volume) / volume *m* en circulation
umleiten / divert / déverser, dériver
Umleitung *f* / by-pass / by-pass *m*
Umrühren *n* / agitating, stirring / brassage *m*, agitation *f*
umrühren / agitate, stir / agiter, brasser
Umschlagpunkt *m* (Chem) / turning point, end point / point *m* de virage
Umwälzung *f* (Limnol) / circulation, overturn / circulation *f*, inversion *f*
Umwelt *f* / environment, surroundings *pl* / environs *mpl*, alentours *mpl*, environnement *m*
Umwelthygiene *f* / environmental health / hygiène *f* du milieu
Umweltschutz *m* / environmental protection / protection *f* de l'environnement

unangenehm / unpleasant, disagreable / désagréable
unbedeutend / insignificant, slight / insignifiant, futile, négligeable
unbeständig / variable, changeable, unsteady / variable, changeant, inconstant
undicht / leaky / non-étanche
undurchlässig / impermeable, impervious / imperméable
unerwünscht / objectionable / indésirable
Unfall *m* / accident / accident *m*
ungebleicht / unbleached / écru
ungefähr / approximately / environ
ungelöste Stoffe *mpl* / nonfiltrable matter / matières *fpl* en suspension
— / undissolved matter / matières *fpl* non dissoutes
ungesättigt / unsaturated / non-saturé
ungesund / unhealthy / insalubre, malsain
Unkraut *n* / weed / mauvaise herbe *f*
Unkrautbekämpfungsmittel *n* / herbicide / herbicide *m*
unlöslich / insoluble / indissoluble, insoluble
unmischbar / immiscible / non-miscible
unpolare Kohlenwasserstoffe *mpl* / non polar hydrocarbons / hydrocarbures *mpl* non polaires
unrein / unclean, impure / impur
unschädlich / innocuous, harmless / inoffensif
Unschädlichkeit *f* / innocuousness / innocuité *f*
Unterbrechung *f* / interruption, break / interruption *f*
unterbrochener Betrieb *m* / intermittent operation, batch operation / marche *f* intermittente, opération *f* par cuvées
unterchlorige Säure *f* / hypochlorous acid / acide *m* hypochloreux
Unterdruck *m* / underpressure, low pressure / sous-pression *f*
Untergrundstrahlung *f* / background radiation / rayonnement *m* de fond
Untergrundverrieselung *f* / subsoil irrigation / irrigation *f* en sous-sol
Unterhaltung *f* (Techn) / maintenance, upkeep / entretien *m*
untersuchen / examine, investigate / examiner
Untersuchung *f* / examination, investigation, test / examen *m*, vérification *f*
Untersuchungsprobe *f* / test portion / prise *f* d'essai
Unterwasserpflanze *f* / submerged plant / plante *f* submergée
ununterbrochen / continuous / continu
unverseifbar / unsaponifiable / insaponifiable
unverzweigt / unbranched / non-ramifié
UPM → Umdrehungen *fpl* pro Minute
Uran *n* / uranium / uranium *m*
Urin *m* / urine / urine *f*
Ursprung *m* / origin / origine *f*
Urtiere *npl* / protozoa *pl* / protozoaires *mpl*
UV → ultraviolett
UV-Strahler *m* / UV-ray emitter / lampe *f* UV

Vakuum *n* / vacuum / vacuum *m*, vide *m*
Vakuumfiltration *f* / vacuum filtration / filtration *f* sous vide
Vakuumpumpe *f* / vacuum pump / pompe *f* à vide

Vanadium   vergraben

Vanadium *n* / vanadium / vanadium *m*
Varianz *f* (Math) / variance / variance *f*
Variationsbreite *f* / range of variation / intervalle *m* de variation
Vegetation *f* / vegetation, plant growth / végétation *f*
Ventil *n* / valve / valve *f*, soupape *f*
Ventilation *f* / ventilation / ventilation *f*
Ventilator *m* / fan / ventilateur *m*
Venturigerinne *n* / Venturi flume / canal *m* Venturi
veränderlich / variable, changeable, unsteady / variable, changeant, inconstant
Verästelung *f* / ramification / ramification *f*
veranschlagen / estimate / estimer
Veraschung *f* (Chem) / incineration, combustion / incinération *f*, combustion *f*
verbessern / ameliorate / améliorer (s')
verbinden (Chem) / combine / combiner
— (Techn) / join, connect / lier, joindre
verbleit / lead lined / plombé
Verbrauch *m* / consumption / consommation *f*
verbrauchen / consume / consommer
Verbraucher *m* / consumer / consommateur *m*
verbrennen / incinerate, burn / incinérer, brûler
Verbrennung *f* / incineration, combustion / incinération *f*, combustion *f*
Verbrennungsofen *m* / incinerator, combustion furnace / four *m* d'incinération
verdächtig / suspect / suspect
verdampfen / evaporate, vaporize, boil down / évaporer, vaporiser
Verdampfer *m* / evaporator / évaporateur *m*
Verdauung *f* (Med) / digestion / digestion *f*
verdichten / compact / compacter
Verdichter *m* / compressor / compresseur *m*
Verdrängung *f* / displacement / déplacement *m*
verdünnen / dilute / diluer
Verdünnung *f* / dilution / dilution *f*
Verdünnungsverfahren *n* (Anal) / dilution method / méthode *f* par dilution
Verdünnungswasser *n* **BSB** / dilution water BOD / eau *f* pour la dilution BOD
Verdüsen *n* / spraying / pulvérisation *f*
Verdunstung *f* / evaporation / évaporation *f*
Verdunstungsmenge *f*→ natürliche Verdunstungsmenge *f*
Verdunstungsverlust *m* / evaporation loss / perte *f* d'évaporation
Verfahren *n* / process, method, procedure / procédé *m*, méthode *f*
verflüssigen / liquefy / liquéfier
vergären / ferment / fermenter
Vergärung *f* / fermentation / fermentation *f*
vergasen / gasify / gazéfier
Vergaserkraftstoff *m* **VK** / carburetor fuel / carburant *m* léger
vergeuden / waste / gaspiller
Vergiftung *f* / poisoning / intoxication *f*, empoisonnement *m*
Vergleich *m* / comparison / comparaison *f*
Vergleichbarkeit *f* / reproducibility / reproductibilité *f*
vergraben / bury, dig in / enterrer

Vergrößerung f / enlargement / agrandissement m, grossissement m
— / increase, augmentation / augmentation f
Verhältnis n / rate, percentage / taux m, pourcentage m
Verhärtung f / hardening, induration / induration f, durcissement m
Verklappen n **ins Meer** / dumping at sea / déversement m dans la mer
verkrusten / incrust / incruster, entartrer
Verkrustung f / incrustation, scaling / entartrage m, incrustation f
Verlust m / loss / perte f
Vermehrung f / growth, increase / accroissement m
Verminderung f / decrease, lowering, reduction / abaissement m
vermischen / mix, blend, homogenize / mêler, mélanger, homogénéiser
Vernetzungsgrad m / degree of interlacing / taux m de réticulation
vernickeln / nickel-plate / nickeler
Verregnung f / spray irrigation / irrigation f par aspersion
verrieseln / irrigate, water / irriguer
Verrohrung f / tubing, casing / tuyauterie f, tubage m
Verschlammung f (des Tropfkörpers) / clogging, ponding / encrassement m, engorgement m
Verschleiß m / abrasion, attrition / abrasion f, attrition f
— / wear / usure f
Verschlickung f / siltation, silting / envasement m
verschließen / lock, seal, close / fermer
— (einer Flasche) / stopper / boucher
Verschluß m / lock, closure / fermeture f
verschmutzen / pollute, contaminate / polluer, contaminer, souiller
Verschmutzung f / pollution, contamination, impurity / impureté f, souillure f, pollution f
verschwenden / waste / gaspiller
Verschwinden n / vanishing / disparition f
verseifbar / saponifiable / saponifiable
Verseifungszahl f / saponification number / indice m de saponification
Versenkbrunnen m / injection well, recharge well / puits m absorbant, puits m d'injection
Versenkung f / deep well disposal / rejet m en profondeur
versickern / leach, percolate, infiltrate / infiltrer (s'), suinter
versiegen / run dry / tarir
versorgen / supply, provide / alimenter, approvisionner, desservir
verspritzen / splash / jaillir (faire -)
verstärken / intensify, reinforce / augmenter, renforcer
verstopfen / clog, plug, stop up / engorger, obstruer
Verstopfen n / choking / obstruction f
Verstopfung f / clogging, stoppage, obstruction / obstruction f, colmatage m
Verstopfungsvermögen n / fouling capacity, clogging index / indice m de colmatage, pouvoir m colmatant
Versuch m / test / essai m
versuchen / try, test / essayer
Versuchsanlage f / experimental plant, pilot plant / station f expérimentale, installation f d'essai

verteilen   waagerecht

verteilen / distribute / distribuer, répartir
Verteilung f / distribution / distribution f, répartition f
vertikal / vertical, perpendicular / vertical, perpendiculaire
Vertrauensgrenze f / confidence limit / borne f d'intervalle de confiance
verunreinigen / pollute, contaminate / polluer, contaminer, souiller
Verunreinigung f / pollution, contamination, impurity / impureté f, souillure f, pollution f
verwerfen / dispose / jeter, rejeter
verwerten / utilize / utiliser
Verwertung f / utilization, reclamation / utilisation f, mise f en valeur
verzinken / galvanize / zinguer
verzinnt / tin coated / étamé
Verzögerungszeit f / lag time / temps m de réponse
Verzweigung f / ramification / ramification f
Viskosefaser f / viscose rayon / rayonne f de viscose
Viskosität f / viscosity / viscosité f
VK → Vergaserkraftstoff m
voll / full, filled / plein
Vollentsalzung f / complete deionizing / déminéralisation f totale
Vollpipette f / bulb pipette / pipette f jaugée
Volumen n / volume, capacity / volume m, capacité f
Volumenanteile mpl / parts per volume / taux m volumétrique
Volumenbelastung f / volumetric load / charge f volumétrique
Volumenprozent n / percentage by volume / pourcentage m du volume
volumetrisch / volumetric, titrimetric / volumétrique
Vorbehandlung f / primary treatment, pretreatment / traitement m primaire
Vorbelüftung f / pre-aeration / préaération f
Vorchlorung f / pre-chlorination / préchloration f
Vorfilter m / roughing filter / préfiltre m, filtre m dégrossisseur
Vorfluter m / receiving water, recipient / cours m d'eau récepteur
vorgespannt / prestressed / précontraint
vorhergehend / preliminary / préalable
Vorhersage f / prediction, forecast / prévision f
Vorklärung f / primary settling, preliminary clarification / décantation f primaire
Vorkommen n / occurrence / apparition f
Vorrat m / stock, store / provision f, stock m, fonds m
Vorratslösung f / stock solution / solution f mère
vorreinigen / pretreat / préépurer, prétraiter
Vorreinigung f / preliminary treatment / épuration f primaire, traitement m préliminaire
Vorrichtung f / device, appliance / dispositif m
Vorsichtsmaßnahme f / precaution / précaution f
vorübergehende (temporäre) Härte f / alkaline (temporary) hardness, carbonate hardness / dureté f alcaline (temporaire), dureté f carbonatée
Vorversuch m / preliminary test / essai m préliminaire

Waage f / balance / balance f
waagerecht / horizontal / horizontal

63

Wachstum *n* / growth / croissance *f*
wachstumshemmend / inhibiting growth / retardant la croissance
Wägeglas *n* / weighing bottle / flacon *m* à tare
Wärme *f* / heat, warmth / chaleur *f*
Wärmeaustauscher *m* / heat exchanger / échangeur *m* de chaleur
Wärmeeinheit *f* / thermal unit, caloric unit / unité *f* thermique, unité *f* de chaleur
wärmeliebend / thermophilic, heat loving / thermophile
Wäsche *f* / rinsing, washing / rinçage *m*, lavage *m*
Wäscherei *f* / laundry / laverie *f*, buanderie *f*
wässrig, wässerig / aqueous / aqueux
wahrer Wert *m* / true value / valeur *f* vraie, valeur *f* exacte
Wahrscheinlichkeit *f* / probability / probabilité *f*
wahrscheinlichste Zahl *f* (Bakt) / most probable number / nombre *m* le plus probable
Walzhaut *f* / mill scale / couche *f* oxydée de laminage
Walzwerk *n* / rolling mill / laminoir *m*
Wand *f* / wall, partition / paroi *f*
Wanderung *f* / migration / migration *f*
Wandung *f* → Wand *f*
warm / warm, hot / chaud
Warnbereich *m* / warning limits / zone *f* d'alerte
Waschanstalt *f* / laundry / laverie *f*, buanderie *f*
waschen / wash / laver, blanchir
Waschflasche *f* (Chem) / washing (wash) bottle / barboteur *m*, flacon *m* laveur
Wasser *n* / water / eau *f*
wasserabweisend / hydrophobic, water repellent / hydrophobe
wasseranziehend / hygroscopic, hydrophilic / hygroscopique, hydrophile
Wasseraufbereitung *f* / water purification / traitement *m* de l'eau
Wasserbad *n* / water bath / bain-marie *m*
Wasserbedarf *m* / water demand / besoins *mpl* en eau
Wasserblüte *f* (Biol) / lake bloom / fleurs *fpl* d'eau
Wasserdampf *m* / steam, water vapour / vapeur *f* d'eau
Wasserdampfdestillation *f* / steam distillation / distillation *f* à la vapeur
Wasserführung *f* / discharge / débit *m*
Wasser *n* **für industriellen Gebrauch** / process water, industrial water, service water / eau *f* d'usage industriel, eau *f* de procédés
Wassergehalt *m* / moisture content / teneur *f* en eau
Wasserglas *n* (Chem) / water glass / silicate *m* de sodium, verre *m* soluble
Wasserkörper *m* / body of water / masse *f* d'eau
Wasserkraftwerk *n* / hydroelectric power plant / usine *f* hydroélectrique
Wasserkrankheiten *fpl* / water-borne diseases *pl* / maladies *fpl* d'origine hydrique
Wasserlauf *m* / water course / cours *m* d'eau
Wasserleitungsnetz *n* / water distribution network / réseau *m* de distribution d'eau
Wasserorganismen *mpl* / aquatic organisms / organismes *mpl* aquatiques
Wasserpflanze *f* / water plant / plante *f* aquatique
Wasserscheide *f* (Geol) / watershed, water divide / ligne *f* de partage des eaux
Wasserspiegel *m* / water level / niveau *m* hydrostatique, plan *m* d'eau
Wasserstoff *m* / hydrogen / hydrogène *m*
Wasserstoffperoxid *n* / hydrogen peroxide / peroxyde *m* d'hydrogène

Wasserstrahlpumpe   Wurzel

Wasserstrahlpumpe *f* / water jet air pump / pompe *f* par jet d'eau, trompe *f* d'eau
Wasserstraße *f* / water way / voie *f* navigable
Wasserturm *m* / water tower / château *m* d'eau
Wasserversorgung *f* / water supply / approvisionnement *m* en eau, distribution *f* d'eau
Wasserwerk *n* / water works / usine *f* d'eau
Wasserwirtschaft *f* / water resources management / aménagement *m* des eaux
Wasserzähler *m* / water meter / compteur *m* d'eau
Watte *f* / cotton / ouate *f*
Wechselstrom *m* (Elekt) / alternating current / courant *m* alternatif
wegwerfen / dispose / jeter, rejeter
Wehranlage *f* / weir, dam / barrage *m*
weichen / soak, steep, macerate / ramollir, amollir (s'), tremper
weich löten / solder softly / souder tendrement
Weichwasser *n* / steep water / eau *f* de trempe
Weiher *m* / pond, lagoon / étang *m*
Weißfisch *m* / white (coarse) fish / poissons *mpl* blancs
weitergehende Behandlung *f* (Abw) / advanced treatment, polishing / polissage *m*, traitement *m* final, affinage *m*
Weithalsflasche *f* / wide necked bottle / flacon *m* à ouverture large
Welle *f* / wave / onde *f*
Wellenlänge *f* / wave length / longueur *f* d'onde
Wellenlängenbereich *m* / spectral range / domaine *m* spectral
Wendepunkt *m* / turning point, end point / point *m* de virage
Werk *n* / mill / installation *f*, établissement *m*
Wichte *f* / specific gravity, specific weight / poids *m* spécifique
Widerstand *m* / resistance, resistor (Elekt) / résistance *f*, résistivité *f*
Wiederbelüftung *f* / re-aeration / réaération *f*, réoxygénation *f*
Wiederfindungsrate *f* / recovery rate / recouvrement *m*
wiedergewinnen / recover, reclaim / récupérer
Wiederholbarkeit *f* / repeatability / répétabilité *f*
wiederholen / repeat / répéter
wiederverwenden / re-use / réutiliser
Wiederverwendung *f* / recirculation, recycling / recirculation *f*, recyclage *m*
wiegen / weigh / peser
Wirkkonzentration *f* / effective concentration / concentration *f* effective
wirksamer Querschnitt *m* / effective cross section / section *f* effective
wirksames (verfügbares) Chlor *n* / avaible chlorine / chlore *m* disponible
Wirksamkeit *f* / efficiency / efficacité *f*
Wirkung *f* / action, effect / action *f*, effet *m*
Wirkungsgrad *m* / rate of efficiency / effet *m* utile
Wirkungszone *f* (Hydrol) / area of influence / zone *f* d'appel
Wirkzeit *f* / effective time / temps *m* d'action
Wirt *m* / host / hôte *m*
Wismut *n* → Bismut *n*
Wismut-aktiv → Bismut-aktiv
Wurzel *f* / root / racine *f*

zähflüssig / viscous / visqueux
Zähflüssigkeit f / viscosity / viscosité f
Zähler m / meter, counter / compteur m
Zehrung f / consumption / consommation f
Zeit f / time / temps m
Zelle f (Biol) / cell / cellule f
Zellstoff m / chemical pulp / pâte f chimique
Zellwolle f / viscose, staple fiber / rayonne f filée
Zement m / cement / ciment m
zentral / central / central
Zentralwert m / median / médiane f
Zentrifugalpumpe f / centrifugal pump / pompe f centrifuge
Zentrifuge f / centrifuge / centrifugeuse f
zentrifugieren / centrifuge, spin / centrifuger
Zerfall m / disintegration / désintégration f
Zerkleinerer m / desintegrator, comminutor / broyeur m
zerkleinern / crush, comminute, shred / concasser, broyer, dilacérer
zerklüftet / fissured, crevassed / fissuré, crevassé
zersetzlich / decomposable / destructable
Zersetzung f (Biol, Chem) / disintegration, destruction / destruction f, décomposition f (Chem)
Zerstäuber m / nebulizer, atomizer / atomiseur m, nébulisateur m
Zerstäubung f / atomization / atomisation f
zerstören / destroy, demolish, disintegrate / démolir, détruire, désintégrer
Zetapotential n / zeta potential / zêta m potentiel
Zink n / zinc / zinc m
Zinn n / tin / étain m
Zirkulation f / circulation, overturn / circulation f, inversion f
Zubehör n / accessories pl / accessoires mpl
Zucht f / cultivation, breeding / élevage m, culture f
Zucker m / sugar / sucre m
Züchtung f / cultivation, breeding / élevage m, culture f
Zündpunkt m / ignition point / point m d'éclair, point m d'allumage
zufälliger Fehler m / random error / erreur f aléatoire
zufügen / add / ajouter
Zufuhr f / charge, feed / alimentation f, approvisionnement m, chargement m
— (Hydrol) / influx, influent / introduction f, adduction f
Zugabe f / addition, feed / addition f, ajout m
zulässig / permissible, admissible / admissible, permis, tolérable
Zumeßgerät n / feeder, dosing device / doseur m
Zunahme f / increase, augmentation / augmentation f
Zunder m / mill scale / couche f oxydée de laminage
zusätzlich / additional / supplémentaire
zusammenbacken / cake / coller (se)
zusammendrücken / compress / comprimer
Zusammenfluß m / confluence / confluent m
zusammengesetzte Probe f / composite sample / échantillon m composite
Zusammensetzung f / composition / composition f

Zusatz *m* / addition, feed / addition *f*, ajout *m*
zusetzen / add / ajouter
— / clog, plug, stop up / engorger, obstruer
Zuwachs *m* / growth, increase / accroissement *m*
Zweck *m* / scope / objet *m*
Zweistrahllampe *f* / double beam lamp / lampe *f* à double faisceau
zweistufig / two-stage, double stage / à deux étages
zweite Reinigungsstufe *f* / secondary treatment / traitement *m* secondaire
zweiwertig (Chem) / bivalent / bivalent, divalent

Explanatory Notes

The Dictionary of Water Chemistry consists of three equal parts. In each part all terms in one of the three languages – German, English or French – are listed alphabetically. The first and last terms on a page are shown at the page head.

Each entry is followed by its equivalents in the other two languages, separated by strokes. If translations include synonyms, these are separated by commas. When they appear in the language of a section, synonyms are treated as independent entries. Expressions made up of several words are listed under complete term, as well as under the seperate nouns. Hence, one finds entries such as:
total oxygen demand
TOD —▸ total oxygen demand
oxygen total —▸ total oxygen demand.

For all French and German nouns the gender is given in italics (m masculine, f feminine, n neuter). Words occurring in the plural only are marked pl. For English terms British spelling is preferred, but differences to American spelling are marked. American terms have a cross reference to the British spelling. Common acronyms are arranged aphabetically with a cross reference to the full term.

Analytical methods are named according to the Deutsche Einheitsverfahren of the Deutsches Institut für Normung (DIN–DEV), the Standard Methods for Examination of Water and Waste Water of the American Public Health Association, of the American Waterworks Association and of the Water Pollution Control Federation, and according to the standards of the Association Française de Normalisation (AFNOR).

For many terms the fields in which they are used are indicated by abbreviations in brackets or by explanatory notes.

Index of Abbreviations

Abw	sewage, waste water	Abwasser	eau usée
Anal	analytics	Analytik	analytique
Bakt	bacteriology	Bakteriologie	bacteriologie
Biol	biology	Biologie	biologie
Bot	botany	Botanik	botanique
Chem	chemistry	Chemie	chimie
Elekt	electricity	Elektrizität	électricité
Geol	geology	Geologie	géologie
GB	Great Britain	Großbritannien	Grande-Bretagne
Hydrol	hydrology	Hydrologie	hydrologie
Korr	corrosion	Korrosion	corrosion
Labor	Laboratorium	laboratory	laboratoire
Limnol	limnology	Limnologie	limnologie
Math	mathematics	Mathematik	mathématique
Med	medicine	Medizin	médicine
Meteor	meteorology	Meteorologie	météorologie
Papier	paper, cardboard	Papier, Pappe	papier, carton
Phy	physics	Physik	physique
Physiol	physiology	Physiologie	physiologie
Techn	engineering	Technik	technique
Text	textile	Textil	textile
USA	United States of America	Vereinigte Staaten von Amerika	Etats-Unis de l'Amerique
Zool	zoology	Zoologie	zoologie

abattoir / Schlachthaus n, Schlachthof m / abattoir m
abrasion / Verschleiß m, Abrieb m / abrasion f, attrition f
ABS → alkylbenzene sulfonate
absorbance / Extinktion f / absorbance f
absorption (Chem, Phy, Physiol) / Absorption f / absorption f
— (Biol) / Aufnahme f / incorporation f
absorption capacity / Aufnahmevermögen n / capacité f d'absorption
absorption of oxygen / Sauerstoffaufnahme f / absorption f d'oxygène
absorption vessel / Absorptionsgefäß n / vase m d'absorption, absorbeur m
abstraction (Hydrol) / Entzug m / privation f
AC → alternating current
acceptable daily intake ADI / tolerierbare tägliche Aufnahme f / prise f quotidienne tolérable
acceptance / Annahme f, Abnahme f (einer Ware) / réception f
acceptor / Akzeptor m / accepteur m
accessories pl / Zubehör n / accessoires mpl
accident / Unfall m / accident m
acclimatize / akklimatisieren / acclimater
accomodation / Einrichtung f, Ausrüstung f / équipement m
accumulate / sammeln, ansammeln / amasser (s'), accumuler, collecter
accumulation / Akkumulation f, Anreicherung f, Speicherung f, Sammlung f, Ansammlung f / accumulation f, collecte f
accuracy / Richtigkeit f / exactitude f, validité f
accuracy of the mean / Richtigkeit f, Bias m (quantitativ) / justesse f, biais m (quantitativ)
acetate / Acetat n / acétate m
acetic acid / Essigsäure f / acide m acétique
acetone / Aceton n / acétone f
acetylene / Acetylen n / acétylène m
acid / Säure f / acide m
— / sauer / acide
acid binding capacity / Säurekapazität f, Säurebindungsvermögen n / consommation f d'acides
acid fermentation / saure Gärung f / fermentation f acide
acidification / Ansäuerung f / acidification f
acidify / ansäuern / acidifier
acidity / Azidität f, Säuregrad m / acidité f
acid-proof / säurefest, säurebeständig / antiacide, résistant aux acides
acid-resistant / säurefest, säurebeständig / antiacide, résistant aux acides
acids pl, **strong free** → content of strong free acids
action / Wirkung f / action f, effet m
activated carbon / Aktivkohle f / charbon m actif
— → granulated activated carbon
— → powdered activated carbon
activated silica / aktivierte Kieselsäure f / silice f activée
activated sludge / Belebtschlamm m, belebter Schlamm m / boue f activée
activated sludge plant / Belebungsanlage f / installation f à boues activées, installation f d'activation

71

activated air

activated sludge tank / Belebungsbecken n, Belüftungsbecken n / bassin m d'aération, bassin m d'activation
activation / Aktivierung f / activation f
active chlorine / aktives Chlor n / chlore m actif
acute / akut / aigu
adaptation / Anpassung f, Adaptierung f / adaptation f
add / zusetzen, zufügen / ajouter
addition / Zusatz m, Zugabe f / addition f, ajout m
additional / zusätzlich / supplémentaire
add to / auffüllen zu / amener à, compléter au volume
ADI → acceptable daily intake
admissible / zulässig / admissible, permis, tolérable
adsorb / adsorbieren / adsorber
adsorbable organic halogen compounds / adsorbierbare organische Halogenverbindungen fpl / dérivés mpl organohalogéniques adsorbables
adsorption / Adsorption f / adsorption f
advanced treatment (Abw) / Schönung f, weitergehende Behandlung f / polissage m, traitement m final, affinage m
aerate / belüften / aérer, souffler de l'air
aeration / Belüftung f, Lüftung f / aération f
— → fine bubble aeration
— → large bubble aeration
aeration tank / Belebungsbecken n, Belüftungsbecken n / bassin m d'aération, bassin m d'activation
aerator / Belüfter m / aérateur m
aerobic / aerob / aérobie
aerosol / Aerosol n / aérosol m
affluent / Nebenfluß m / affluent m
aftergrowth (Bakt) / nachträgliches Wachstum n / reviviscence f
aftertaste / Nachgeschmack m / arrière-goût m
age / Alter n / âge m
ageing / Alterung f / vieillissement m
agent (Chem) / Mittel n / agent m
aggregation / Aggregation f, Anhäufung f / agrégation f
aggressive / aggressiv / agressif
aggressive carbon dioxide / aggressives Kohlenstoffdioxid n / acide m carbonique agressif
aggressiveness / Aggressivität f, Angriffsfähigkeit f / agressivité f
aggressivity against lime / Kalkaggressivität f / agressivité f vis-à-vis de la chaux
agitate / rühren, umrühren / agiter, brasser
— / schütteln / secouer, remuer
agitating / Rühren n, Umrühren n / brassage m, agitation f
agitator / Rührer m / agitateur m
agricultural pesticide / Pflanzenschutzmittel n / pesticide m
agricultural use of sewage / landwirtschaftliche Abwasserverwertung f / utilisation f agricole des eaux usées urbaines
air / Luft f / air m
air conditioning / Klimatisierung f, Luftaufbereitung f / conditionnement m de l'air

air diffusion / Luftverteilung *f*, Belüftung *f* / diffusion *f* de l'air
(air) draft / Luftzug *m* / tirage *m*, courant *m* d'air
air-dry / lufttrocken / séché à l'air
air humidity / Luftfeuchtigkeit *f* / humidité *f* atmosphérique
air lift pump / Druckluftheber *m* / éjecteur *m* à l'air comprimé
air pollution / Luftverunreinigung *f* / pollution *f* atmosphérique
air-relief valve / Entlüftungsventil *n* / ventouse *f*, soupape *f* d'évacuation de l'air
air supply / Luftzufuhr *f* / introduction *f* d'air
albumin / Eiweiß *n*, Protein *n* / albumine *f*, protéine *f*
albuminoid nitrogen / Eiweiß-Stickstoff *m* / azote *m* albuminoïde
alcohol / Alkohol *m* / alcool *m*
alga / Alge *f* / algue *f*
algae bloom / Algenblüte *f* / floraison *f* d'algue
algicide / Algizid *n* / algicide *m*
aliphatic / aliphatisch / aliphatique
alkali / Alkali *n* / alcali *m*
alkaline / alkalisch / alcalin
alkaline earth metal / Erdalkalimetall *n* / métaux *mpl* alcalino-terreux
alkaline fermentation / Methanfaulung *f*, alkalische Gärung *f* / fermentation *f* alcaline, fermentation *f* méthanique
alkaline (temporary) hardness / vorübergehende (temporäre) Härte *f*, Karbonathärte *f* / dureté *f* alcaline (temporaire), dureté *f* carbonatée
alkalinity / Alkalität *f* / alcalinité *f*, titre *m* alcalimétrique
alkylbenzene sulfonate ABS / Alkylbenzolsulfonat *n* / alkylbenzène sulfonat *m*
alloy / Legierung *f* / alliage *m*
allyl thiourea / Allylthioharnstoff *m* / thiourée *f* allylique
alternating current AC (Elekt) / Wechselstrom *m* / courant *m* alternatif
alumina / Aluminiumoxid *n*, Tonerde *f* / alumine *f*
aluminate / Aluminat *n* / aluminate *m*
aluminium / Aluminium *n* / aluminium *m*
aluminum (USA) / Aluminium *n* / aluminium *m*
ameliorate / verbessern / améliorer (s')
amino acid / Aminosäure *f* / acide *m* aminé
ammonia / Ammoniak *n* / ammoniaque *f*
— → fixed ammonia
ammonia nitrogen / Ammoniumstickstoff *m* / azote *m* ammoniacal
ammonia waste / Ammoniakabwasser *n* / eaux *fpl* ammoniacales résiduaires
ammonium / Ammonium *n* / ammonium *m*
ammonium molybdate / Ammoniummolybdat *n* / paramolybdate *m* d'ammonium
amoebe / Amöbe *f* / amibe *f*
amorphous / amorph / amorphe
amount / Menge *f* / quantité *f*
anaerobic / anaerob / anaérobie
analysis / Analyse *f* / analyse *f*
analyze / analysieren / analyser
anchor ice / Grundeis *n* / glace *f* de fond
anhydride / Anhydrid *n* / anhydride *m*
anion / Anion *n* / anion *m*

anionic / anionisch / anionique
anode / Anode *f* / anode *f*
— → sacrified anode
antibiotics *pl* / Antibiotika *pl* / antibiotiques *mpl*
anticorrosive / Korrosionsschutzmittel *n* / inhibiteur *m* de corrosion
antifoam / Entschäumer *m* / agent *m* antimoussant
antifreeze / Frostschutzmittel *n* / antigel *m*
antimony / Antimon *n* / antimoine *m*
apparatus / Gerät *n*, Apparat *m* / appareil *m*
appearance / Aussehen *n* / apparence *f*
appliance / Vorrichtung *f* / dispositif *m*
applicable / anwendbar / applicable
approximately / ungefähr / environ
aquatic organisms / Wasserorganismen *mpl* / organismes *mpl* aquatiques
aqueous / wässrig, wässerig / aqueux
aquifer / Aquifer *m*, Grundwasserraum *m* / aquifère *f* (formation)
area / Oberfläche *f*, Flächeninhalt *m* / aire *f*, superficie *f*
area of influence / Absenkungsbereich *m* (Hydrol), Wirkungszone *f* / zone *f* d'appel
area of protection / Schutzgebiet *n*, Schutzzone *f* / périmètre *m* de protection
arid / trocken / sec, aride
arithmetic mean / arithmetischer Mittelwert *m* / moyenne *f* arithmétique
aromatic / aromatisch / aromatique
arsenic / Arsen *n* / arsenic *m*
arsenic trihydride / Arsentrihydrid *n*, Arsenwasserstoff *m* / trihydrure *m* d'arsenic
artesian / artesisch / artésien
artesian aquifer / Grundwasserleiter *m* mit gespanntem Wasser / nappe *f* artésienne
artificial / künstlich / artificiel
artificial silk / Kunstseide *f* / rayonne *f*, soie *f* artificielle
asbestos / Asbest *m* / asbeste *m*, amiante *m*
asbestos cement / Asbestzement *m* / amiante-ciment *m*
ascending force / Auftrieb *m* / poussée *f* verticale
ascorbic acid / Ascorbinsäure *f* / acide *m* ascorbique
ash / Asche *f* / cendre *f*
ashless (filter) / aschefrei (Filter) / sans cendre (filtre)
asphalt / Asphalt *m* / asphalte *m*
aspirate / ansaugen, absaugen (von Gas) / aspirer
aspiration / Ansaugen *n*, Aufsaugen *n*, Absaugen *n* (von Gas) / aspiration *f*
assessment / Bewertung *f*, Auswertung *f* / évaluation *f*
assimilation / Assimilation *f* / assimilation *f*
assimilative capacity / Selbstreinigungskraft *f* / pouvoir *m* auto-épurateur
association (Biol) / Lebensgemeinschaft *f* / biocénose *f*, communauté *f*, association *f*
atmosphere / Atmosphäre *f* / atmosphère *f*
atmospheric oxygen / Luftsauerstoff *m* / oxygène *m* atmosphérique
atmospheric pressure / Luftdruck *m* / pression *f* atmosphérique
atom / Atom *n* / atome *m*
atomic absorption (Anal) / Atomabsorption *f* / absorption *f* atomique
atomic nucleus / Atomkern *m* / noyau *m* atomique
atomic pile / Kernreaktor *m*, Atomreaktor *m* / réacteur *m* nucléaire, pile *f* atomique

atomic   **bath**

atomic weight / Atomgewicht *n* / poids *m* atomique
atomization / Atomisieren *n*, Zerstäubung *f* / atomisation *f*
atomizer / Zerstäuber *m* / atomiseur *m*, nébulisateur *m*
attraction → force of attraction
attrition / Verschleiß *m*, Abrieb *m* / abrasion *f*, attrition *f*
augmentation / Zunahme *f*, Vergrößerung *f* / augmentation *f*
autoclave / Autoklav *m* / autoclave *m*
automatic sampling / automatische Probenahme *f* / échantillonnage *m* automatique
autotrophic / autotroph / autotrophe
avaible chlorine / wirksames (verfügbares) Chlor *n* / chlore *m* disponible
average / Mittelwert *m*, Durchschnittswert *m* / valeur *f* moyenne
— (Math) / Mittel *m*, Durchschnitt *m* / moyenne *f* simple, moyenne *f*
azide / Azid *n* / azoture *m*

backflow / Rückfluß *m* / reflux *m*
background radiation / Nulleffekt *m*, Untergrundstrahlung *f* / rayonnement *m* de fond
back pressure / Gegendruck *m* / contre-pression *f*
backsiphonage / Rückfluß *m* / reflux *m*
back titration / Rücktitrieren *n*, Rücktitration *f* / titration *f* retour
back-washing / Gegenstromwäsche *f*, Rückspülung *f* / lavage *m* à contre-courant
backwater / Rückstau *m* / remous *m*
bacteria *pl* / Bakterien *fpl* / bactéries *fpl*
bacterial / bakteriell / bactérien
bacterial count (Bakt) / Koloniezahl *f*, Keimzahl *f* / dénombrement *m* des bactéries
bactericidal / keimtötend, bakterizid / bactéricide
bacteriology / Bakteriologie *f* / bactériologie *f*
balance / Bilanz *f* / bilan *m*
— / Gleichgewicht *n* / équilibre *m*
— / Waage *f* / balance *f*
ballast / Ballast *m* / ballast *m*
ballast water / Ballastwasser *n* / eau *f* de lestage
ball condenser (Chem) / Kugelkühler *m* / réfrigérant *m* à boules
ball mill / Kugelmühle *f* / broyeur *m* à jarre et à billes
balneology / Balneologie *f* / thermalisme *m*
bank / Ufer *n* / bord *m*, rive *f*, berge *f*
barium / Barium *n* / baryum *m*
bark tannery / Lohgerberei *f* / tannerie *f* au tan
barrel / Faß *n* / fût *m*, tonneau *m*, baril *m* (petrole)
base (Chem) / Base *f* / base *f*
base binding capacity / Basekapazität *f* / consommation *f* de bases
base load / Grundlast *f* / charge *f* normale
base reaction / Grundreaktion *f* / réaction *f* de base
basic material / Rohstoff *m*, Rohmaterial *n* / matière *f* première
basic (strong, weak) / basisch (stark, schwach) / basique (fortement, faiblement)
basin / Becken *n* / bassin *m*
batch operation / diskontinuierlicher Betrieb *m*, Chargenbetrieb *m*, unterbrochener Betrieb *m* / marche *f* intermittente, opération *f* par cuvées
bath / Bad *n* / bain *m*

bath tub / Badewanne *f* / baignoire *f*
beach / Strand *m* / plage *f*, rivage *m*
beaker (Chem) / Becherglas *n* / bécher *m*
become coated / ansetzen, sich / attacher (s'), déposer (se)
become fouled / anfaulen / pourrir (commencer à)
bed (Geol) / Schicht *f*, Bett *n* / couche *f*, strate *f*
beet sugar / Rübenzucker *m* / sucre *m* de betterave
belly worm / Spulwurm *m* / ascaride *m*
beneficial / nützlich / utile, profitable
beneficial use / Nutzung *f* / mise *f* à profit
benthic deposit / Benthos *n* / benthos *m*
bentonite / Bentonit *m* / bentonite *f*
benzene / Benzol *n* / benzène *m*, benzine *f*
beverage / Getränk *n* / boisson *f*
bias / Richtigkeit *f*, Bias *m* (quantitativ) / biais *m* (quantitativ), justesse *f*
bicarbonate / Hydrogencarbonat *n*, Bicarbonat *n* / bicarbonate *m*, hydrogènecarbonate *m*
bilge water / Bilgewasser *n* / eau *f* de cale
billion (USA) / Milliarde *f* / milliard *m*
binder / Bindemittel *n* / agent *m* liant
binding agent / Bindemittel *n* / agent *m* liant
biochemical oxygen demand BOD / biochemischer Sauerstoffbedarf / demande *f* biochimique en oxygène
biochemistry / Biochemie *f* / biochimie *f*
biocoenose (Biol) / Lebensgemeinschaft *f* / biocénose *f*, communauté *f*, association *f*
biodegradability / biologische Abbaubarkeit *f* / biodégradabilité *f*
biological / biologisch / biologique
biological accumulation / biologische Anreicherung *f* / enrichissement *m* biologique
biological filter / Tropfkörper *m* / filtre *m* percolateur, lit *m* bactérien, filtre *m* biologique
biomass / Biomasse *f* / biomasse *f*
bismuth / Bismut *n* / bismuth *m*
bismuth-active / Bi-aktiv, Bismut-aktiv / bismuth *m* actif
bitumen / Bitumen *n* / bitume *m*
bivalent (Chem) / zweiwertig / bivalent, divalent
blank test / Blindversuch *m* / essai *m* à blanc
blank value / Blindwert *m*, Leerwert *m* / valeur *f* témoin, valeur *f* à blanc
blast / sprengen / sauter (faire -)
blast furnace / Hochofen *m* / haut fourneau *m*
blast furnace gas / Gichtgas *n*, Hochofengas *n* / gaz *m* de hauts fourneaux, gaz *m* du gueulard
bleached / gebleicht / blanchi
bleaching / Bleiche *f*, Bleichen *n* / blanchiment *m*
bleaching earth / Bleicherde *f* / terre *f* décolorante
bleaching lye / Bleichlauge *f*, Natriumhypochloritlauge *f* / eau *f* de Javel
bleaching plant / Bleicherei *f* / blanchisserie *f*
blend / mischen, vermischen, homogenisieren / mêler, mélanger, homogénéiser
— / Mischung *f* / mélange *m*

blow **brittle**

blow down / Abblasen *n* / purge *f* sous pression
— / Abschlämmung *f* / purge *f*
— / abblasen / purger
blower / Gebläse *n* / soufflante *m*, soufflerie *f*
BOD → biochemical oxygen demand
body of water / Wasserkörper *m* / masse *f* d'eau
bog / Sumpf *m* / marais *m*, marécage *m*
bog lime / Seekreide *f* / calcaire *m* lacustre
boil / kochen, sieden / bouillir
boil down / verdampfen, eindampfen, abdampfen / évaporer, vaporiser
boiler / Heizkessel *m*, Kessel *m*, Kocher *m* / chaudière *f*, bouilleur *m*
boiler blow-down water / Kesselschlammwasser *n*, Abschlammwasser *n* / eau *f* de purge de la chaudière
boiler make up / Speisewasser *n*, Kesselzusatzwasser *n* / eau *f* d'alimentation, eau *f* d'appoint
boiler waste liquor / Kocherablauge *f* / lessive *f* épuisée du bouilleur
boiler water / Kochendwasser *n*, Kesselwasser *n* / eau *f* de chaudière
boiling / Kochen *n*, Sieden *n* / ébullition *f*
boiling point / Siedepunkt *m* / point *m* d'ébullition
boiling stone / Siedestein *m* / régulateur *m* d'ébullition
bond (Chem) / Bindung *f* / liaison *f*
bondering (Korr) / Phosphatierung *f*, Bonderung *f* / bondérisation *f*
borate / Borat *n* / borate *m*
bore / bohren / forer
boric acid / Borsäure *f* / acide *m* borique
boring / Bohrung *f* / forage *m*
boron / Bor *n* / bore *m*
bottle / Flasche *f* / bouteille *f*
bottom / Boden *m*, Sohle *f* / plancher *m*, fond *m*, radier *m*
bottom ice / Grundeis *n* / glace *f* de fond
bottom layer → bottom stratum
bottom outlet / Grundablaß *m* / vidange *f* de fond
bottom stratum / Bodenschicht *f* / couche *f* de fond
boundary layer / Grenzschicht *f* / couche *f* limite, interface *f*
bowel / Darm *m* / intestin *m*, boyau *m*
bowl / Schale *f* / capsule *f*, boîte *f*, bol *m*
brackish / brackig / saumâtre
brass / Messing *n* / laiton *m*
break / Unterbrechung *f* / interruption *f*
breakers *pl* / Brecher *mpl* / ressac *m*, brisement *m*
break-point chlorination / Knickpunktchlorung *f* / chloration *f* au point de rupture, surchloration *f*
break-resistant / bruchfest / résistant à la rupture
breeding / Züchtung *f*, Zucht *f* / élevage *m*, culture *f*
brewers grains *pl* / Biertreber *mpl* / drêche *f*
brewery / Brauerei *f* / brasserie *f*
brine / Sole *f* / saumure *f*
brittle / brüchig / fragile, cassant, friable

bromide / Bromid *n* / bromide *m*
bromine / Brom *n* / brome *m*
brook / Bach *m* / ruisseau *m*
brown coal / Braunkohle *f* / lignite *m*, houille *f* brune
brush / Bürste *f* / brosse *f*
bubble / Blase *f* / bulle *f*
bucket / Eimer *m* / seau *m*
buffer / puffern / tamponner
— (Chem) / Puffer *m* / tampon *m*
buffer solution (Chem) / Pufferlösung *f* / solution *f* tampon
bulb pipette / Vollpipette *f* / pipette *f* jaugée
bulking sludge / Blähschlamm *m* / boue *f* gonflante
Bunsen burner / Bunsen-Brenner *m* / bec *m* de Bunsen
buoyancy / Auftrieb *m* / poussée *f* verticale
burette / Bürette *f* / burette *f*
burn / verbrennen / incinérer, brûler
burner / Brenner *m* / brûleur *m*
bursting strength / Bruchfestigkeit *f*, Druckfestigkeit *f* (gegen Innendruck) / résistance *f* à la pression, résistance *f* à l'éclatement
bury / vergraben, eingraben / enterrer
butyric acid / Buttersäure *f* / acide *m* butyrique
by-pass / Umleitung *f*, Nebenleitung *f* / by-pass *m*

cadmium / Cadmium *n* / cadmium *m*
cake / zusammenbacken / coller (se)
calcining / Brennen *n* (von Kalk) / calcination *f*
calcium / Calcium *n* / calcium *m*
calcium carbonate saturation / Calciumcarbonatsättigung *f* / saturation *f* en carbonate de calcium
calcium-hardness / Kalkhärte *f* / dureté *f* calcaire
calculation / Berechnung *f* / calcul *m*, compte *m*
calibrate / eichen, calibrieren / jauger, étalonner, calibrer
calibration / Kalibrieren *n*, Eichen *n* / étalonnage *m*
calibration mark / Eichstrich *m* / repère *m*
calibration standard / Prüfstandard *m*, Eichstandard *m* / étalon *m*
caloric unit / Wärmeeinheit *f* / unité *f* thermique, unité *f* de chaleur
calorie, calory / Kalorie *f* / calorie *f*
calorific value / Heizwert *m* / pouvoir *m* calorifique
canalization (Abw) / Kanalisation *f*, Entwässerungsnetz *n* / canalisation *f*, réseau *m* d'assainissement
cancerogenic / karzinogen, kanzerogen, krebserregend / cancérogène
candle filter / Kerzenfilter *m* / filtre *m* à bougie
cane sugar / Rohrzucker *m* / sucre *m* de canne
cannery / Konservenfabrik *f* / conserverie *f*
caoutchouc / Gummi *m*, Kautschuk *m* / caoutchouc *m*, gomme *f*
capacitor (Elekt) / Kondensator / condensateur *m*
capacity / Volumen *n*, Rauminhalt *m*, Inhalt *m* / volume *m*, capacité *f*
— (Techn) / Leistungsfähigkeit *f* / capacité *f* de production

capacity   **cave**

— → absorption capacity
capillary / kapillar / capillaire
capture (Hydrol) / Erschließung f, Fassung f / captage m
carbide / Karbid n / carbure m
carbohydrate / Kohlenhydrat n / hydrate m de carbone
carbolic acid / Phenol n, Karbolsäure f / phénol m, acide m carbolique
carbon / Kohlenstoff m / carbone m
— → dissolved organic carbon
— → inorganic carbon
— → organic carbon
— → total organic carbon
carbonaceous / kohlenstoffhaltig / carboné
carbonate / Carbonat n / carbonate m
carbonate equilibrium / Kalk-Kohlensäure-Gleichgewicht n / équilibre m carbonique
carbonate hardness / vorübergehende (temporäre) Härte f, Karbonathärte f / dureté f alcaline (temporaire), dureté f carbonatée
carbon dioxide / Kohlensäure f, Kohlenstoffdioxid n / acide m carbonique, dioxyde m de carbone, anhydre m carbonique
— → dissolved carbon dioxide
— → excess carbon dioxide
carbon disulfide / Schwefelkohlenstoff m / sulfure m de carbone
carbon filter / Kohlefilter m / filtre m à charbon
carbonic acid / Kohlensäure f, Kohlenstoffdioxid n / acide m carbonique, dioxyde m de carbone, anhydre m carbonique
carbonization / Karbonisierung f / carbonatation f
carbon (mon)oxide / Kohlenstoff(mon)oxid n / oxyde m de carbone
carbon tetrachloride / Tetrachlorkohlenstoff m / tetrachlorure m de carbone
carboy / Glasballon m, Korbflasche f / tourie f, dame-jeanne f
carburetor fuel / Vergaserkraftstoff m / carburant m léger
cardboard / Pappe f / carton m
carrying capacity / Aufnahmefähigkeit f / capacité f de charge
cascade / Kaskade f / cascade f
casing / Verrohrung f / tubage m, tuyauterie f
cast / gießen (Metalle) / couler, fondre
cast iron / Gußeisen n / fer m fondu, fonte f
catalyst / Katalysator m / catalyseur m
catalytic / katalytisch / catalytique
catchment area (Hydrol) / Einzugsgebiet n / bassin m versant
cathodic protection / kathodischer Korrosionsschutz m / protection f cathodique
cation / Kation n / cation m
cation exchanger / Kationaustauscher m / échangeur m de cations
cationic / kationisch / cationique
caustic alkalinity / Ätzkalkalität f / alcalinité f caustique
caustic embrittlement / Laugenbrüchigkeit f / fragilité f caustique
caustic lime / Ätzkalk m, Branntkalk m, Calciumoxid n / chaux f anhydre, chaux f vive
caustic soda lye / Natronlauge f / solution f de soude caustique
cave / Höhle f / caverne f

cavern / Höhle f / caverne f
celerity / Schnelligkeit f / célérité f
cell (Biol) / Zelle f / cellule f
cement / Zement m / ciment m
central / zentral / central
centrifugal pump / Kreiselpumpe f, Zentrifugalpumpe f / pompe f centrifuge
centrifuge / schleudern, zentrifugieren / centrifuger
— / Zentrifuge f, Schleuder f / centrifugeuse f
centrifuged concrete / Schleuderbeton m / béton m centrifugé
chalk / Kreide f / craie f
chamber / Kammer f, Raum m / chambre f, compartiment m
chamois tannery / Sämischgerberei f / chamoiserie f
changeable / veränderlich, unbeständig / variable, changeant, inconstant
channel (Abw) / Gerinne n / caniveau m, rigole f, canal m
— (Hydrol) / Kanal m / canal m
charcoal / Holzkohle f / charbon m de bois
charge / Zufuhr f, Speisung f, Beschickung f, Ladung f / alimentation f, approvisionnement m, chargement m
— / aufladen, füllen, beschicken / emplir, remplir
chart / Tabelle f / tableau m
cheese dairy / Käserei f / fromagerie f
chemical / Chemikalie f / produit m chimique
— / chemisch / chimique
chemical blank / chemischer Blindwert m / essai m à blanc chimique
chemical oxygen demand COD / chemischer Sauerstoffbedarf m CSB / demande f chimique en oxygène DCO
chemical pulp / Zellstoff m / pâte f chimique
chemistry / Chemie f / chimie f
chloramine / Chloramin n / chloramine f
chloride / Chlorid n / chlorure m
chlorinate / chloren / chlorer
chlorinated copperas / Eisensulfatchlorid n / sulfate m de fer chloré
chlorinated hydrocarbons / chlorierte Kohlenwasserstoffe mpl, Chlorkohlenwasserstoffe mpl / hydrocarbures mpl chlorés
chlorination / Chlorung f / chloration f
chlorine / Chlor n / chlore m
— → dissolved organic chlorine
chlorine combining capacity / Chlorzehrung f, Chlorbindungsvermögen n / capacité f d'absorption de chlore
chlorine dioxide / Chlordioxid n / dioxyde m de chlore
chlorine solution / Chlorwasser n / eau f chlorée
chlorite / Chlorit n / chlorite m
chlorophenol / Chlorphenol n / chlorophénol m
chlorophyll / Chlorophyll n / chlorophylle f
chlororganic substances / chlororganische Verbindungen fpl / composés mpl organochlorés
choking / Verstopfen n / obstruction f
cholera / Cholera f / choléra m

chromate / Chromat n / chromate m
chromatography → high perfomance liquid chromatography
— → thin layer chromatography
— → gas chromatography
chromic acid / Chromsäure f / acide m chromique
chromium / Chrom n / chrome m
cinders / Asche f / cendre f
circuit / Kreislauf m, Umlauf m / cycle m, circuit m
— → closed circuit
— → open circuit
circular main / Ringleitung f / conduite f de ceinture
circular tank / Rundbecken n, Kreisbecken n / bassin m circulaire
circulating amount / Umlaufmenge f / volume m en circulation
circulating volume → circulating amount
circulation / Kreislauf m, Umlauf m / cycle m, circuit
— (Limnol) / Zirkulation f, Umwälzung f / circulation f, inversion f
clarification (Abw) / Klärung f / clarification f, décantation f
clarification plant / Kläranlage f / installation f de clarification
clarifier / Klärbecken n, Absetzbecken n / clarificateur m, décanteur m
clarify / klären / clarifier
clay / Ton m, Letten m / argile f, glaise f
clean / reinigen / purifier, épurer, nettoyer
cleaning / Reinigung f / épuration f, curage m, nettoyage m
clear / durchsichtig, klar / transparent, clair, limpide
clearness / Klarheit f / limpidité f
clog / verstopfen, zusetzen / engorger, obstruer
clogging / Verschlammung f (des Tropfkörpers), Pfützenbildung f / encrassement m, engorgement m
— / Verstopfung f / obstruction f, colmatage m
clogging index / Verstopfungsvermögen n / indice m de colmatage, pouvoir m colmatant
close / verschließen / fermer
closed circuit / geschlossener Kreislauf m / circuit m fermé
closet / Klosett n, Abort m, Toilette f / cabinet m, lieux mpl d'aisances
closure / Verschluß m / fermeture f
coagulant / Fällmittel n, Fällungsmittel n / précipitant m
coagulant aid / Flockungshilfsmittel n / adjuvant m de floculation
coagulate / flocken, ausflocken / floculer, coaguler
coagulation / Flockung f, Ausflocken n, Koagulation f / floculation f, coagulation f
coal / Kohle f / charbon m, houille f
coal mine / Kohlengrube f / mine f de charbon
coal washing water / Kohlewaschwasser n / eau f de lavage du charbon
coarse / grob / gros
coat / Anstrich m / peinture f, couche f de peinture
coated / beschichtet / revêtu
coating / Belag m / couche f
— / Anstrich m (mit Farbe) / peinture f, couche f de peinture
— / Deckschicht f (eines Anstriches) / couche f superficielle

coating / Überzug *m*, Beschichtung *f* / revêtement *m*
cock / Hahn *m* / robinet *m*
COD → chemical oxygen demand
coefficient / Koeffizient *m*, Beiwert *m* / coefficient *m*
coke / Koks *m* / coke *m*
coke-quenching water / Kokslöschwasser *n* / eau *f* d'extinction du coke
cold / kalt / froid
cold-rolling mill / Kaltwalzwerk *n* / laminoir *m* à froid
coli titer (Biol) / Colititer *m* / colititre *m*, titre *m* colimétrique
collect / sammeln, ansammeln / amasser (s'), accumuler, collecter
collection / Sammlung *f*, Ansammlung *f* / collecte *f*
colloid / Kolloid *n* / colloïde *m*
colloidal / kolloid, kolloidal / colloïdal
color (USA) → colour
colorant / Farbstoff *m* / colorant *m*, couleur *f*
colorimeter / Kolorimeter *n* / colorimètre *m*
colorimetric / kolorimetrisch / colorimétrique
colour / Farbe *f*, Färbung *f* / couleur *f*, teinte *f*, coloration *f*
— / färben / colorer, teinter
coloured / farbig, gefärbt / coloré
colourless / farblos / incolore
column (Chem) / Kolonne *f*, Säule *f* / colonne *f*
column chromatography / Säulenchromatographie *f* / chromatographie *f* sur colonne
combine (Chem) / verbinden / combiner
combined chlorine / gebundenes Chlor *n* / chlore *m* combiné
combined sewer / Mischwasserkanal *m* / égout *m* unitaire
combined sewerage / Mischentwässerung *f* / réseau *m* unitaire d'assainissement
combustible / brennbar, entzündbar / combustible, inflammable
— / Brennstoff *m*, Treibstoff *m* / combustible *m*
combustion (Chem) / Verbrennung *f*, Veraschung *f* / incinération *f*, combustion *f*
combustion furnace / Verbrennungsofen *m* / four *m* d'incinération
comminute / zerkleinern / concasser, broyer, dilacérer
comminutor / Zerkleinerer *m* / broyeur *m*
community / Gemeinde *f* / commune *f*
— (Biol) / Lebensgemeinschaft *f* / biocénose *f*, communauté *f*, association *f*
compact / verdichten / compacter
compacted / stichfest / consistant
comparison / Vergleich *m* / comparaison *f*
compartment / Kammer *f*, Raum *m* / chambre *f*, compartiment *m*
complete deionizing / Vollentsalzung *f* / déminéralisation *f* totale
complex / Komplex *m* / complexe *m*
complexation / Komplexierung *f* / complexation *f*
complexing agent / Komplexbildner *m* / réactif *m* complexant
complexometric / komplexometrisch / complexométrique
component / Bestandteil *m* / élément *m*, composant *m*
composite sample / zusammengesetzte Probe *f*, Mischprobe *f* / échantillon *m* composite
composition / Zusammensetzung *f* / composition *f*

compost / Kompost *m* / compost *m*
compress / zusammendrücken, komprimieren / comprimer
compressed air / Druckluft *f* / air *m* comprimé
compressed air ejector / Druckluftheber *m* / éjecteur *m* à l'air comprimé
compression / Druck *m* / poussée *f*, pression *f*, compression *f*
compressor / Verdichter *m*, Kompressor *m* / compresseur *m*
concentrate (Chem) / anreichern, konzentrieren / concentrer
concentration / Konzentration *f* / concentration *f*
concrete / Beton *m* / béton *m*
condensate / Kondensat *n*, Kondens(ations)wasser *n* / condensat *m*
condenser (Labor) / Kondensator *m*, Kühler *m* / condenseur *m*, réfrigérant *m*
— (Elekt) / Kondensator *m* / condensateur *m*
condenser water / Fallwasser *n* / eaux *fpl* de condenseur
— / Kondensat *n*, Kondens(ations)wasser *n* / condensat *m*
condition / behandeln / traiter
conditioning / Konditionieren *n*, Konditionierung *f* / conditionnement *m*
— / Aufbereitung *f*, Behandlung *f* / traitement *m*
conductivity / Leitfähigkeit *f* / conductivité *f*
conductor / Leiter *m* / conducteur *m*
conduit / Leitung *f* / conduite *f* (d'eau potable), canalisation *f* (d'eau usée)
cone / Trichter *m* / entonnoir *m*
cone of depression / Absenkungstrichter *m* / cône *m* d'appel
confidence limit / Vertrauensgrenze *f* / borne *f* de l'intervalle de confiance
confluence / Zusammenfluß *m* / confluent *m*
conical / kegelförmig, konisch / conique
connate water / Porenwasser *n*, Haftwasser *n* / eau *f* connée
connect (Techn) / verbinden / lier, joindre
consistency / Konsistenz *f* / consistance *f*
constant / Festwert *m*, Konstante *f* / constante *f*
constituent / Bestandteil *m* / élément *m*, composant *m*
construction site / Baustelle *f* / chantier *m*
consume / verbrauchen / consommer
consumer / Verbraucher *m* / consommateur *m*
consumption / Verbrauch *m*, Zehrung *f* / consommation *f*
contact area / Berührungsfläche *f* / surface *f* de contact
contact bed (Abw) / Füllkörper *m* / lit *m* de contact
contact cooling / direkte Kühlung *f* / refroidissement *m* direct
contact filter (Abw) / Füllkörper *m* / lit *m* de contact
contact stabilization / Kontaktstabilisierung *f* / stabilisation *f* par contact
contagion / Ansteckung *f*, Infektion *f* / infection *f*, contagion *f*
contagious / ansteckend, infektiös / transmissible, contagieux
container / Behälter *m* / réservoir *m*, récipient *m*
contaminate / verschmutzen, verunreinigen / polluer, contaminer, souiller
contamination / Verschmutzung *f*, Verunreinigung *f* / impureté *f*, souillure *f*, pollution *f*
content of strong free acids / Gehalt an starken freien Säuren *fpl* / titre *m* en acides forts libres
content(s) / Gehalt *m*, Inhalt *m* / teneur *f*, contenu *m*, contenance *f*

continuous / kontinuierlich, ununterbrochen / continu
continuous flow dialysis / Durchfluß-Dialyse *f* / dialyse *f* en flux continu
continuous sampling / Dauerprobenahme *f*, kontinuierliche Probenahme *f* / échantillonnage *m* en continu
control / regeln / régler
— / Regelung *f*, Regulierung *f* / réglage *m*, régulation *f*
— / überwachen / surveiller, contrôler
— / Überwachung *f* / contrôle *m*, surveillance *f*
— (Biol) / bekämpfen / lutter
controller / Regler *m* / régulateur *m*
coolant / Kühlmittel *n* / réfrigérant *m*
cool (down) / kühlen, abkühlen / réfrigérer, refroidir
cooler (Labor) / Kühler *m* / condenseur *m*, réfrigérant *m*
cooling → once-through system of cooling
— → indirect cooling
cooling coil / Kühlschlange *f* / serpentin *m* de refroidissement
cooling plant / Kühlanlage *f*, Rückkühlanlage *f* / installation *f* réfrigérante
cooling pond / Kühlteich *m* / étang *m* de refroidissement
cooling tower / Kühlturm *m* / tour *f* de refroidissement
cooling water / Kühlwasser *n* / eau *f* de refroidissement
copper / Kupfer *n* / cuivre *m*
copperas / Eisen(II)sulfat *n* / sulfate *m* de fer
core / Bohrkern *m* / carotte *f* de sondage
cork / Kork *m* / liège *m*
cork slab / Korkplatte *f* / plaque *f* de liège
correlation / Korrelation *f* / corrélation *f*
corresponding sample / korrespondierende Probe *f* / échantillon *m* correspondant
corrode / korrodieren, angreifen / corroder
corrosion / Korrosion *f* / corrosion *f*
corrosion inhibitor / Korrosionsschutzmittel *n* / inhibiteur *m* de corrosion
corrosion prevention, protection / Korrosionsschutz *m* / protection *f* contre la corrosion
corrosion-resisting / korrosionsbeständig / non-corrosif
corrosive / korrosiv, angreifend / corrosif
corrosive to metals / metallangreifend / corrosif pour les métaux
cotton / Watte *f* / ouate *f*
counter / Zähler *m* / compteur *m*
counter current / Gegenstrom *m* / contre-courant *m*
counter current wash / Gegenstromwäsche *f*, Rückspülung *f* / lavage *m* à contre-courant
counter pressure / Gegendruck *m* / contre-pression *f*
crack / Riß *m*, Sprung *m*, Spalte *f* / gerçure *f*, fissure *f*
cracking (of hydrocarbons) / Kracken *n* (von Kohlenwasserstoffen) / craquage *m* (d'hydrocarbures)
— (Korr) / Rißbildung *f* / fissurage *m*
creamery / Molkerei *f* / laiterie *f*
creek / Bach *m* / ruisseau *m*
crest / Überfallkante *f* / crête *f*
crevassed / zerklüftet, klüftig / fissuré, crevassé

criterion / Kriterium n / critère m
crop / Ertrag m / rendement m
cross connection / Querverbindung f / interconnexion f
cross section / Querschnitt m / section f
— (Hydrol) / Querschnitt m / profil m en travers
— → effective cross section
crucible / Tiegel m / creuset m
crucible tongs / Tiegelzange f / pince f à creuset
crude / roh / brut
crude oil / Mineralöl n, Erdöl n / huile f minérale, naphte m brut
crush / zerkleinern / concasser, broyer, dilacérer
crusher (Techn) / Brecher m / concasseur m
crushing strength / Bruchfestigkeit f (gegen Außendruck) / résistance f à l'écrasement, résistance f à la rupture
crystallization / Kristallisation f / cristallisation f
crystallize / kristallisieren / cristalliser
cubic / kubik / cubique
cultivation / Züchtung f, Zucht f / élevage m, culture f
culture dish (Bakt) / Petrischale f, Kulturschale f / boîte f de Pétri
culture medium / Nährboden m / milieu m de culture, gélose f
cumulative frequency / Summenhäufigkeit f / fréquence f cumulée
current (Elekt) / Strom m / courant m
— (Hydrol) / Strömung f / courant m
current strength (Elekt) / Stromstärke f / intensité f de courant
curve / Kurve f / courbe f
cuvette / Küvette f / cuve f
cyanat / Cyanat n / cyanate m
cyanide / Cyanid n / cyanure m
cyanides → easily liberable cyanides
cyanogen / Cyan n, Dicyan n / cyanogène m
cyanogen chloride / Chlorcyan n / chlorure m de cyanogène
cycle / Kreislauf m, Umlauf m / cycle m, circuit m

daily / täglich / journalier, quotidien
daily water flow DWF / Tagesabfluß m, Tagesmenge f / débit m journalier
dairy / Molkerei f / laiterie f
dam / Damm m / digue f
— / Stauanlage f, Wehranlage f, Stauwerk n / barrage m
damage / Schaden m / dommage m, préjudice m
danger / Gefahr f / danger m
dangerous / gefährlich / dangereux
dark glass / dunkles Glas n / verre m foncé
darkness / Dunkelheit f / obscurité f
DC → direct current
deacidificate / entsäuern / désacidifier
deadly / tödlich / mortel
deaerate / entlüften / désaérer
deaeration / Entgasung f / dégazage m

debris / Bohrgut *n* / déblai *m* de forage
decalcify / entkalken / décalcifier
decant / abgießen, dekantieren / décanter
decanting / Absetzen *n* / sédimentation *f*
decarbonization / Entkarbonisierung *f* / décarbonatation *f*
dechlorinate / entchloren / déchlorer
deciduous wood / Laubholz *n* / bois *m* feuillu
decline / Abnahme *f* / diminution *f*
decolorize / entfärben / décolorer
decolorizing / Entfärbung *f* / décoloration *f*
decomposable / zersetzlich / destructable
decompose (Biol) / abbauen / dégrader
decomposition (Chem) / Aufschluß *m* / décomposition *f*
decontaminate / reinigen / purifier, épurer, nettoyer
decontamination / Entgiftung *f*, Dekontamination *f* / détoxication *f*, décontamination *f*
— / Reinigung *f* / épuration *f*, curage *m*, nettoyage *m*
decrease / Abnahme *f* / diminution *f*
— / Erniedrigung *f*, Verminderung *f* / abaissement *m*
deep / tief / profond
deep bed filtration / Tiefenfiltration *f* / filtration *f* en profondeur
deep freezer / Gefrierschrank *m* / conservateur *m*
deep well disposal / Versenkung *f* / rejet *m* en profondeur
defecation scum / Scheideschlamm *m* / boue *f* de chaux
defecation slime → defecation scum
defect / Mangel *m* / défaut *m*
defective / mangelhaft / défectueux
deferrization / Enteisenung *f* / déferrisation *f*
deferrize / enteisenen / déferriser
deficiency / Mangel *m*, Fehlmenge *f*, Defizit *n* / déficit *m*
deficit / Mangel *m*, Fehlmenge *f*, Defizit *n* / déficit *m*
defoliant / Entlaubungsmittel *n* / défoliant *m*
degasser / Entgaser *m* / dégazeur *m*
degassing / Entgasung *f* / dégazage *m*
degradability / Abbaubarkeit *f* / dégradabilité *f*
degradation (Biol) / Abbau *m* / dégradation *f*
degrease / entfetten / dégraisser
degreasing / Entfettung *f* / dégraissage *m*
degree / Grad *m* / degré *m*
degree of freedom / Freiheitsgrad *m* / degré *m* de liberté
degree of hardness / Härtegrad *m* / degré *m* hydrotimétrique, degré *m* de dureté
degree of interlacing / Vernetzungsgrad *m* / taux *m* de réticulation
dehydration / Entwässerung *f* (Schlamm), Trocknung *f* / déshydratation *f*, assèchement *m*
de-inking / Entfärbung *f* (von Altpapier) / désencrage *m*
deionize / entsalzen / déminéraliser, dessaler
delime / entkalken / décalcifier
deliver / liefern / livrer
delivery (Hydrol) / Ergiebigkeit *f*, Schüttung *f* / débit *m*

demand / Bedarf *m* / demande *f*, besoin *m*
demineralization / Entmineralisierung *f* / déminéralisation *f*
demineralize / entsalzen / déminéraliser, dessaler
demolish / zerstören / démolir, détruire, désintégrer
denitrification / Denitrifikation *f* / dénitrification *f*
densify / eindicken / épaissir
density / Dichte *f* / densité *f*
density current / Dichteströmung *f* / courant *m* de densité
deodorization / Desodorierung *f*, Geruchsbeseitigung *f* / élimination *f* des odeurs, désodorisation *f*
deoxidation (Chem) / Reduktion *f* / réduction *f*, désoxydation *f*
deoxidize (Chem) / reduzieren / désoxyder
dephenolizing / Entphenolung *f* / déphénolisation *f*, déphénolage *m*
depolarization / Depolarisation *f* / dépolarisation *f*
deposit / ansetzen, sich / attacher (s'), déposer(se)
— / ablagern, deponieren / déposer
— / Bodensatz *m*, Sinkstoffe *mpl* / dépôt *m*
deposits / Ablagerungen *fpl* / salissures *fpl*
depression / Druckerniedrigung *f*, Tiefdruck *m* (Meteor) / dépression *f*
— (Geol) / Absenkung *f* / dépression *f*
depth / Tiefe *f* / profondeur *f*
depth of visibility / Sichttiefe *f* / limite *f* de visibilité
derivative / Derivat *n* / dérivé *m*
desalination / Entsalzung *f* / dessalement *m*
desalting / Entsalzung *f* / dessalage *f*, dessalement *m*
— / Absalzung *f* / purge *f* de déconcentration
de-scaling / Entzunderung *f* / décalaminage *m*
desiccate / trocknen / sécher, dessécher
desiccator / Exsikkator *m* / dessiccateur *m*
desilicification / Entkieselung *f* / désilication *f*
desintegrator / Zerkleinerer *m* / broyeur *m*
de-sizing (Text) / Entschlichtung *f* / désencollage *m*
de-sludging / Entschlammung *f* / évacuation *f* des boues
destroy / zerstören / démolir, détruire, déintégrer
destruction (Chem) / Zersetzung *f* / destruction *f*, décomposition *f*
desulfuration / Entschwefelung *f* / dessoufrage *m*, désulfuration *f*
detection (Chem) / Nachweis *m* / détection *f*
detector / Detektor *m*, Anzeiger *m* / détecteur *m*
detention basin / Rückhaltebecken *n* / bassin *m* de retenue
detention period / Aufenthaltszeit *f*, Retentionszeit *f* / durée *f* de séjour, temps *m* d'arrêt
detention time / Durchflußzeit *f* (Becken) / durée *f* de passage
detergent / Reinigungsmittel *n*, Detergens *n* / détergent *m*, détersif *m*
determinand / Determinand *m* / déterminant *m*
determination (Chem) / Bestimmung *f* / détermination *f*
determination of effects on fish / Fischtest *m*, Bestimmung *f* der Wirkung auf Fische / détermination *f* des effets vis-à-vis des poissons
detoxification / Entgiftung *f*, Dekontamination *f* / détoxication *f*, décontamination *f*

detrimental   **discharge**

detrimental / schädlich / nocif, nuisible
detritus / Detritus m / détritus m
develop / entwickeln / développer
device / Vorrichtung f / dispositif m
— / Gerät n, Apparat m / appareil m
dewatering / Entwässerung f (Schlamm), Trocknung f / déshydratation f, assèchement m
dew point / Taupunkt m, Kondensationspunkt m / point m de rosée, point m de condensation
dezinc(k)ing / Entzinken n / dézincification f (enlever la couche de zinc)
diagram / Diagramm n / diagramme m
dialysis / Dialyse f / dialyse f
— → continuous flow dialysis
diameter / Nennweite f, Durchmesser m / diamètre m nominal
diatomaceous earth / Kieselgur f / terre f à diatomées
diatomite / Kieselgur f / terre f à diatomées
diatomite filter / Kieselgurfilter m / filtre m à diatomées
diatoms pl / Diatomeen fpl, Kieselalgen fpl / diatomées fpl
diazotation / Diazotierung f / diazotation f
dichromate value / Dichromatverbrauch m, Dichromatwert m / valeur f en dichromate
diffused air aeration / Druckluftbelüftung f / aération f par diffusion
diffusion / Diffusion f / diffusion f
digest / faulen, ausfaulen / digérer, pourrir, putréfier
digested sludge (Abw) / Faulschlamm m, ausgefaulter Schlamm m / boue f digérée
digester / Faulbehälter m, Schlammfaulraum m / chambre f de digestion des boues, digesteur m
digester gas / Faulgas n / gaz m de digestion
digestibility / Faulfähigkeit f, Faulbarkeit f / digestibilité f
digestion (Chem) / Aufschluß m / décomposition f
— (Biol) / Abbau m / dégradation f
— (Biol, Med) / Faulung f, Verdauung f / digestion f
digestion chamber / Faulbehälter m, Schlammfaulraum m / chambre f de digestion des boues, digesteur m
dig in / vergraben, eingraben / enterrer
dilute / verdünnen / diluer
dilute to / auffüllen zu / amener à, compléter au volume
dilution / Verdünnung f / dilution f
dilution method (Anal) / Verdünnungsverfahren n / méthode f par dilution
dilution water BOD / Verdünnungswasser n BSB / eau f pour la dilution BOD
dioxide / Dioxid n / dioxyde m
dip galvanize / feuerverzinken / galvaniser à chaud
direct chlorination / direkte Chlorung f / application f directe de chlore
direct current DC / Gleichstrom m / courant m continu
dirt / Schmutz m / saleté f, ordure f
disagreable / unangenehm / désagréable
disc / Scheibe f / disque m
disc for measuring of transparency / Sichtscheibe f / disque m blanc de Secchi
discharge / Ausfluß m / effluence f, émission f
— (amount of flow, vol/time) / Wasserführung f / débit m

discharge

- (load reduction) / Entlastung *f* / décharge *f*
- (of a catchment area) / Abflußspende *f* / débit *m*, indice *m* d'écoulement
- (Abw) / Abfluß *m* / rejet *m*, effluent *m*
- (Abw) / Einleiten *n* / décharge *f*
- (Hydrol) / Abfluß *m* / écoulement *m*
- → equalization of discharge

discharge into (Abw) / einleiten / rejeter
discrete sampling / Einzelprobenahme *f* / échantillonnage *m* intermittent
discriminant analysis / Diskriminanzanalyse *f* / analyse *f* discriminante
disease / Krankheit *f* / maladie *f*
disgusting / ekelhaft, widerwärtig / dégoûtant
dish / Schale *f* / capsule *f*, boîte *f*, bol *m*
disinfectant / Desinfektionsmittel *n* / désinfectant *m*
disinfection / Desinfektion *f* / désinfection *f*
disintegrate / zerstören / désintégrer, démolir, détruire
- (Biol) / abbauen / dégrader

disintegration / Zerfall *m*, Spaltung *f*, Abbau *m* (Geol) / désintégration *f*
- (Chem) / Zersetzung *f* / destruction *f*, décomposition *f*

dispersing / dispergierend / dispersant
dispersion / Dispersion *f* / dispersion *f*
displacement / Verdrängung *f* / déplacement *m*
disposal / Beseitigung *f*, Entfernung *f* / évacuation *f*, élimination *f*, enlèvement *m*
dispose / verwerfen, wegwerfen / jeter, rejeter
dissolve (Chem) / lösen, auflösen / dissoudre
dissolved carbon dioxide / gelöstes (freies) Kohlenstoffdioxid *n* / anhydre *m* (gaz) carbonique dissout
dissolved organic carbon DOC / gelöster organischer Kohlenstoff *m* / carbone *m* organique dissout
dissolved organic chlorine DOCl / gelöstes organisch gebundenes Chlor *n* / chlore *m* organique dissout
dissolved solids / gelöste Stoffe *mpl* / matières *fpl* dissoutes
dissolving (Chem) / Auflösen *n*, Lösen *n* / dissolution *f*
distill / brennen, destillieren / distiller
distillate / Destillat *n* / distillat *m*
distillation / Destillation *f* / distillation *f*
distilled water / destilliertes Wasser *n* / eau *f* distillée
distillery / Brennerei *f* / distillerie *f*
distilling flask / Destillierkolben *m* / ballon *m* de distillation
distribute / verteilen / distribuer, répartir
distribution / Verteilung *f* / distribution *f*, répartition *f*
ditch / Graben *m* / tranchée *f*, fossé *m*
divert / ableiten, umleiten / déverser, dériver
DOC → dissolved organic carbon
DOCl → dissolved organic chlorine
domed bog / Hochmoor *n*, Torfmoor *n* / tourbière *f* haute
domestic / haushalts- / ménager
domestic sewage / häusliches Abwasser *n* / eaux *fpl* usées domestiques, eaux *fpl* usées ménagères

domestic softener / Hausenthärter *m* / adoucisseur *m* domestique
dosing / Dosierung *f* / dosage *m*
dosing device / Dosiergerät *n*, Zumeßgerät *n* / doseur *m*
double beam lamp / Zweistrahllampe *f* / lampe *f* à double faisceau
double stage / zweistufig / à deux étages
douche / Dusche *f*, Brause *f* / douche *f*
downflow baffle / Tauchwand *f*, Tauchbrett *n* / cloison *f* plongeante, cloison *f* siphoïde
downstream / flußabwärts, stromabwärts / en aval
drain / Ablaß *m*, Entleerung *f* / vidange *f*
— (Abw) / Kanal *m* / égout *m*
— / entleeren / vider
— (Geol) / drainieren, entwässern / drainer
drainage / Entwässerung *f* / drainage *m*, assainissement *m*
draw / schöpfen / puiser
draw down (Hydrol) / Absenkung *f* / abattement *m*
dressing / Appretur *f* / apprêtage *m*
dried matter / Trockensubstanz *f* / matière *f* sèche
drift (Hydrol) / Strömung *f* / courant *m*
drill / bohren / forer
drilling mud / Bohrschlamm *m* / boue *f* de forage
drillings *pl* / Bohrgut *n* / déblai *m* de forage
drink / Getränk *n* / boisson *f*
— / trinken / boire
drinking water / Trinkwasser *n* / eau *f* de consommation
dripping funnel / Tropftrichter *m* / entonnoir *m* à robinet
drop / Tropfen *m* / goutte *f*
drop bottle / Tropfflasche *f* / flacon *m* compte-gouttes
droplet / Tröpfchen *n* / gouttelette *f*
drum / Trommel *f* / tambour *m*
drum filter / Trommelfilter *m* / filtre *m* à tambour
drum screen / Trommelsieb *n*, Siebtrommel *f* / tambour *m* cribleur
dry / trocken / sec, aride
— / trocknen / sécher, dessécher
dry closet / Trockenabort *m* / cabinet *m* sec
dry-feed dosage / Trockendosierung *f* / dosage *m* à sec
drying / Trocknung *f* / séchage *m*
drying oven / Trockenschrank *m* / étuve *f*
dry residue / Trockenrückstand *m* / résidu *m* sec
dry sludge / Trockenschlamm *m* / boue *f* sèche, boue *f* deshydratée
dry weather flow / Trockenwetterabfluß *m* / débit *m* de temps sec
dry weight / Trockengewicht *n* / poids *m* sec
dry well / Sickergrube *f* / puits *m* d'infiltration
ductile cast iron pipes / duktile Gußrohre *npl* / tuyaux *mpl* en fonte ductile
dump / Deponie *f* / décharge *f* publique
— / abkippen (abladen) / décharger
dumping at sea / Verklappen *n* ins Meer / déversement *m* dans la mer
duration curve → flow duration curve
dust / Staub *m* / poussière *f*

dust   enamel

dust separator / Entstauber *m* / dépoussiéreur *m*
DWF → daily water flow
dye / Farbe *f*, Farbstoff *m* / colorant *m*, couleur *f*
— / färben / colorer
dye house / Färberei *f* / teinturerie *f*
dynamic / dynamisch / dynamique
dysentery (Med) / Ruhr *f* / dysenterie *f*

earth basin / Erdbecken *n* / bassin *m* en terre
earthenware / Steingut *n* / faïence *f*, grès *m*
easily liberable cyanides / leicht freisetzbare Cyanide *npl* / cyanures *mpl* aisément liberables
EC → effective concentration
ecology / Ökologie *f* / écologie *f*
EDTA → ethylenediamine tetraacetate
effect / Wirkung *f* / action *f*, effet *m*
effective concentration EC / Wirkkonzentration *f* / concentration *f* effective
effective cross section / wirksamer Querschnitt *m* / section *f* effective
effective time ET / Wirkzeit *f* / temps *m* d'action
efficiency / Wirksamkeit *f* / efficacité *f*
— → rate of efficiency
effluent (Abw) / Abfluß *m* / rejet *m*, effluent *m*
— (Hydrol) / Ausfluß *m* / effluence *f*, émission *f*
effluent channel   / Ablauf *m* (-Bauwerk d. Kläranlage) / émissaire *m*
elastic tube pump / Schlauchpumpe *f* / pompe *f* péristaltique
electrode / Elektrode *f* / électrode *f*
electrodialysis / Elektrodialyse *f* / électrodialyse *f*
electrolysis / Elektrolyse *f* / électrolyse *f*
electrophoresis / Elektrophorese *f* / électrophorèse *f*
electro-plate / galvanisieren / galvaniser
electro-plating / Galvanotechnik *f* / galvanoplastie *f*
element / Grundstoff *m*, Element *n* / corps *m* simple, élément *m* chimique
elevated reservoir / Hochbehälter *m* / réservoir *m* surélevé
eliminate / eliminieren / éliminer
elimination / Beseitigung *f*, Entfernung *f* / évacuation *f*, élimination *f*, enlèvement *m*
elutriate / auslaugen (Schlamm -) / lixivier, lessiver
elutriation / Schlamm-Wäsche *f* / lessivage *m*, elutriation *f*
— / Schlämmanalyse *f* / élutriation *f*
— / Auslaugung *f*, Eluierung *f* / lessivage *m*, lixiviation *f*
embankment / Damm *m* / digue *f*
emergency water supply / Notwasserversorgung *f* / alimentation *f* en eau de secours
empty / entleeren / vider
— / leer / vide
emulgate / emulgieren / émulsionner
emulsify / emulgieren / émulsionner
emulsifying agent / Emulgator *m* / émulsifiant *m*
emulsion / Emulsion *f* / émulsion *f*
enamel / emaillieren / émailler

endanger / gefährden / mettre en danger, menacer
endogenous / endogen / endogène
endogenous respiration / intrazelluläre Veratmung f, endogene Atmung f / respiration f endogène
end point (Chem) / Umschlagpunkt m, Wendepunkt m / point m de virage
energy / Energie f / énergie f
engine / Maschine f / machine f
enlargement / Vergrößerung f / agrandissement m, grossissement m
enrichment / Anreicherung f / enrichissement m
environment / Umwelt f, Umgebung f, Umgegend f / environs mpl, alentours mpl, environnement m
environmental health / Umwelthygiene f / hygiène f du milieu
environmental protection / Umweltschutz m / protection f de l'environnement
enzyme / Enzym n / enzyme m
epidemic / Epidemie f, Seuche f / épidémie f
epilimnion (Limnol) / Epilimnion n / épilimnion m
equalization of discharge / Ausgleich m des Abflusses / régulation f de la décharge
equation (Math) / Gleichung f / équation f
equilibrium / Gleichgewicht n / équilibre m
equipment / Einrichtung f, Ausrüstung f / équipement m
Erlenmeyer flask / Erlenmeyer-Kolben m / Erlenmeyer m, fiole f conique
erosion / Erosion f / érosion f
error / Fehler m / erreur f
error of observation / Meßfehler m, Ablesefehler m / erreur f de mesure
estimate / veranschlagen, schätzen / estimer
estuary (Geol) / Mündungsgebiet n / estuaire m
ET → effective time
ethyl acetate / Ethylacetat n / acétate d'éthyle
ethylenediamine tetraacetate EDTA / Ethylendiamintetraacetat n / éthylène m diaminé tétraacétique
eutrophic (Limnol) / eutroph, nährstoffreich / eutrophe
eutrophication (Limnol) / Eutrophierung f / eutrophisation f
evacuate / entleeren / évacuer
evaluate / bewerten, auswerten / évaluer
evaluation / Bewertung f, Auswertung f / évaluation f
evaluation function / Auswertefunktion f / fonction f d'évaluation
evaluation model / Auswertemodell n / modèle m de référence
evaporate / verdampfen, eindampfen, abdampfen / évaporer, vaporiser
evaporating dish / Abdampfschale f / capsule f d'évaporation
evaporation / Verdunstung f / évaporation f
— → quantity of natural evaporation
evaporation loss / Verdunstungsverlust m / perte f d'évaporation
evaporation residue / Abdampfrückstand m / résidue m d'évaporation
evaporator / Verdampfer m / évaporateur m
even / glatt / lisse, uni
examination / Prüfung f, Untersuchung f / examen m, vérification f
examine / untersuchen / examiner
excess carbon dioxide / überschüssiges Kohlenstoffdioxid n / acide m carbonique libre en excès

excessive pressure / Überdruck *m* / surpression *f*
excess sludge / Überschußschlamm *m* / boue *f* en excès
exchange / Austausch *m* / échange *m*
exchange capacity / Austauschvermögen *n* / pouvoir *m* d'échange
exchanger / Austauscher *m* / échangeur *m*
excitation / Anregung *f*, Erregung *f* / excitation *f*, stimulation *f*
exhaust / auspumpen / équiser
— → exhauster
exhaust air / Abluft *f* / air *m* d'échappement
exhauster (Techn) / Abzug *m* / hotte *f* aspirante
exhaust steam / Abdampf *m* / vapeur *f* d'échappement, vapeur *f* épuisée
exogenous / exogen / exogène
experimental plant / Versuchsanlage *f* / station *f* expérimentale, installation *f* d'essai
explode / explodieren / exploser
exposure (Photo) / Aussetzung *f*, Belichtung *f* / exposition *f*
expressed as / ausgedrückt als / exprimé en
expression of results / Angabe *f* der Ergebnisse / expression *f* des résultats
exsiccator / Exsikkator *m* / dessiccateur *m*
extended aeration / Langzeitbelüftung *f* / aération *f* prolongée
extractable / extrahierbar / extractible
extractable organic halogen compounds / extrahierbare organische
  Halogenverbindungen *fpl* / dérivés *mpl* organohalogéniques extractibles
extraction / Extraktion *f*, Auslaugung *f* / extraction *f*

fabric / Gewebe *n* / tissu *m*, étoffe *f*
factor analysis / Faktorenanalyse *f* / analyse *f* factorielle
factory / Fabrik *f* / usine *f*, fabrique *f*, exploitation *f* industrielle
facultative / fakultativ / facultatif
faeces *pl* / Kotstoffe *mpl*, Fäkalienschlamm *m* / fèces *fpl*, matières *fpl* de vidange
fall-out → radioactive fall-out
fan / Ventilator *m* / ventilateur *m*
fat / Fett *n* / graisse *f*
fatal / tödlich / mortel
fatty acid / Fettsäure *f* / acide *m* gras
faucet / Probehahn *m* / robinet *m* de prise d'échantillons
fecal matter / Kotstoffe *mpl*, Fäkalienschlamm *m* / fèces *fpl*, matières *fpl* de vidange
feed / Zufuhr *f*, Speisung *f*, Beschickung *f*, Ladung *f* / alimentation *f*,
  approvisionnement *m*, chargement *m*
— / Zusatz *m*, Zugabe *f* / addition *f*, ajout *m*
feeder / Dosiergerät *n*, Zumeßgerät *n* / doseur *m*
feed water / Speisewasser *n*, Kesselzusatzwasser *n* / eau *f* d'alimentation, eau *f*
  d'appoint
felt / Filz *m* / feutre *m*
fenny / moorig, sumpfig / marécageux, bourbeux
ferment / gären, vergären, fermentieren / fermenter
fermentable / gärfähig / fermentable
fermentation / Gärung *f*, Vergärung *f* / fermentation *f*
— → acid fermentation

fermentation   **final clarification**

— → alkaline fermentation
fermentation flask / Gärkolben *m* / flacon *m* pour fermentation
fermentation-septization process / Gärfaulverfahren *n* / procédé *m* de fermentation-digestion
fermenter / Gärbottich *m* / cuve *f* de fermentation
ferric / Eisen(III)-, Ferri- / ferrique
ferric hydroxide / Eisen(III)hydroxid *n*, Eisenoxidhydrat *n* / hydroxyde *m* ferrique
ferrous / Eisen(II)-, Ferro- / ferreux
ferruginous / eisenhaltig / ferrugineux
fertile / fruchtbar / fertile, fécond
fertility / Ertragsfähigkeit *f*, Produktivität *f*, Fruchtbarkeit *f* / capacité *f* biogénique, productivité *f*
fertilizer / Dünger *m*, Düngemittel *n* / engrais *m*
fiber / Faser *f* / fibre *f*
field of application (Labor) / Anwendungsbereich *m* / domaine *m* d'application
field test / Feldversuch *m* / essai *m* sur place
filament / Faser *f* / fibre *f*
filamentous / fadenförmig / filamenteux
filiforme / fadenförmig / filamenteux
fill / aufladen, füllen, beschicken / emplir, remplir
— / Füllung *f*, Füllen *n* / remplissage *m*
filled / voll / plein
filling / Füllung *f*, Füllen *n* / remplissage *m*
filling station (USA) / Tankstelle *f* / poste *m* de distribution de carburant
filter / Filter *m* / filtre *m*
— / filtrieren / filtrer
filterability → filtrability
filter bottom / Filterboden *m* / fond *m* d'un filtre, plancher *m* à buselure
filter cake / Filterkuchen *m*, Preßkuchen *m* / gâteau *m* de presse
filter crucible / Filtertiegel *m* / creuset *m* filtrant
filter drainage / Filterboden *m* / fond *m* d'un filtre, plancher *m* à buselure
filtered / gefiltert, filtriert / filtré
filtering candle / Filterkerze *f* / bougie *f* filtrante
filtering cloth / Filtertuch *n* / étoffe *f* filtrante
filtering layer / Filterschicht *f* / couche *f* filtrante
filtering well / Filterbrunnen *m* / puits *m* filtrant, puits *m* crépiné
filter material / Filtermaterial *n* / matériau *m* de filtration
filter medium / Filtermaterial *n* / matériau *m* de filtration
filter paper / Filterpapier *n* / papier *m* filtre
filter press / Filterpresse *f* / filtre-presse *m*
filter resistance / Filterwiderstand *m* / résistance *f* à la filtration
filter washing / Filterspülung *f* / lavage *m* d'un filtre
filth / Schmutz *m* / saleté *f*, ordure *f*
filtrability / Filtrierbarkeit *f* / filtrabilité *f*
filtrate / Filtrat *n* / filtrat *m*
filtrated / gefiltert, filtriert / filtré
filtration / Filtration *f* / filtration *f*
final clarification (Abw) / Nachklärung *f* / décantation *f* secondaire

final digester / Nachfaulraum *m* / digesteur *m* final
final effluent / Endablauf *m* / effluent *m* final
final filter / Nachfilter *m* / filtre *m* finisseur
final purification / Nachreinigung *f* / épuration *f* finale
finding (Anal) / Befund *m*, Ergebnis *n* / résultat *m*, valeur *f* trouvée
fine / fein / fin
fine bubble aeration / feinblasige Belüftung *f* / aération *f* à fines bulles
finish / Appretur *f* / apprêtage *m*
fire fighting water / Feuerlöschwasser *n* / eau *f* pour la lutte incendie
fire protection network / Löschwassernetz *n* / réseau *m* d'incendie
fish / Fisch *m* / poisson *m*
— → fish test
fish culture / Fischzucht *f*, Teichwirtschaft *f* / pisciculture *f*
fishery / Fischerei *f* / pêche *f*
fish food / Fischnahrung *f* / nourriture *f* pour les poissons
fish kill / Fischsterben *n* / mort *f* de poissons
fish pass / Fischtreppe *f* / échelle *f* à poissons
fish pond / Fischteich *m* / étang *m* à poissons
fish rearing / Fischzucht *f*, Teichwirtschaft *f* / pisciculture *f*
fish test / Fischtest *m*, Bestimmung *f* der Wirkung auf Fische / détermination *f* des effets vis-à-vis des poissons
fissure / Riß *m*, Sprung *m*, Spalte *f* / gerçure *f*, fissure *f*
fissured / zerklüftet, klüftig / fissuré, crevassé
fixed ammonia / gebundenes Ammoniak *n* / ammoniaque *f* liée
fixed residue solids / Glührückstand *m* / résidu *m* calciné
flame / Flamme *f* / flamme *f*
flame photometer / Flammenphotometer *n* / photomètre *m* de flamme
flare / Fackel *f* / torche *f*
flash mixer / Turbomischer *m* / turbo-malaxeur *m*
flash point / Flammpunkt *m* / point *m* d'inflammation
flask (Chem) / Kolben *m* / ballon *m*
— → flat bottom flask
— → round bottom flask
flat bottom flask / Stehkolben *m* / ballon *m* à fond plat
flax rettery / Flachsröste *f* / rouissage *m*
flexible tubing / Schlauch *m* / tuyau *m* souple
float / Schwimmer *m*, Schwimmkörper *m* / flotteur *m*
— / flotieren / flotter
floating layer / Schwimmdecke *f*, Schwimmschlamm *m* / chapeau *m* d'écume, boues *fpl* flottantes
floating matter / Schwimmstoffe *mpl* / matières *fpl* flottantes
floating sludge / Schwimmdecke *f*, Schwimmschlamm *m* / chapeau *m* d'écume, boues *fpl* flottantes
floc / Flocke *f* / flocon *m*
— / flocken, ausflocken / floculer, coaguler
floccing agent / Flockungsmittel *n* / floculant *m*
flocculant / Flockungsmittel *n* / floculant *m*
flocculate / flocken, ausflocken / floculer, coaguler

flocculation / Flockung f, Ausflocken n, Koagulation f / floculation f, coagulation f
floc filtration / Flockungsfiltration f / filtration f avec coagulation
flood / Hochwasser n / crue f, hautes eaux fpl
floor / Boden m, Sohle f / plancher m, fond m, radier m
flotation / Flotation f, Schwimmaufbereitung f / flottation f
flow / Durchfluß m / débit m, passage m
— / Strömung f / courant m
— / fließen / couler
— / Abfluß m / écoulement m
flow duration curve / Abfluß-Dauerlinie f / courbe f de débits classés
flow meter / Durchflußmesser m, Rotameter m / débitmètre m
flow out / abfließen, ergießen / écouler (s')
flow sheet / Fließbild n / schéma m de circulation
flow time / Durchflußzeit f (Leitung) / durée f de transport
fluctuation / Schwankung f, Oszillation f / oscillation f, variation f, fluctuation f
flue dust / Flugasche f, Flugstaub m / cendres fpl volantes
flue gas / Rauchgas n / gaz m de fumée
fluid / flüssig / liquide, fluide
— / Flüssigkeit f / fluide m, liqueur f
fluidized bed / Fließbett n / lit m fluidifié
flume / Gerinne n / caniveau m, rigole f, canal m
fluorescein / Fluorescein n / fluorescéine f
fluorescence / Fluoreszenz f / fluorescence f
fluoridation / Fluoridierung f / fluoration f
fluoride / Fluorid n / fluorure m
fluorine / Fluor n / fluor m
fluosilicic acid / Kieselfluorwasserstoff m / acide m fluosilicique
flush / spülen / rincer
flushing / Spülung f / chasse f, rinçage m, lavage m
fly / Fliege f / mouche f
fly ash / Flugasche f, Flugstaub m / cendres fpl volantes
foam / Schaum m / écume f
— / schäumen / mousser
fog / Nebel m / brouillard m
folded filter / Faltenfilter m / filtre m à plis
food industry / Nahrungsmittelindustrie f / industrie f alimentaire
force / Stärke f / puissance f, intensité f
force of attraction / Anziehungskraft f / force f d'attraction
forecast / Vorhersage f / prévision f
formic acid / Ameisensäure f / acide m formique
foul / faul, faulig / pourri, putride
fouling capacity / Verstopfungsvermögen n / indice m de colmatage, pouvoir m colmatant
foundry / Gießerei f / fonderie f
fountain / Springbrunnen m / fontaine f
fowl / Geflügel n / volaille f
free / frei / libre
free chlorine / freies Chlor n / chlore m libre

freeze / frieren / geler
freeze drying / Gefriertrocknung f / lyophilisation f
freezing point / Gefrierpunkt m / point m de congélation
frequency distribution / Häufigkeitsverteilung f / distribution f des fréquences
fresh water / Süßwasser n / eau f douce
friable / bröckelig, brüchig / friable
friction / Reibung f / friction f, frottement m
frictional loss / Reibungsverlust m / perte f par friction
frost / Frost m / gelée f, gel m
froth / Schaum m / écume f
fuel / Brennstoff m, Treibstoff m / combustible m
— (motor-) / Kraftstoff m / carburant m
fuel oil / Heizöl n / mazout m
full / voll / plein
full-scale test / Großversuch m / essai m à grande échelle
fume cupboard / Abzug m / hotte f aspirante
fumes pl / Dämpfe mpl / fumées fpl, vapeurs fpl
fungus / Pilz m / champignon m
funnel / Trichter m / entonnoir m

gage → gauge
gaging station → gauge station
galvanize / verzinken / zinguer
— / galvanisieren / galvaniser
garbage / Abfälle mpl / déchets mpl, résidus mpl
— (USA) / Küchenabfall m / déchets mpl de cuisine
garbage grinder / Küchenabfallzerkleinerer m / broyeur m d'ordures, dilacérateur m
gas / Gas n / gaz m
gas chromatography GC / Gaschromatographie f / chromatographie f en phase gazeuse
gas collection / Gasgewinnung f / récupération f du gaz
gaseous / gasförmig / gazeux
gaseous phase / Gaszustand m, Gasphase f / état m gazeux
gas expeller / Entgaser m / dégazeur m
gasify / vergasen / gazéfier
gasoline (USA) / Benzin n / essence f (de pétrole)
gas tight / gasdicht / étanche aux gaz
gather / sammeln, ansammeln / amasser (s'), accumuler, collecter
gathering / Sammlung f, Ansammlung f / collecte f
gauge / eichen / jauger, étalonner, calibrer
— / messen / mesurer
— / Meßinstrument n / instrument m de mesure
— (Techn) / messen / jauger
gauging / Messung f / mensuration f, mesure f
gauge station / Meßstelle f / point m de mesure, station f de jaugeage
gauze / Gaze f / gaze f
GC → gas chromatography
gelatine / Gelatine f / gélatine f
gelatinous / gelatinös, gallertartig / gélatineux

general mean   **ground**

general mean / Gesamtmittelwert *m* / moyenne *f* générale
generator / Generator *m* / générateur *m*
geology / Geologie *f* / géologie *f*
germ / Keim *m* / germe *m*
germicidal / keimtötend, bakterizid / bactéricide
germinate / keimen / germer
glacier / Gletscher *m* / glacier *m*
glass / Glas *n* / verre *m*
glass electrode / Glaselektrode *f* / électrode *f* à membrane de verre
glass factory / Glashütte *f* / verrerie *f*
glass fiber / Glasfaser *f* / fibre *f* de verre
glass fiber filter / Glasfaserfilter *m* / filtre *m* en fibre de verre
glass frit / Glasfritte *f* / verre *m* fritté
glas-stoppered bottle / Schliffstopfenflasche *f* / flacon *m* bouché à l'émeri
glassware / Glasgeräte *npl* / verrerie *f*
glass wool / Glaswolle *f* / laine *f* de verre
glassy phosphate / Hexametaphosphat *n* / hexamétaphosphate *m*
glucose / Traubenzucker *m*, Glukose *f* / glucose *m*
glue / Leim *m* / colle *f*
goiter / Kropf *m* / goitre *m*
grab sample / Stichprobe *f* / échantillon *m* ponctuel
graduated cylinder / Meßzylinder *m* / éprouvette *f* graduée
graduated flask / Meßkolben *m* / ballon *m* jaugé
graduated pipet / Meßpipette *f* / pipette *f* graduée
graduation / Skala *f*, Gradierung *f* / graduation *f*, gamme *f*
— (Chem) / Maßstab *m* / graduation *f*
grain / Korn *n*, Faser *f* / grain *m*, fibre *f* ligneuse
grain size range / Korngrößenbereich *m* / classe *f* granulométrique
granular / körnig / granuleux, grenue
granulated activated carbon / Aktivkohlegranulat *n* / charbon *m* actif en grains
graph / Diagramm *n* / diagramme *m*
graphite / Graphit *m* / graphite *m*, plombagine *f*
grating / Rost *m*, Gitter *n* / grille *f*
gravel / Kies *m* / gravier *m*
gravel filter / Kiesfilter *m* / filtre *m* de gravier
gravel pit / Kiesgrube *f* / ballastière *f*, gravière *f*
gravimetric analysis / Gewichtsanalyse *f*, Gravimetrie *f* / analyse *f* gravimétrique
gravity / Schwerkraft *f* / gravitation *f*, pesanteur *f*
gravity separator / Schwerkraftabscheider *m* / séparateur *m* gravitaire
grease / Fett *n* / graisse *f*
grease removal / Entfettung *f* / dégraissage *m*
grease separator / Fettabscheider *m* / dégraisseur *m*, bac *m* à graisse
grease trap / Fettabscheider *m* / dégraisseur *m*, bac *m* à graisse
grid / Gitter *n* / treillis *m*
grill / Rost *m*, Gitter *n* / grille *f*
grit / Sand *m*, Kies *m* / sable *m*
grit chamber / Sandfang *m* / bassin *m* de dessablement, dessableur *m*
ground / Boden *m*, Erdboden *m*, Erdreich *n* / sol *m*

ground   **hexametaphosphate**

ground glass joint (Chem) / Schliffverbindung *f* / raccord *m* à rodage *f*
ground water / Grundwasser *n* / eau *f* souterraine
ground-water recharge / Grundwasseranreicherung *f* / réalimentation *f* des nappes souterraines
ground-water table / Grundwasseroberfläche *f* / surface *f* libre de la nappe
groundwood / Holzschliff *m*, Holzstoff *m* / pâte *f* de bois, pâte *f* mécanique
grouting / Einpressung *f*, Injektion *f* (von Zement) / injection *f*
growth / Vermehrung *f*, Zuwachs *m* / accroissement *m*
— / Wachstum *n* / croissance *f*
gully / Sinkkasten *m*, Gully *m*, Straßeneinlauf *m* / siphon *m* de décantation, bouche *f* d'égout
gypsum / Gips *m* / plâtre *m*

hail / Hagel *m* / grêle *f*, grésil *m*
hair / Haar *n* / cheveu *m*
hair crack / Haarriß *m* / fissure *f* capillaire
half / Hälfte *f* / moitié *f*
half-calcined dolomite / halbgebrannter Dolomit *m* / dolomie *f* demi-calcinée
half-life / Halbwertszeit *f* / demi-vie *f*
haloforms / Haloforme *fpl* / halogénoforme
halogen / Halogen *n* / halogène *m*
harbor / Hafen *m* / port *m*
hardening / Verhärtung *f*, Härtung *f* / induration *f*, durcissement *m*
— (Hydrol) / Aufhärtung *f* / endurcissement *m*
hardening salts / Härtesalze *npl* / sels *mpl* durcissants
hardness / Härte *f* / dureté *f*
hard water / hartes Wasser *n* / eau *f* dure
harmless / unschädlich / inoffensif
head / Druck *m* / poussée *f*, pression *f*, compression *f*
health / Gesundheit *f* / santé *f*
heat / heizen, beheizen / chauffer
— / Wärme *f*, Hitze *f* / chaleur *f*
heat drying / Heißtrocknung *f* / séchage *m* thermique
heated digester / geheizter Faulraum *m* / digesteur *m* chauffé
heat exchanger / Wärmeaustauscher *m* / échangeur *m* de chaleur
heating / Heizung *f*, Beheizung *f* / chauffage *m*
heating power station / Heizkraftwerk *n* / centrale *f* thermique
heat loving / wärmeliebend, thermophil / thermophile
heavy / schwer / lourd
heavy metal / Schwermetall *n* / métal *m* lourd
heavy oil / Schweröl *n* / huile *f* lourde
hemicellulose / Hemicellulose *f* / hémicellulose *f*
hemp / Hanf *m* / chanvre *m*
herbicide / Unkrautbekämpfungsmittel *n*, Herbizid *n* / herbicide *m*
heterotroph / heterotroph / hétérotrophe
hexachlore cyclohexane / Hexachlorcyclohexan *n* / hexachlorocyclohexane *m*
hexachlorobenzene / Hexachlorbenzol *n* / hexachlorobenzène *m*
hexametaphosphate / Hexametaphosphat *n* / hexamétaphosphate *m*

hexane / Hexan *n* / hexane *m*
hide / Haut *f*, Fell *n* / derme *m*, peau *f*
high load / hohe Belastung *f* / forte charge *f*
highly loaded / hochbelastet / fortement chargé
high performance liquid chromatography HPLC / Hochdruck-Flüssigkeits-Chromatographie *f* / chromatographie *f* en phase liquide sur colonne à haute performance
high point / Hochpunkt *m* (einer Leitung) / point *m* haut
high-pressure steam / Hochdruckdampf *m* / vapeur *f* à haute pression
high rate filter / Hochlasttropfkörper *m* / filtre *m* à haut débit
high water / Hochwasser *n* / crue *f*, hautes eaux *fpl*
holding pond for fish / Hälterungsbecken *n* für Fische / bac *m* d'attente à poissons
hole / Loch *n* / trou *m*
hollow cathode lamp / Hohlkathodenlampe *f* / lampe *f* à cathode creuse
homgeneous / homogen, gleichartig / homogène
homogenity / Homogenität *f* / homogénéité *f*
homogenize / mischen, vermischen, homogenisieren / mêler, mélanger, homogénéiser
hood (Techn) / Abzug *m* / hotte *f* aspirante
hopper / Trichter *m* / entonnoir *m*
hopper-bottomed tank / Trichterbecken *n* / bassin *m* à fond conique
hop press liquor / Hopfenpreßwasser *n* / eau *f* de presse du houblon
horizontal / waagerecht, horizontal / horizontal
horizontal well / Horizontalbrunnen *m* / puits *m* horizontal
horse power HP / Pferdestärke *f* / cheval-vapeur *m*
hose / Schlauch *m* / tuyau *m* souple
hospital / Krankenhaus *n* / hôpital *m*
host / Wirt *m* / hôte *m*
hot / warm, heiß / chaud
hot spring / Thermalquelle *f* / source *f* thermale
house connection / Hausanschluß *m*, Hauszuleitung *f* / branchement *m* d'abonné, raccordement *m*
house drainage / Hausentwässerung *f* / drainage *m* domestique, égout *m* domestique
household waste water / häusliches Abwasser *n* / eaux *fpl* usées domestiques, eaux *fpl* usées ménagères
HP → horse power
HPLC → high performance liquid chromatography
humic acid / Huminsäure *f* / acide *m* humique
humid / feucht / humide
— / naß / mouillé
humidity / Feuchte *f*, Feuchtigkeit *f* / humidité *f*
humus / Humus *m* / humus *m*
— (sludge) / Tropfkörperschlamm *m* / boue *f* humique
hydrate / Hydrat *n* / hydrate *m*
hydrated lime / Kalkhydrat *n*, Calciumhydroxid *n*, gelöschter Kalk *m* / chaux *f* hydratée, chaux *f* éteinte
hydrazine / Hydrazin *n* / hydrazine *f*
hydrobiology / Hydrobiologie *f* / hydrobiologie *f*
hydrocarbon / Kohlenwasserstoff *m* / hydrocarbure *m*

hydrocarbons   **impurity**

hydrocarbons → polynuclear aromatic hydrocarbons
  — → chlorinated hydrocarbons
  — → low volatile hydrocarbons
  — → non polar hydrocarbons
hydrochloric acid / Salzsäure *f*, Chlorwasserstoffsäure *f*/ acide *m* chlorhydrique
hydrocyanic acid / Cyanwasserstoff *m*, Blausäure *f*/ acide *m* cyanhydrique, acide *m* prussique
hydroelectric power plant / Wasserkraftwerk *n*/ usine *f* hydroélectrique
hydrofluoric acid / Flußsäure *f*, Fluorwasserstoffsäure *f*/ acide *m* fluorhydrique
hydrogen / Wasserstoff *m*/ hydrogène *m*
hydrogenation / Hydrierung *f*/ hydrogénation *f*
hydrogen carbonate / Hydrogencarbonat *n*, Bicarbonat *n*/ bicarbonate *m*, hydrogènecarbonate *m*
hydrogen cyanide / Cyanwasserstoff *m*, Blausäure *f*/ acide *m* cyanhydrique, acide *m* prussique
hydrogen peroxide / Wasserstoffperoxid *n*/ peroxyde *m* d'hydrogène
hydrogen sulfide / Schwefelwasserstoff *m*/ hydrogène *m* sulfuré
hydrolysis / Hydrolyse *f*/ hydrolyse *f*
hydrolizable / hydrolysierbar / hydrolysable
hydrophilic / wasseranziehend, hygroskopisch, hydrophil / hygroscopique, hydrophile
hydrophobic / wasserabweisend, hydrophob / hydrophobe
hydrous / kristallwasserhaltig / hydraté
hydroxide / Hydroxid *n*/ hydroxyde *m*
hygienic / hygienisch / hygiénique
hygroscopic / wasseranziehend, hygroskopisch, hydrophil / hygroscopique, hydrophile
hypochlorite / Hypochlorit *n*/ hypochlorite *m*
hypochlorous acid / unterchlorige Säure *f*/ acide *m* hypochloreux
hypolimnion / Hypolimnion *n*/ hypolimnion *m*

ice / Eis *n*/ glace *f*
ice box / Kühlschrank *m*, Eisschrank *m*/ réfrigérateur *m*, glacière *f*
idling / Leerlauf *m*/ marche *f* à vide
ignite / entflammen, entzünden / allumer (s'), enflammer (s')
  — (Chem) / glühen / calciner
ignition point / Zündpunkt *m*/ point *m* d'éclair, point *m* d'allumage
Imhoff cone / Absetzglas *n*, Sedimentierglas *n*, Imhoffglas *n*/ éprouvette *f* conique graduée, éprouvette *f* de décantation, cône *m* Imhoff à sédimentation
Imhoff tank / Emscherbecken *n* / fosse *f* Emscher, fosse *f* Imhoff
immersion heater / Tauchsieder *m*/ thermoplongeur *m*
immiscible / unmischbar / non-miscible
impact / Stoß *m*, Aufprallen *n*/ choc *m*, coup *m*
impermeable / undurchlässig / imperméable
impervious / undurchlässig / imperméable
impounded lake / Stausee *m*, Talsperre *f*/ lac *m* de barrage, reservoir *m* de retenue
impregnate / imprägnieren, tränken (Chem) / imprégner
impulse / Impuls *m* / impulsion *f*
impure / unrein / impur
impurity / Fremdstoff *m*, Verschmutzung *f*, Verunreinigung *f*/ impureté *f*, souillure *f*, pollution *f*

101

in batches   inhibition

in batches / stoßweise (diskontinuierlich) / intermittent, périodique, par coups
incinerate / verbrennen / incinérer, brûler
incineration (Chem) / Verbrennung f, Veraschung f / incinération f, combustion f
incinerator / Verbrennungsofen m / four m d'incinération
inclined / geneigt, schräg / incliné, penché, biais
increase / Vermehrung f, Zuwachs m, Zunahme f, Vergrößerung f / augmentation f, accroissement m
incrust / verkrusten / incruster, entartrer
incrustation / Verkrustung f, Inkrustation f / entartrage m, incrustation f
— (cettle) / Kesselstein m / tartre m
incubate / bebrüten / couver
incubation / Bebrütung f / incubation f
incubation bottle / Sauerstoffflasche f / flacon m d'incubation
incubator / Brutschrank m / couveuse f, incubateur m
indicator / Indikator m, Anzeiger m / indicateur m
indicator organism (Biol) / Leitorganismus m / organisme m indicateur
indigenous / eingeboren / indigène
indirect cooler / Oberflächenkühler m / réfrigérant m superficiel
indirect cooling / indirekte Kühlung f / refroidissement m indirect
individual sewage treatment plant / Hauskläranlage f, Kleinkläranlage f / installation f d'épuration domestique
individual value / Einzelwert m / valeur f individuelle
indoor swimming pool / Hallenbad n / piscine f couverte
induration / Verhärtung f, Härtung f / induration f, durcissement m
industrial hygiene / Gewerbehygiene f / hygiène f industrielle
industrial sludge / gewerblicher Schlamm m / boue f industrielle
industrial wastes / gewerbliches Abwasser n, Industrieabwasser n / eaux fpl résiduaires industrielles
industrial water / Wasser n für industriellen Gebrauch, Betriebswasser n, Fabrikationswasser n, Prozeßwasser n / eau f d'usage industriel, eau f de procédés
inertia (Phys) / Trägheit f / inertie f
inertness (Chem) / Trägheit f / inactivité f
infection / Ansteckung f, Infektion f / infection f, contagion f
infectious / ansteckend, infektiös / transmissible, contagieux
infiltrate / einsickern, durchsickern, versickern / infiltrer (s'), suinter
infiltration / Durchsickerung f, Sickerung f / infiltration f, percolation f
infirmary / Krankenhaus n / hôpital m
inflame / entflammen, entzünden / allumer (s'), enflammer (s')
inflammable / brennbar, entzündbar / combustible, inflammable
influence / Einfluß m, Einwirkung f / influence f
influent (Hydrol) / Einleitung f, Zufuhr f / introduction f, adduction f
influx (Hydrol) / Einleitung f, Zufuhr f / introduction f, adduction f
infra-red IR / Infrarot n / infrarouge m
ingestion (Biol) / Aufnahme f / ingestion f, réception f
inhabitant / Einwohner m / habitant m
inhibiting action / Hemmwirkung f / effet m inhibiteur, activité f inhibitrice
inhibiting growth / wachstumshemmend / retardant la croissance
inhibition / Hemmung f / inhibition f

inhibitor / Hemmstoff *m* / inhibiteur *m*
inhibitory / angriffsverhütend / inhibitoire
initial chlorine demand / Chlorbedarf *m*, Chlorzehrung *f* / demande *f* en chlore
initial content / Anfangsgehalt *m* / teneur *f* initiale
injection / Einpressung *f*, Injektion *f* (von Zement) / injection *f*
injection well / Schluckbrunnen *m*, Versenkbrunnen *m* / puits *m* absorbant, puits *m* d'injection
injurious / schädlich / nocif, nuisible
inland lake / Binnensee *m* / lac *m* intérieur
innocuous / unschädlich / inoffensif
innocuousness / Unschädlichkeit *f* / innocuité *f*
inoculate / impfen, animpfen / inoculer, ensemencer
inoculation / Impfung *f* / inoculation *f*, ensemencement *m*
inorganic carbon / anorganischer Kohlenstoff *m* / carbone *m* inorganique
inorganic matter / mineralische Stoffe *mpl* / matières *fpl* minérales
insignificant / unbedeutend / insignifiant, futile, négligeable
insoluble / unlöslich / indissoluble, insoluble
insulate (Elekt) / isolieren / isoler
insulation (Elekt) / Isolation *f*, Isolierung *f* / isolation *f*
intake (Biol) / Aufnahme *f* / ingestion *f*, réception *f*
intake basin / Einlaufbecken *n* / bassin *m* de puise
intensify / verstärken / augmenter, renforcer
interceptor (Abw) / Hauptsammler *m*, Stammsiel *n* / collecteur *m* principal
interface / Grenzschicht *f* / couche *f* limite, interface *f*
interfere / stören / déranger
interference / Störung *f* / interférence *f*, perturbation *f*
interlaboratory trial / Ringversuch *m* / intercalibration *f*
intermittent / intermittierend / intermittent
— / stoßweise (diskontinuierlich) / intermittent, périodique, par coups
intermittent chlorination / Stoßchlorung *f* / chloration *f* intermittente
intermittent operation / diskontinuierlicher Betrieb *m*, Chargenbetrieb *m*, unterbrochener Betrieb *m* / marche *f* intermittente, opération *f* par cuvées
internal standard / innerer Standard *m* / étalon *m* interne
interruption / Unterbrechung *f* / interruption *f*
interstitial water / Hohlraumwasser *n*, Porenwasser *n* / eau *f* interstitielle
intestine / Darm *m* / intestin *m*, boyau *m*
introduce (Abw) / einleiten / rejeter
introduction (Abw) / Einleiten *n* / décharge *f*
investigate / untersuchen / examiner
investigation / Prüfung *f*, Untersuchung *f* / examen *m*, vérification *f*
iodine / Iod *n* / iode *m*
ion / Ion *n* / ion *m*
ion exchanger / Ionenaustauscher *m* / échangeur *m* d'ions
ion exchange resin / Ionenaustauscherharz *n* / résine *f* échangeuse d'ions
ionic exchange / Ionenaustausch *m* / échange *m* d'ions
ionic strength / Ionenstärke *f* / force *f* ionique
ionization / Ionisation *f* / ionisation *f*
ion-specific electrode / ionensensitive Elektrode *f* / électrode *f* ionique sélective

IR — infra-red
iron / Eisen *n* / fer *m*
iron bacteria / Eisenbakterien *fpl* / bactéries *fpl* ferrugineuses
iron ore / Eisenerz *n* / minerai *m* de fer
iron removal / Enteisenung *f* / déferrisation *f*
iron works / Hüttenwerk *n* / usine *f* métallurgique
irradiation / Strahlung *f*, Ausstrahlung *f*, Bestrahlung *f* / irradiation *f*, radiation *f*, rayonnement *m*
irrigate / verrieseln, berieseln, bewässern / irriguer
irrigation / Bewässerung *f* / irrigation *f*, arrosage *m*
irrigation field / Rieselfeld *n* / champ *m* d'irrigation, champ *m* d'épandage
irrigator / Rieseler *m* / percolateur *m*
isokinetic sampling / isokinetische Probenahme *f* / échantillonnage *m* isocinétique
isolate / isolieren, abtrennen / isoler, séparer
isolation (Chem) / Isolation *f*, Isolierung *f* / isolation *f*
isotope / Isotop *n* / isotope *m*

jet / Strahl *m* / jet *m*
jet condenser / Einspritzkondensator *m* / condenseur *m* à jet, condenseur *m* par injection
join (Techn) / verbinden / lier, joindre
jurassic (Geol) / Jura *m* / jurassique *m*
jurassic limestone / Jurakalk *m* / calcaire *m* jurassique
juvenile / juvenil / juvénile

kernel / Kern *m* / noyau *m*
Kessener revolving brush / Kessenerbürste *f*, Walzenbürste *f* / brosse *f* Kessener, brosse *f* rotative
kieselgur / Kieselgur *f* / terre *f* à diatomées
kinetic / kinetisch / cinétique
Kjeldahl nitrogen / Kjeldahl-Stickstoff *m* / azote *m* Kjeldahl
kraft pulp / Sulfatzellstoff *m* / pâte *f* à la soude, pâte *f* au sulfate

laboratory / Laboratorium *n* / laboratoire *m*
lack / Mangel *m* / manque *m*
lacquer / Lack *m* / laque *f*
lactic acid / Milchsäure *f* / acide *m* lactique
lactose / Milchzucker *m*, Laktose *f* / lactose *m*, sucre *m* de lait
ladder / Leiter *f* / échelle *f*
lagoon / Teich *m*, Weiher *m* / étang *m*
— (coastal) / Lagune *f* / lagune *f*
— (Abw) / Abwasserteich *m*, Stabilisierungsteich *m* / lagune *f*, étang *m* de stabilisation
lag time / Verzögerungszeit *f* / temps *m* de réponse
lake / See *m* / lac *m*
— → reservoir
lake bloom (Biol) / Wasserblüte *f* / fleurs *fpl* d'eau
lake marl / Seekreide *f* / calcaire *m* lacustre

laminar / laminar / laminaire
land subsidence / Erdsenkung f / affaissement m de terrain
large bubble aeration / grobblasige Belüftung f / aération f par grosses bulles
large cattle / Großvieh n / gros bétail m
LAS → linear alkylbenzene sulfonate
lather / Schaum m / écume f
latrine / Klosett n, Abort m, Toilette f / cabinet m, lieux mpl d'aisances
lattice / Gitter n / treillis m
laundry / Waschanstalt f, Wäscherei f / laverie f, buanderie f
lava / Lava f / lave f
lava slag / Lavaschlacke f / scorie f de lave
lavatory / Klosett n, Abort m, Toilette f / cabinet m, lieux mpl d'aisances
law of mass action / Massenwirkungsgesetz n / loi f d'action de masse
layer (Geol) / Schicht f, Bett n / couche f, strate f
leach / auslaugen (Schlamm -) / lixivier, lessiver
— / einsickern, durchsickern, versickern / infiltrer (s'), suinter
leachability / Eluierbarkeit f / lessivage m
leaching (of sludge) / Auslaugung f, Eluierung f / lessivage m, lixiviation f
lead / Blei n / plomb m
lead lined / verbleit / plombé
leak / Leck n / fuite f
leakage / Leckverlust m, Schlupf m / perte f de fuite
— (of water) / Sickerverlust m / perte f par infiltration, coulage m
leaky / undicht / non-étanche
leather / Leder n / cuir m
lethal concentration / Letalkonzentration f / concentration f létale
lethal dose LD / Letaldosis f, tödliche Dosis f / dose f létale
life time / Lebensdauer f / durée f de vie
lift / heben / refouler, lever, soulever
light fuel oil / leichtes Heizöl n / fuel m léger
light metal / Leichtmetall n / métal m léger
light scattering / Lichtstreuung f / dispersion f de la lumière
lignite / Braunkohle f / lignite m, houille f brune
lignite coking plant / Braunkohlenschwelanlage f / usine f à distillation de lignite
lime / Kalk m / chaux f
lime slaker / Kalklöscher m / extincteur m de chaux
lime slurry / Kalkmilch f / lait m de chaux
lime soda process / Kalk-Soda-Verfahren n / procédé m chaux-soude
limestone / Kalkstein m / calcaire m
lime treatment / Kalkung f / chaulage m
lime water / Kalkwasser f / eau f de chaux
limit of determination / Bestimmungsgrenze f / limite f de détermination
limpid / durchsichtig, klar / transparent, clair, limpide
line / Leitung f / conduite f (d'eau usée), canalisation f (d'eau potable)
linear / gradkettig, linear / linéaire
linear alkylbenzene sulfonate LAS / lineares Alkylbenzolsulfonat n / alkylbenzène sulfonate m linéaire
line source / Linienstrahler m / source f à spectre de raie

lining / Überzug m, Beschichtung f / revêtement m
lipophilic / lipophil / lipophile
liquefied petroleum gas LPG / Flüssiggas n / gaz m liquide
liquefy / verflüssigen / liquéfier
liquid / flüssig / liquide, fluide
— / Flüssigkeit f / fluide m, liqueur f
liquid chromatography / Flüssigkeits-Chromatographie f / chromatographie f en phase liquide
liquid manure / Jauche f, Gülle f / purin m
liquid supernatant / überstehende Lösung f / liquide m surnageant
liquor / Flüssigkeit f / fluide m, liqueur f
— (Techn) / Lauge f / lessive f
liquor → mixed liquor
liter / Liter n / litre m
litmus (Chem) / Lackmus m / tournesol m
littoral zone / Uferbereich m / zone f littorale
lixiviate / auslaugen (Schlamm -) / lixivier, lessiver
load / belasten / charger
— (Hydrol) / Fracht f, Belastung f / charge f
loam / Lehm m, Schlick m / limon m
loamy soil / Lehmboden m / terre f limoneuse
local cell / Lokalelement n / couple m local
local survey / Ortsbesichtigung f / visite f des lieux, inspection f locale
lock / Schleuse f / écluse f
— / verschließen / fermer
— / Verschluß m / fermeture f
longevity / Langlebigkeit f / longévité f
longitudinal profile / Längsprofil n / profil m en long
loosening (of the soil) / Auflockerung f / ameublissement m
loss / Verlust m / perte f
— (of a liquid) / Leckverlust m, Schlupf m / perte f de fuite
loss of head / Druckverlust m / perte f de charge
loss of weight / Gewichtsverlust m / perte f de poids
loss on ignition / Glühverlust m / matières fpl volatiles, perte f au feu
low / niedrig / bas
lowering / Erniedrigung f, Verminderung f / abaissement m
lower limit of detection / Erfassungsgrenze f (untere -), Nachweisgrenze f / limite f de dosage
lowest point / Tiefpunkt m / point m bas
low load / niedrige Belastung f / faible charge f
low pressure / Niederdruck m / pression f basse
— / Unterdruck m / sous-pression f
low temperature carbonization / Schwelung f / distillation f à basse température
low tide / Ebbe f / marée f basse
low volatile / leichtflüchtig / volatil
low volatile hydrocarbons / leichtflüchtige Kohlenwasserstoffe mpl / hydrocarbures mpl volatils
low water (Hydrol) / Niedrigwasser n / débit m d'étiage, basses eaux fpl

LPG → liquefied petroleum gas
lubricant / Schmiermittel *n* / lubrifiant *m*
lubrication / Schmierung *f* / lubrification *f*, graissage *m*
lye / Lauge *f* / lessive *f*

macerate / einweichen, weichen / ramollir, amollir (s'), tremper
macroporous / makroporös / macroporeux
magnesia / Magnesia *f*, Magnesiumoxid *n* / magnésie *f*
magnesium / Magnesium *n* / magnésium *m*
magnetic field / magnetisches Feld *n* / champ *m* magnétique
magnetic stirrer / Magnetrührer *m* / agitateur *m* magnétique
magnetic stirrer rod (bar) / Magnetrührstab *m* / barreau *m* aimanté
magno / Magnomaterial *n* / magno *m*
main collector (Abw) / Hauptsammler *m*, Stammsiel *n* / collecteur *m* principal
maintenance / Unterhaltung *f*, Instandhaltung *f* / entretien *m*
malt house / Mälzerei *f*, Malzfabrik *f* / malterie *f*
management / Bewirtschaftung *f* / aménagement *m*, exploitation *f*, gestion *f*
manganese / Mangan *n* / manganèse *m*
manganese dioxide / Braunstein *m*, Mangandioxid *n* / dioxyde *m* de manganèse
manganese removal / Entmanganung *f* / démanganisation *f*
manhole / Mannloch *n* / trou *m* d'homme
manure / Stallmist *m*, Mist *m* / fumier *m*
marble / Marmor *m* / marbre *m*
marble test for water stability / Kalklösungsvermögen *n*, Marmorlösungsversuch *m* / essai *m* au marbre
marl / Mergel *m* / marne *f*
mash / Maische *f* / trempe *f*
mask / maskieren / masquer
mass / Masse *f* / masse *f*
mass concentration / Massenkonzentration *f* / masse *f* volumique
matter / Stoff *m*, Substanz *f* / substance *f*, matière *f*
maturation pond / Schönungsteich *m* / bassin *m* de maturation
maturing / Reifen *n* / maturation *f*
maximal / höchst-, maximal / maximal
maximal tolerated dosis per day MTD / maximal tolerierte tägliche Dosis *f* / dose *f* maximale quotidienne tolérée
maximum / größte / maximum
— → maximal
maximum load / Spitzenbelastung *f*, Spitzenlast *f* / charge *f* maximale
mean / Mittelwert *m*, Durchschnittswert *m* / valeur *f* moyenne
— (Math) / Mittel *n* / moyenne *f* simple
mean water (Hydrol) / Mittelwasser *n* / eaux *fpl* moyennes
measure / messen / mesurer
measurement / Messung *f* / mensuration *f*, mesure *f*
measuring duct / Meßgerinne *n* / canal *m* de mesure, canal *m* de jaugeage
measuring flume / Meßgerinne *n* / canal *m* de mesure, canal *m* de jaugeage
measuring instrument / Meßinstrument *n* / instrument *m* de mesure
measuring range / Meßbereich *m* / champ *m* de mesure, étendue *f* de dosage

measuring   mineral

measuring weir / Meßwehr *n* / déversoir *m* de jaugeage
meat extract / Fleischextrakt *m* / extrait *m* de viande
mechanical pulp / Holzschliff *m*, Holzstoff *m* / pâte *f* de bois, pâte *f* mécanique
median / Medianwert *m*, Zentralwert *m* / médiane *f*
medium / Medium *n* / médium *m*
melt / tauen, auftauen, schmelzen / dégeler
— / Schmelze *f* / fusion *f*
melting point / Schmelzpunkt *m* / point *m* de fusion
membrane / Membrane *f* / membrane *f*
mercury / Quecksilber *n* / mercure *m*
mesh / Masche *f* / maille *f*
mesophilic / mesophil / mésophile
mesosaprobic (Biol) / mesosaprob / mésosaprobe
metabolism / Stoffwechsel *m*, Nahrungsumsatz *m* / métabolisme *m*
metal / Metall *n* / métal *m*
metalimnion (Limnol) / Sprungschicht *f*, Metalimnion *n* / thermocline *f*, métalimnion *m*, couche *f* du saut thermique
metallic / metallisch / métallique
metallurgical plant / Hüttenwerk *n* / usine *f* métallurgique
metal vapour lamp / Metalldampflampe *f* / lampe *f* à vapeur métallique
meter / Meßinstrument *n* / instrument *m* de mesure
— / Zähler *m* / compteur *m*
metering / Messung *f* / mensuration *f*, mesure *f*
methane / Methan *n* / méthane *m*
methane collection / Methangewinnung *f* / récupération *f* du méthane
method / Verfahren *n*, Methode *f* / procédé *m*, méthode *f*
methylene blue / Methylenblau *n* / bleu *m* de méthylène
methyleneblue active substance / Methylenblau-aktive Substanz *f* / composé *m* réactif au bleu de méthylène
methylene blue test / Bestimmung *f* der Haltbarkeit, Bestimmung *f* der Fäulnisfähigkeit, Methylenblau-Test *m* / test *m* de stabilité
methyl orange / Methylorange *n* / méthylorange *m*
mg/L → milligrams *pl* per liter
microbiology / Mikrobiologie *f* / microbiologie *f*
micronutrient / Spurenelement *n* / oligo-élément *m*
microorganism / Mikroorganismus *m*, Kleinlebewesen *n* / microorganisme *m*
micro-strainer / Feinsieb *n*, Mikrosieb *n* / microtamis *m*
migration / Wanderung *f* / migration *f*
milk of lime / Kalkmilch *f* / lait *m* de chaux
mill / Werk *n* / installation *f*, établissement *m*
— / Fabrik *f* / usine *f*, fabrique *f*, exploitation *f* industrielle
— / Mühle *f* / moulin *m*
milligrams *pl* **per liter mg/L ppm** / Milligramm/Liter / milligrammes *mpl* par litre
mill scale / Walzhaut *f*, Zunder *m* / couche *f* oxydée de laminage
mine pit / Bergwerk *n*, Grube *f* / mine *f*, minière *f*
mineral / mineralisch / minéral
— / Mineral *n* / minéral *m*
mineral bath / Heilbad *n* / station *f* thermale

mineralization / Mineralisierung f/ minéralisation f
mineral oil / Mineralöl n, Erdöl n / huile f minérale, naphte m brut
mineral substances pl / mineralische Stoffe mpl / matières fpl minérales
mineral water / Mineralwasser n / eau f minérale
mine water / Grubenwasser n / effluent m minier
mining / Bergbau m / exploitation f des mines
miscible / mischbar / miscible, alliable
mist / Dunst m, Nebel m / brume f
mix / mischen, vermischen, homogenisieren / mêler, mélanger, homogénéiser
— / Mischung f/ mélange m
mixed bed / Mischbett n / lit m mélangé
mixed liquor ML / Belebtschlammgemisch n (im Belüftungsbecken) / liqueur f mixte
mixed media filter / Mehrstoffilter m / filtre m à lits mélangés
mixer / Mischer m / mélangeur m
mixing basin / Mischbecken n / bassin m d'homogénéisation
mixing rate / Mischverhältnis n / relation f de mélange, rapport m de mélange
mixture / Mischung f/ mélange m
ML → mixed liquor
mobile / beweglich / mobile
mobility / Mobilität f, Beweglichkeit f/ mobilité f
mode (statistics) / häufigster Wert m / mode m
moist / feucht / humide
moisten / anfeuchten, befeuchten / humidifier
moisture / Feuchte f, Feuchtigkeit f/ humidité f
moisture content / Wassergehalt m / teneur f en eau
molasses / Melasse f/ mélasse f
mold / Schimmel(pilz) m / moisissure f
molecular volume / Molvolumen n / volume m moléculaire
molecular weight / molekulare Masse f/ poids m moléculaire
molecule / Molekül n / molécule f
monitoring / Meßprogramm n / programme m de contrôle
— / Überwachungsmessung f/ contrôle m continu
monomolecular film / monomolekularer Film m / couche f monomoléculaire, pellicule f monomoléculaire
monothalamous / einzellig / unicellulaire
monovalent (Chem) / einwertig / monovalent
moory / moorig, sumpfig / marécageux, bourbeux
moraine / Moräne f/ moraine f
morass / Morast m / bourbe f
mortality / Sterblichkeit f/ mortalité f
mortar / Mörtel m, Reibschale f, Mörser m / mortier m
moss (Bot) / Moos n / mousse f
most probable number MPN (Bakt) / wahrscheinlichste Zahl f/ nombre m le plus probable
mother lye / Mutterlauge f/ eau f mère
mouth (Hydrol) / Mündung f / embouchure f
MPN → most probable number
MTD → maximal tolerated dosis per day

mucus / Schleim *m* / mucus *m*
mud / Schlamm *m*, Schlick *m* / boue *f*, vase *f*
muddy / trübe, schlammig / trouble
muffle furnace / Glühofen *m*, Muffelofen *m* / four *m* à moufle
multilayer filter / Mehrschichtfilter *m* / filtre *m* multicouche, filtre *m* à lits superposés
multi-stage / mehrstufig / à plusieurs étages
municipal / städtisch / municipal, urbain
muriatic acid / Salzsäure *f*, Chlorwasserstoffsäure *f* / acide *m* chlorhydrique
mushroom / Pilz *m* / champignon *m*
mussel / Muschel *f* / coquillage *m*, mollusque *m*
mutagen / Mutagen *n* / mutagène *m*

nannoplankton / Nannoplankton *n* / nannoplancton *m*
nascent / naszierend / naissant
natural / natürlich / naturel
nebulizer / Zerstäuber *m* / atomiseur *m*, nébulisateur *m*
needle / Nadel *f* / aiguille *f*
net / Netz *n* / réseau *m*
neutral / neutral / neutre
nickel / Nickel *n* / nickel *m*
nickel-plate / vernickeln / nickeler
night soil / Kotstoffe *mpl*, Fäkalienschlamm *m* / fèces *fpl*, matières *fpl* de vidange
nitrate / Nitrat *n* / nitrate *m*
nitrate nitrogen / Nitrat-Stickstoff *m* / azote *m* nitrique
nitric acid / Salpetersäure *f* / acide *m* nitrique
nitric oxide / Stickstoffoxid *n* / oxyde *m* azotique
nitrification / Nitrifikation *f* / nitrification *f*
nitrify / nitrifizieren / nitrifier
nitrile / Nitril *n* / nitrile *m*
nitrilotriacetic acid NTA / Nitrilotriessigsäure *f* / acide *m* nitrilotriacétique
nitrite / Nitrit *n* / nitrite *m*
nitrite nitrogen / Nitrit-Stickstoff *m* / azote *m* nitreux
nitrogen / Stickstoff *m* / azote *m*
— → Kjeldahl nitrogen
— → total organic nitrogen
nitrogen fixing bacteria / Stickstoffbakterien *fpl* / bactéries *fpl* nitrificantes
nitrogenous / stickstoffhaltig / azoté
nitrous acid / salpetrige Säure *f* / acide *m* nitreux
nitrous gas / nitrose Gase *npl* / gaz *m* nitreux
nodule of rust / Rostknolle *f* / tubercule *m* de rouille
NOEC → no observed effect concentration
noise disturbance / Lärmbelästigung *f* / nuisance *f* de bruit
no-load / Leerlauf *m* / marche *f* à vide
nominal width / Nennweite *f*, Durchmesser *m* / diamètre *m* nominal
non alkaline (permanent) hardness / bleibende Härte *f*, Nichtcarbonathärte *f* / dureté *f* non-carbonatée, dureté *f* non alcaline (permanente)
non-carbonate hardness / bleibende Härte *f*, Nichtcarbonathärte *f* / dureté *f* non-carbonatée, dureté *f* non alcaline (permanente)

non-corrosive / korrosionsbeständig / non-corrosif
nonferrous metal / Nichteisenmetall *n* / métal *m* non ferreux
nonfiltrable matter / abfiltrierbare Stoffe *mpl*, ungelöste Stoffe *mpl* / matières *fpl* en suspension
non-ionic / nichtionisch / non-ionique
non polar hydrocarbons / unpolare Kohlenwasserstoffe *mpl* / hydrocarbures *mpl* non polaires
non settleable matter / nicht absetzbare Stoffe *mpl* / matières *fpl* non décantables
non volatile / schwerflüchtig / peu volatil
no observed effect concentration NOEC / Konzentration *f* ohne sichtbaren Effekt / concentration *f* d'aucun effet observé
normal distribution / Normalverteilung *f* / distribution *f* normale, distribution *f* gaussienne
noxious / schädlich / nocif, nuisible
nozzle (Chem) / Düse *f* / buselure *f*, tuyère *f*, gicleur *m*
NTA → nitrilotriacetic acid
nuclear fission / Kernspaltung *f* / fission *f* nucléaire
nuclear reactor / Kernreaktor *m*, Atomreaktor *m* / réacteur *m* nucléaire, pile *f* atomique
nucleus / Kern *m* / noyau *m*
— → atomic nucleus
nuisance / Belästigung *f* / nuisance *f*
nutrient broth (Bakt) / Nährlösung *f* / bouillon *m* de culture
nutrient solution (Bakt) / Nährlösung *f* / bouillon *m* de culture
nutrition / Ernährung *f* / nutrition *f*

objectionable / unerwünscht / indésirable
obstruction / Verstopfung *f* / obstruction *f*, colmatage *m*
OC → oxygenation capacity
occupational health hygiene / Gewerbehygiene *f* / hygiène *f* industrielle
occurrence / Auftreten *n*, Vorkommen *n* / apparition *f*
ocean / Ozean *m* / océan *m*
odour / Geruch *m* / odeur *f*
odour control / Desodorierung *f*, Geruchsbeseitigung *f* / élimination *f* des odeurs, désodorisation *f*
odour nuisance / Geruchsbelästigung *f* / nuisance *f* olfactive
odour trouble / Geruchsbelästigung *f* / nuisance *f* olfactive
oil / Öl *n* / huile *f*
oil collector / Ölfänger *m*, Ölabscheider *m* / déshuileur *m*, séparateur *m* d'huile
oil dumping / Öl *n* ablassen / décharge *f* d'hydrocarbures
oil removal / Entölung *f* / déshuilage *m*
oil separation / Entölung *f* / déshuilage *m*
oil separator / Ölfänger *m*, Ölabscheider *m* / déshuileur *m*, séparateur *m* d'huile
oil slick / Ölfleck *m* / tache *f* d'huile
oil trap / Ölfänger *m*, Ölabscheider *m* / déshuileur *m*, séparateur *m* d'huile
oligosaprobic / oligosaprob / oligosaprobie
oligotrophic (Limnol) / oligotroph, nährstoffarm / oligotrophe
once-through system of cooling / Durchlaufsystem *n* der Wasserkühlung / refroidissement *m* de l'eau à circuit ouvert

on-line   **oxide**

on-line analysis / online Analyse *f* / analyse *f* en ligne
ooze / Lehm *m*, Schlick *m* / limon *m*
opalescent / opaleszierend / opalescent
open air swimming pool / Freibad *n* / piscine *f* en plein air
open circuit / offener Kreislauf *m* / circuit *m* ouvert
opening / Öffnung *f* / orifice *m*, bouche *f*, ouverture *f*
open mining / Tagebau *m* / exploitation *f* à ciel ouvert
operate / betreiben / exploiter
operating period / Betriebsdauer *f*, Laufzeit *f* / durée *f* de fonctionnement
operation (Techn) / Betrieb *m* / opération *f*
optical / optisch / optique
optimization / Optimierung *f* / optimisation *f*
order of magnitude / Größenordnung *f* / ordre *m* de grandeur
ore mine / Erzgrube *f* / mine *f* métallique
organic / organisch / organique
organic carbon / organischer Kohlenstoff *m* / carbone *m* organique
organism / Lebewesen *n* / organisme *m*
organisms *pl* / Organismen *mpl* / organismes *mpl*
organoleptic / organoleptisch / organoleptique
orifice / Öffnung *f* / orifice *m*, bouche *f*, ouverture *f*
origin / Ursprung *m* / origine *f*
ORP → oxidation-reduction potential
orthophosphate / Orthophosphat *n* / orthophosphate *m*
(ortho)phosphoric acid / Orthophosphorsäure *f* / acide *m* phosphorique
oscillation / Schwankung *f*, Oszillation *f* / oscillation *f*, variation *f*, fluctuation *f*
osmotic pressure / osmotischer Druck *m* / pression *f* osmotique
outfall / Auslauf *m* / dégorgeoir *m*, issue *f*, déchargeoir *m*
outflow / Ausfluß *m* / effluence *f*, émission *f*
outlet / Ablauf *m*, Auslauf *m* (-Bauwerk d. Kläranlage) / émissaire *m*, dégorgeoir *m*, issue *f*, déchargeoir *m*
outlier test / Ausreißertest *m* (Math) / test *m* de rejet
output / Leistung *f*, Ertrag *m* / rapport *m*
— (Techn) / Ausbeute *f* / rendement *m*
over-dose / überdosieren / doser en excès
overfall (Hydrol) / Überlauf *m* / déversoir *m*
overfall weir / Überfallwehr *n* / barrage-déversoir *m*
overflow (Hydrol) / Überfall *m*, Überlauf *m* / déversoir *m*
— / überlaufen / déborder
overload / überlasten, überbelasten / surcharger
overturn (Limnol) / Zirkulation *f*, Umwälzung *f* / circulation *f*, inversion *f*
ovoide / eiförmig, oval / ovale
oxidation / Oxidation *f* / oxydation *f*
oxidation ditch (Abw) / Oxidationsgraben *m*, Schlängelgraben *m* / fossé *m* d'oxydation, chenal *m* d'oxydation
oxidation pond / Oxidationsteich *m* / étang *m* d'oxydation
oxidation-reduction potential ORP / Redoxpotential *n*, Redoxspannung *f* / potentiel *m* redox
oxide / Oxid *n* / oxyde *m*

oxidizability / Oxidierbarkeit f / oxydabilité f
oxidize / oxidieren / oxyder
oxidizing agent / Oxidationsmittel n, Oxidans n / oxydant m
oxygen / Sauerstoff m / oxygène m
— → atmospheric oxygen
oxygenation / Sauerstoffeintrag m / alimentation f en oxygène, oxygénation f
oxygenation capacity OC / Sauerstoffaufnahmefähigkeit f, Sauerstoffeintragsvermögen n / capacité f d'oxygénation
oxygen balance / Sauerstoffhaushalt m, Sauerstoffgleichgewicht n / bilan m d'oxygène
oxygen bleaching / Sauerstoffbleiche f / blanchiment m à l'oxygène
oxygen consumption / Sauerstoffverbrauch m / consommation f d'oxygène
oxygen deficit / Sauerstoffehlbetrag m / déficit m en oxygène
oxygen demand / Sauerstoffbedarf m / demande f en oxygène
— → total oxygen demand
oxygen meter / Sauerstoff-Meßgerät n / oxymètre m
oxygen production potential / Sauerstoffproduktionspotential n / potentiel m de production d'oxygène
oxygen sag / Tiefpunkt m der Sauerstofflinie / courbe f d'oxygène en sac
oxygen uptake / Sauerstoffaufnahme f / absorption f d'oxygène
oyster / Auster f / huître f
ozonation / Ozonung f / ozonation f, ozonisation f
ozone / Ozon n / ozone m
ozonide / Ozonid n / ozonide m
ozonization / Ozonung f / ozonation f, ozonisation f
ozonizer / Ozonisator m / ozoneur m

packing (of a column) / Füllkörper m, Füllung f / corps m de remplissage
packing house / Fleischwarenfabrik f / conserverie f de viande
PAH → polynuclear aromatic hydrocarbons
pail / Eimer m / seau m
pail closet / Trockenabort m / cabinet m sec
paint / Farbe f, Farbstoff m / colorant m, couleur f
paperboard / Pappe f / carton m
paper mill / Papierfabrik f / papeterie f, fabrique f de papier
parallel flow / Gleichstrom m / co-courant m
parallel operation / Parallelbetrieb m / marche f en parallèle
parallel plate separator / Parallelplattenabscheider m / déshuileur m à plaque parallèle
parameter / Parameter m / paramètre m
partial pressure / Partialdruck m, Teildruck m / pression f partielle
partial softening / Teilenthärtung f / adoucissement m partiel
particle / Partikel n, Teilchen n / particule f
particle size / Teilchengröße f / dimension f des particules
partition / Wand f, Wandung f / paroi f
parts per billion ppb / Mikrogramm/Liter / microgrammes mpl par litre
parts per million ppm mg/L / Milligramm/Liter / milligrammes mpl par litre
parts per volume / Volumenanteile mpl / taux m volumétrique
passage / Durchfluß m / débit m, passage m
pass into (Abw) / einleiten / rejeter

passivation passivation / Passivierung f / passivation f
passivity / Passivität f / passivité f
pasteurization / Pasteurisierung f / pasteurisation f
pathogenic / krankheitserregend, pathogen / pathogène
peak / Höchstausschlag m, Spitze f, Peak m / pic m
peak amount / Höchstmenge f, Spitzenwert m / pointe f
peak demand / Spitzenbedarf m / besoins mpl de pointe
peak load / Spitzenbelastung f, Spitzenlast f / charge f maximale
peat / Torf m / tourbe f
pelt / Fell n, Pelz m / poil m
penetrate / eindringen, durchdringen / pénétrer, traverser
peptone / Pepton n / peptone f
per capita consumption / Prokopfverbrauch m / consommation f par habitant
per capita per day / pro Kopf und Tag / par tête et par jour
percentage / Prozentsatz m, Verhältnis n / taux m, pourcentage m
percentage by volume / Volumenprozent n / pourcentage m du volume
percentage by weight / Gewichtsprozent n / pourcentage m du poids
perchlorate / Perchlorat n / perchlorate m
perchloric acid / Perchlorsäure f / acide m perchlorique
percolate / einsickern, durchsickern, versickern / infiltrer (s'), suinter
— / rieseln / ruisseler
percolation / Durchsickerung f, Sickerung f / infiltration f, percolation f
percolator / Rieseler m / percolateur m
perforation / Lochung f / trous mpl
perforated plate / Lochblech n / tôle f perforée
performance / Leistung f, Ertrag m / rapport m
perimeter / Umfang m / périmètre m
periphyton (Biol) / Bewuchs m / périphyton m, couvertures fpl biologiques
permanganate / Permanganat n / permanganate m
permanganate value / Permanganatverbrauch m, Oxidierbarkeit f mit Kaliumpermanganat / valeur f en permanganate
permeability / Durchlässigkeit f / perméabilité f
permeable / durchlässig / perméable
permissible / zulässig / admissible, permis, tolérable
permit / Erlaubnis f / permis m
per(oxy)sulfate / Persulfat n / persulfate m
perpendicular / senkrecht, vertikal / vertical, perpendiculaire
persistency / Persistenz f, Beständigkeit f / persistance f
pervious / durchlässig / perméable
Petri-dish (Bakt) / Petrischale f, Kulturschale f / boîte f de Pétri
Petri-dish culture (Bakt) / Plattenkultur f / culture f en boîtes de Pétri
petrochemistry / Petrochemie f / pétrochimie f
petrol (GB) / Benzin n / essence f (de pétrole)
petroleum ether / Petrolether m / éther m de pétrole
petrol separator / Benzinabscheider m, Leichtflüssigkeitabscheider m / séparateur m d'essence
phenol / Phenol n, Karbolsäure f / phénol m, acide m carbolique
phenolphthalein / Phenolphthalein n / phénolphthaléine f

phosphate / Phosphat n / phosphate m
phosphorus / Phosphor m / phosphore m
— → total phosphorous
phosphorous compounds / Phosphorverbindungen fpl / composés mpl de phosphore
photoelectric cell / Photozelle f / cellule f photoélectrique
photometer / Photometer n / photomètre m
photosynthesis / Photosynthese f / photosynthèse f
pH-value / pH-Wert m / pH m, valeur f du pH
physical / physikalisch / physique
physico-chemical / physikalisch-chemisch / physico-chimique
phytoplankton / Phytoplankton n / phytoplancton m
pickling / Dekapieren n, Beizen n / décapage m
pickling plant / Beizerei f / décaperie f, atelier m de décapage
pierce / eindringen, durchdringen / pénétrer, traverser
pigment / Farbe f, Färbung f / couleur f, teinte f, coloration f
pilot plant / Versuchsanlage f / station f expérimentale, installation f d'essai
pipe / Rohr n, Röhre f / tube m, tuyau m
pipe barrel / Rohrwandung f / paroi f du tuyau
pipeline / Ölleitung f / oléoduc m
pipette / Pipette f / pipette f
piston pump / Kolbenpumpe f / pompe f à piston
pitch / Pech n / poix f
pitting (Korr) / Lochfraß m / piqûre f
plankton net / Planktonnetz n / filet m à plancton
plant / Anlage f, Betrieb m / installation f, établissement m
— / Fabrik f / usine f, fabrique f, exploitation f industrielle
— (Biol) / Pflanze f / plante f
plant growth / Vegetation f / végétation f
plaster / Putz m / enduit m
plastic / Kunstharz n, Plastik n / résine f synthétigue, plastique m
plate / Platte f / plaque f, dalle f
plate clarifier / Plattenabsetzbecken n / décanteur m lamellaire
plate separator / Plattenabscheider m / séparateur m lamellaire
platinum / Platin n / platine m
plot / Diagramm n / diagramme m
plug / verstopfen, zusetzen / engorger, obstruer
— / Pfropfen m / tampon m
plug flow system / Pfropfenströmungssystem n / système m à courant continu
plumbo-solvency / Bleilösevermögen n / capacité f de dissoudre le plomb
point source / Punktquelle f / source f ponctuelle
poison / Gift n / poison m, toxique m
poisoning / Vergiftung f / intoxication f, empoisonnement m
poisonous / giftig / toxique, vénéneux
polar hydrocarbons / polare Kohlenwasserstoffe mpl / hydrocarbures mpl polaires
polarize / polarisieren / polariser
polarograph / Polarograph m / polarographe m
poliomyelitis / Kinderlähmung f / paralyse f infantile
polishing (Abw) / Schönung f, weitergehende Behandlung f / polissage m, traitement m final, affinage m

115

pollen / Blütenstaub *m*, Pollen *m* / pollen *m*
pollutant / Schmutz *m* / saleté *f*, ordure *f*
pollute / verschmutzen, verunreinigen / polluer, contaminer, souiller
pollution / Verschmutzung *f*, Verunreinigung *f* / impureté *f*, souillure *f*, pollution *f*
pollution abatement of water / Gewässerschutz *m* / protection *f* des eaux naturelles contre la pollution
pollution control of water / Gewässerschutz *m* / protection *f* des eaux naturelles contre la pollution
polychlorinated biphenyls / polychlorierte Biphenyle *npl* PCB / diphényls *mpl* polychlorés
polyelectrolytes *pl* / Polyelektrolyte *mpl* / polyélectrolytes *mpl*
polyethylene / Polyethylen *n* / polyéthylène *m*
polynuclear aromatic hydrocarbons PAH / polycyclische aromatische Kohlenwasserstoffe *mpl* PAK / hydrocarbures *mpl* polycycliques aromatiques HPA
polyphosphate / Polyphosphat *n* / polyphosphate *m*
polysaprobic (Biol) / polysaprob / polysaprobie
polystyrene / Polystyrol *n* / polystyrène *m*
polyvinylchloride / Polyvinylchlorid *n* / polychlorure *m* de vinyle
pond / Teich *m*, Weiher *m* / étang *m*
ponding / Verschlammung *f*, Pfützenbildung *f* / encrassement *m*, engorgement *m*
population / Bevölkerung *f* / population *f*
— (Math) / Gesamtzahl *f* / population *f* effective
population equivalent / Einwohnergleichwert *m* / équivalent *m* habitant, population *f* équivalente
porcelain / Porzellan *n* / porcelaine *f*
pore space / Hohlraumgehalt *m*, Porosität *f* / porosité *f*
porosity / Hohlraumgehalt *m*, Porosität *f* / porosité *f*
porous / porös / poreux
port / Hafen *m* / port *m*
post-chlorination / Nachchlorung *f* / post-chloration *f*
potable water / trinkbares Wasser *n* / eau *f* potable
potassium / Kalium *n* / potassium *m*
potassium permanganate consumption / Kaliumpermanganatverbrauch *m* / dosage *m* de l'oxygène cédé par le permanganate de potassium
potentiometric / potentiometrisch / potentiométrique
pour / gießen (Flüssigkeiten) / verser
powdered activated carbon / Aktivkohlepulver *n* / charbon *m* actif en poudre
powdered coal / Pulverkohle *f* / charbon *m* pulvérisé
power station / Kraftwerk *n*, Elektrizitätswerk *n* / usine *f* électrique
ppb → parts per billion
ppm → parts per million
pre-aeration / Vorbelüftung *f* / préaération *f*
precaution / Vorsichtsmaßnahme *f* / précaution *f*
pre-chlorination / Vorchlorung *f* / préchloration *f*
precipitable / fällbar / précipitable
precipitant / Fällmittel *n*, Fällungsmittel *n* / précipitant *m*
precipitate (Chem) / fällen, ausfällen, niederschlagen / précipiter
— / Niederschlag *m* / précipité *m*, floculat *m*

precipitation (Chem) / Fällung f, Ausfällung f / précipitation f
— (Meteor) / Niederschlag m, Regen m / pluie f, précipitation f
precision / Präzision f / fidelité f
precoat filter / Anschwemmfilter m / filtre m à précouche
predator (Zool) / Räuber mpl / prédateur m
prediction / Vorhersage f / prévision f
prefabricated concrete / Fertigbeton m / béton m préfabriqué
preliminary / vorhergehend / préalable
preliminary clarification / Vorklärung f / décantation f primaire
preliminary test / Vorversuch m / essai m préliminaire
preliminary treatment / Vorreinigung f / épuration f primaire, traitement m préliminaire
presence / Anwesenheit f, Gegenwart f / présence f
preservation / Konservierung f, Stabilisierung f / stabilisation f, préservation f
preserve / konservieren / conserver
pressure / Druck m / poussée f, pression f, compression f
pressure drop / Druckverlust m / perte f de charge
pressure filter / Druckfilter m, geschlossener Filter m / filtre m sous pression
pressure line / Druckleitung f / conduite f sous pression
prestressed / vorgespannt / précontraint
pretreat / vorreinigen / préépurer, prétraiter
pretreatment / Vorbehandlung f / traitement m primaire
primary production / Primärproduktion f / production f primaire
primary settling / Vorklärung f / décantation f primaire
primary treatment / Vorbehandlung f / traitement m primaire
primary treatment of waste water / mechanische Abwasserreinigung f / épuration f mécanique des eaux d'égout
priming / Saugen n, Ansaugen n / succion f
principle / Theorie f / principe m
probability / Wahrscheinlichkeit f / probabilité f
probe / Sonde f / sonde f
procedure / Verfahren n, Methode f / procédé m, méthode f
— (Anal) / Durchführung f / mode m opératoire
process / Verfahren n, Methode f / procédé m, méthode f
process water / Wasser n für industriellen Gebrauch, Betriebswasser n, Fabrikationswasser n, Prozeßwasser n / eau f d'usage industriel, eau f de procédés
productivity / Ertragsfähigkeit f, Produktivität f, Fruchtbarkeit f / capacité f biogénique, productivité f
profitable / nützlich / utile, profitable
profundal zone (Limnol) / Profundal n / zone f profonde
programming / Programmierung f / programmation f
proportional sampling / Proportionalprobenahme f / échantillonnage m proportionnel
proportioning pump / Dosierpumpe f / pompe f de dosage
proportion of mixture / Mischverhältnis n / relation f de mélange, rapport m de mélange
protect / schützen / protéger
protection / Schutz m / protection f
— → cathodic protection

protection   **quartz**

protection against radiation / Strahlenschutz *m* / protection *f* contre les radiations
protective / schützend / protectrice
protective anode / Schutzanode *f*, Opferanode *f* / anode *f* sacrifiée
protective area / Schutzgebiet *n*, Schutzzone *f* / périmètre *m* de protection
protective coating → protective layer
protective layer / Schutzschicht *f*, Schutzbelag *m* / couche *f* protectrice, revêtement *m* protecteur
protective scale / Schutzschicht *f*, Schutzbelag *m* / couche *f* protectrice, revêtement *m* protecteur
protein / Eiweiß *n*, Protein *n* / albumine *f*, protéine *f*
protoplasm / Protoplasma *n* / protoplasme *m*
protozoa *pl* / Urtiere *npl*, Protozoen *fpl* / protozoaires *mpl*
provide / versorgen, beschaffen / alimenter, approvisionner, desservir
Prussic acid / Cyanwasserstoff *m*, Blausäure *f* / acide *m* cyanhydrique, acide *m* prussique
public / öffentlich / public
public health / Gesundheitswesen *n* / santé *f* publique
pulp / Pülpe *f* / pulpe *f*
— / Papierstoff *m* / pâte *f*
pulp press water / Schnitzelpreßwasser *n* (Zuckerfabrik) / eaux *fpl* de presse
pulse (Elekt) / Impuls *m* / impulsion *f*
pump / Pumpe *f* / pompe *f*
pumping pit / Pumpensumpf *m* / puisard *m*
pumping test / Pumpversuch *m* / essai *m* de pompage
pure culture (Bakt) / Reinkultur *f* / culture *f* pure
pureness / Reinheit *f* / pureté *f*
purge / Abschlämmung *f* / purge *f*
purification / Reinigung *f* / épuration *f*, curage *m*, nettoyage *m*
purify / reinigen / purifier, épurer, nettoyer
purity / Reinheit *f* / pureté *f*
— → spectral purity
putrefaction / Fäulnis *f* / pourriture *f*
putrefactive / fäulniserregend / putréfactif
putrefy / faulen, ausfaulen / digérer, pourrir, putréfier
putrescibility / Faulfähigkeit *f*, Faulbarkeit *f*, Fäulnisfähigkeit *f* / digestibilité *f*, putrescibilité *f*
putrescible / faulfähig, fäulnisfähig / putrescible, putréfiable
putrid / faul, faulig / pourri, putride
putty / Kitt *m* / mastic *m*
pyrite / Schwefelkies *m*, Pyrit *m* / pyrite *f*

qualitative / qualitativ / qualitatif
quality / Qualität *f*, Güte *f*, Beschaffenheit *f* / qualité *f*
quantitative / quantitativ / quantitatif
quantity / Menge *f* / quantité *f*
quantity of natural evaporation / Verdunstungsmenge *f* (natürliche -) / quantité *f* d'évaporation naturelle
quartz / Quarz *m* / quartz *m*

quartz   recarbonation

quartz sand / Quarzsand *m* / sable *m* siliceux
quaternary ammonia / quaternäres Ammonium *n* / ammonium *m* quarternaire
quick lime / Ätzkalk *m*, Branntkalk *m*, Calciumoxid *n* / chaux *f* anhydre, chaux *f* vive

race / Gerinne *n* / caniveau *m*, rigole *f*, canal *m*
rack / Rechen *m* (Grob-, Fein-) / grille *f* (grossière, fine)
radial flow basin / radial durchströmtes Becken *n* / bassin *m* à écoulement radial
radiancy / Strahlung *f*, Ausstrahlung *f*, Bestrahlung *f* / irradiation *f*, radiation *f*, rayonnement *m*
radiation / Strahlung *f*, Ausstrahlung *f*, Bestrahlung *f* / irradiation *f*, radiation *f*, rayonnement *m*
radiation injury / Strahlenschädigung *f* / radiolésion *f*
radioactive / radioaktiv / radioactif
radioactive fall-out / radioaktiver Niederschlag *m* / retombée *f* radioactive
radioactivity / Radioaktivität *f* / radioactivité *f*
radium / Radium *n* / radium *m*
radius (Math) / Radius *m* / rayon *m*
rain / Niederschlag *m*, Regen *m* / pluie *f*, précipitation *f*
— / regnen / pleuvoir
rainfall / Regenfall *m* / chute *f* de pluie
rain outlet / Regenüberlauf *m* / déversoir *m* d'orage
rain water / Regenwasser *n* / eau *f* de pluie, eaux *fpl* pluviales
raise / heben / refouler, lever, soulever
raised bog / Hochmoor *n*, Torfmoor *n* / tourbière *f* haute
ramification / Verästelung *f*, Verzweigung *f* / ramification *f*
random error / zufälliger Fehler *m* / erreur *f* aléatoire
range / Bereich *m* / domaine *m*
— (Techn) / Spannweite *f* / écartement *m*, intervalle *m*
range of variation / Variationsbreite *f* / intervalle *m* de variation
rate / Prozentsatz *m*, Verhältnis *n* / taux *m*, pourcentage *m*
rate of efficiency / Wirkungsgrad *m* / effet *m* utile
ratio of dimensions / Maßstab *m* / graduation *f*
raw / roh / brut
raw material / Rohstoff *m*, Rohmaterial *n* / matière *f* première
raw sludge / Frischschlamm *m* / boue *f* fraîche
raw water / Rohwasser *n* / eau *f* brute
ray (Phys) / Strahl *m* / rayon *m*
rayon / Kunstseide *f* / rayonne *f*, soie *f* artificielle
reach / Haltung *f*, Stauhaltung *f* / bief *m*
reach of a river / Flußstrecke *f* / tronçon *m* de rivière, section *f* de rivière
react / reagieren / réagir, agir
reaction / Reaktion *f* / réaction *f*
reaction time / Einwirkungszeit *f* / temps *m* de contact
reaction rate / Reaktionsgeschwindigkeit *f* / vitesse *f* de réaction
readout of measured values / Meßwertausgabe *f* / affichage *m* de mesure
re-aeration / Wiederbelüftung *f* / réaération *f*, réoxygénation *f*
reagent / Reagens *n* / réactif *m*
recarbonation / Rekarbonisation *f*, Aufhärtung *f* / récarbonisation *f*

receiving   **rendering**

receiving tank / Sammelbecken *n*, Sammelbehälter *m* / réservoir *m* de stockage
receiving water / Vorfluter *m* / cours *m* d'eau récepteur
receptacle / Behälter *m* / réservoir *m*, récipient *m*
recharge (Hydrol) / anreichern / enrichir, recharger
— → ground-water recharge
recharge well / Schluckbrunnen *m*, Versenkbrunnen *m* / puits *m* absorbant, puits *m* d'injection
recipient / Vorfluter *m* / cours *m* d'eau récepteur
recirculation / Wiederverwendung *f*, Rücklauf *m*, Kreislauf *m* / recirculation *f*, recyclage *m*
recirculation ratio / Rücknahmeverhältnis *n* / taux *m* de recyclage
reclaim / wiedergewinnen, rückgewinnen / récupérer
reclaimer / Stoffänger *m*, Faserstoffänger *m* / ramasse-pâte *m*
reclamation / Verwertung *f* / utilisation *f*, mise *f* en valeur
record / Protokoll *n* / procès-verbal *m*
recorder / Schreiber *m* / enregistreur *m*
recover / wiedergewinnen, rückgewinnen / récupérer
recovery rate / Wiederfindungsrate *f* / recouvrement *m*
rectangular / rechteckig / rectangulaire
recycling / Wiederverwendung *f*, Rücklauf *m*, Kreislauf *m* / recirculation *f*, recyclage *m*
reduce / reduzieren / réduire, désoxyder (Chem)
reducer / Reduzierstück *n* / tuyau *m* de réduction
reducing agent / Reduktionsmittel *n* / agent *m* réducteur
reduction / Erniedrigung *f*, Verminderung *f* / abaissement *m*
— (Chem) / Reduktion *f* / réduction *f*, désoxydation *f*
reed (Bot) / Schilf *n* / roseau *m*
reference electrode / Bezugselektrode *f* / électrode *f* de référence
reference element / Bezugselement *n* / élément *m* de référence
refinery / Raffinerie *f* / raffinerie *f*
reflux / Rückfluß *m* / reflux *m*
reflux condenser / Rückflußkühler *m* / réfrigérant *m* à reflux
refrigerant / Kühlmittel *n* / réfrigérant *m*
refrigerate / kühlen, abkühlen / réfrigérer, refroidir
refrigeration plant / Kühlanlage *f*, Rückkühlanlage *f* / installation *f* réfrigérante
refrigerator / Kühlschrank *m*, Eisschrank *m* / réfrigérateur *m*, glacière *f*
regenerant / Regeneriermittel *n* / régénérant *m*
regeneration / Regeneration *f* / régénération *f*
regression / Regression *f* / régression *f*
regulate / regeln / régler
regulation / Regelung *f*, Regulierung *f* / réglage *m*, régulation *f*
regulator / Regler *m* / régulateur *m*
reinforce / verstärken, bewehren (Beton) / renforcer, augmenter
reinforced concrete / Stahlbeton *m* / béton *m* armé
relief / Entlastung *f* / décharge *f*
remote control / Fernsteuerung *f* / télécommande *f*, commande *f* à distance
removal / Beseitigung *f*, Entfernung *f* / évacuation *f*, élimination *f*, enlèvement *m*
remove iron / enteisenen / déferriser
rendering plant / Tierkörperverwertungsanstalt *f* / équarrissage *m*

repeat / wiederholen / répéter
repeatability / Wiederholbarkeit f / répétabilité f
replacement / Austausch m / remplacement m
replenish (Hydrol) / anreichern / enrichir, recharger
report as / angeben als / présenter, exprimer en
reproduce (Biol) / fortpflanzen / reproduire
reproducibility / Vergleichbarkeit f / reproductibilité f
repulsive, repelling / abstoßend / repoussant
requirements pl / Bedarf m / demande f, besoin m
reservoir / Stausee m, Talsperre f / lac m de barrage, réservoir m de retenue
residual / restlich / résiduel
residual chlorine / Restchlor n / chlore m résiduel
residue / Rückstand m / résidu m
residue on (of) evaporation / Abdampfrückstand m / résidu m d'évaporation
residue on ignition / Glührückstand m / résidu m calciné
resin / Harz n / résine f
resistance / Widerstand m / résistance f, résistivité f
resistor (Elekt) / Widerstand m / résistance f, résistivité f
resonance / Resonanz f / résonance f
respiration / Atmung f / respiration f
result (Anal) / Befund m, Ergebnis n / résultat m, valeur f trouvée
retention time / Aufenthaltszeit f, Retentionszeit f / durée f de séjour, temps m d'arrêt
reticular / netzförmig / réticulaire
return sludge / Rücklaufschlamm m / boue f en recirculation, boue f de retour
re-use / wiederverwenden / réutiliser
reverse osmosis / Umkehrosmose f, Reversosmose f / osmose f inverse
revolution / Umdrehung f, Drehung f, Rotation f / rotation f, tour m, révolution f
revolutions pl **per minute rpm** / Umdrehungen fpl pro Minute / tours mpl par minute
ring main / Ringleitung f / conduite f de ceinture
rinse / spülen / rincer
rinsing / Spülung f, Wäsche f / rinçage m, lavage m, chasse f
ripened / reif / mûr
ripened filter / eingearbeiteter Filter m / filtre m mûr
ripening / Reifung f, Reifen n / maturation f
ripe sludge / eingearbeiteter Faulschlamm m / boue f mûre
rising velocity / Aufstiegsgeschwindigkeit f, Steiggeschwindigkeit f / vitesse f ascensionnelle
river / Fluß m / rivière f
river basin / Flußgebiet n / bassin m fluvial
river bed / Flußbett n / lit m d'une rivière
rivular plant / Uferpflanze f / plante f rivulaire
rock / Fels m, Gestein n / rocher m
rodenticide / Nagetierbekämpfungsmittel n / rodenticide m
rolling mill / Walzwerk n / laminoir m
root / Wurzel f / racine f
rotameter / Rotameter m, Durchflußmesser m / rotamètre m, débitmètre m
rotary distributor / Drehsprenger m / arroseur m rotatif
rotary filter / Trommelfilter m / filtre m à tambour

rotary   saponifiable

rotary screen / Trommelsieb *n*, Siebtrommel *f* / tambour *m* cribleur
rotation / Umdrehung *f*, Drehung *f*, Rotation *f* / rotation *f*, tour *m*, révolution *f*
rotation evaporator / Rotationsverdampfer *m* / évaporateur *m* rotatif
rotifer / Rädertierchen *n* / rotifère *m*
rough / rauh / rugueux
roughing filter / Vorfilter *m*, Grobfilter *m* / préfiltre *m*, filtre *m* dégrossisseur
roughness / Rauhigkeit *f* / rugosité *f*
round bottom flask / Rundkolben *m* / ballon *m* à fond rond
round filter / Rundfilter *m* / disque *m* filtrant
rpm → revolutions *pl* per minute
rubber / Gummi *m*, Kautschuk *m* / caoutchouc *m*, gomme *f*
rubbish / Müll *m*, Hausmüll *m*, Kehricht *m* / ordures *fpl* ménagères, immondices *fpl*
run dry / versiegen / tarir
run off (Hydrol) / Abfluß *m* / écoulement *m*
— / abfließen, ergießen / écouler (s')
run-off (surface flow) / Oberflächenabfluß *m* / ruissellement *m*
rural / ländlich / champêtre, rural
rush / Binse *f* / jonc *m*
rust (Korr) / Rost *m* / rouille *f*
— / rosten / rouiller, oxyder (s')

sacrified anode / Schutzanode *f*, Opferanode *f* / anode *f* sacrifiée
safeguard / schützen / protéger
safety measure / Sicherheitsmaßnahme *f* / mesure *f* de sécurité
salina / Saline *f* / saline *f*
saline / salzig / salin, salant
salinity / Salzgehalt *m* / salinité *f*
salt / Salz *n* / sel *m*
salt works / Saline *f* / saline *f*
sample / Probe *f* / échantillon *m*
sample delivery point / Probenausgabestelle *f* / point *m* de distribution d'échantillon
sampler / Probenahmegerät *n* / échantillonneur *m*
sample solution / Probenlösung *f* / solution *f* d'échantillonnage, solution *f* d'épreuve
sample stabilization / Probenstabilisierung *f*, Konservierung *f* von Proben / stabilisation *f* d'échantillon
sampling / Probenahme *f* / échantillonnage *m*, prélèvement *m* d'échantillon
sampling line / Entnahmeleitung *f* / conduite *f* d'échantillonnage
sampling network / Probenahmenetz *n* / réseau *m* d'échantillonnage
sampling point / Probenahmestelle *f* / point *m* d'échantillonnage
sampling site / Probenahmegebiet *n* / zone *f* d'échantillonnage
sampling tap / Probehahn *m* / robinet *m* de prise d'échantillons
sand / Sand *m* / sable *m*
sand filter (rapid, slow) / Sandfilter *m* (Schnell-, Langsam-) / filtre *m* à sable (rapide, lent)
sand trap / Sandfang *m* / bassin *m* de dessablement, dessableur *m*
sandy / sandig / sableux
sanitary engineering / Gesundheitstechnik *f* / technique *f* d'hygiène publique
saponifiable / verseifbar / saponifiable

saponification   **seed**

saponification number / Verseifungszahl f / indice m de saponification
saprobic system / Saprobiensystem n / système m saprobie
saturate / sättigen / saturer
saturated / gesättigt / saturé
saturation / Sättigung f / saturation f
saturation index / Sättigungsindex m / indice m de saturation
saturation value / Sättigungswert m / valeur f de saturation
saturator / Sättiger m / saturateur m
save-all / Stoffänger m, Faserstoffänger m / ramasse-pâte m
scale / Maßstab m / graduation f
  — / Skala f, Gradierung f / graduation f, gamme f
  — (Techn) / Kesselstein m / tartre m
scale forming / schutzschichtbildend / formant une couche protectrice
scaling / Verkrustung f, Inkrustation f / entartrage m, incrustation f
scattering → light scattering
scavenging service / Fäkalienabfuhr f / enlèvement m des matières fécales, service m des vidanges
scope / Zweck m / objet m
scour / scheuern, putzen / récurer
  — / spülen / rincer
scraper / Kratzer m, Räumer m / racleur m
screen / Sieb n / tamis m, crible m
  — / sieben, absieben / tamiser, cribler
  — (coarse, fine) / Rechen m (Grob-, Fein-) / grille f (grossière, fine)
screened well / Filterbrunnen m / puits m filtrant, puits m crépiné
screenings / Rechengut n, Siebgut n, Siebrückstand m / refus m de grille, matières fpl retenues par tamisage
screening test / Auswahltest m / test m de sélection
screen pipe / Filterrohr n / tube m crépine, crépine f de puits, tuyau m filtre
screw cap bottle / Schraubverschluß-Flasche f / flacon m à vis
scrubber / Gaswäscher m, Skrubber m / scrubber m, laveur m à gaz
scullery wastes pl / Küchenabwasser n / eaux fpl ménagères
scum / Schwimmdecke f, Schwimmschlamm m / chapeau m d'écume, boues fpl flottantes
scum-board / Tauchwand f, Tauchbrett n / cloison f plongeante, cloison f siphoïde
scum collector / Abstreifer m / racleur m superficiel
sea / Meer n, See f / mer f
seal / verschließen / fermer
seasonal / jahreszeitlich / saisonnier
sea water / Meerwasser n / eau f de mer
secondary sedimentation (Abw) / Nachklärung f / décantation f secondaire
secondary treatment / zweite Reinigungsstufe f / traitement m secondaire
sediment / Bodensatz m, Sinkstoffe mpl / dépôt m
  — (Geol) / Sediment n / sédiment m
sedimentation / Absetzen n / sédimentation f
  — (sludge) / mechanische Abwasserreinigung f / épuration f mécanique des eaux d'égout
seed / impfen, animpfen / inoculer, ensemencer

seeding / Impfung *f* / inoculation *f*, ensemencement *m*
seepage / Durchsickerung *f*, Sickerung *f* / infiltration *f*, percolation *f*
segregate (Abw) / abtrennen / évacuer à part
selective membrane electrode / selektive Membranelektrode *f* / sonde *f* à membrane sensible
selenitic water / gipshaltiges Wasser *n* / eau *f* séléniteuse
selenium / Selen *n* / sélénium *m*
self absorption / Selbstabsorption *f* / auto-absorption *f*
self-purification / Selbstreinigung *f* / auto-épuration *f*
selfpurifying (filter) / selbstreinigend / autolaveur
self-purifying capacity / Selbstreinigungskraft *f* / pouvoir *m* auto-épurateur
semi-chemical pulp / Halbzellstoff *m* / pâte *f* mi-chimique
semiconductor / Halbleiter *m* / semi-conducteur *m*
semipermeable / halbdurchlässig / semi-perméable
semipermeable membrane / semipermeable Membran *f* / membrane *f* semi-perméable
sensitivity / Empfindlichkeit *f* / sensibilité *f*
separate / abscheiden, trennen, isolieren, abtrennen / séparer, isoler
— (Abw) / abtrennen / évacuer à part
separate sewage system / Trennkanalisation *f* / réseau *m* séparatif
separating funnel / Scheidetrichter *m* / ampoule *f* à décanter
— / Tropftrichter *m* / entonnoir *m* à robinet
separation / Trennung *f*, Abscheidung *f* / séparation *f*
separator / Abscheider *m* / séparateur *m*
septic / faulig, septisch / septique
septic tank / Faulgrube *f*, Faulkammer *f* / fosse *f* septique
series determination (Chem) / Reihenbestimmung *f* / détermination *f* en série
service hours counter / Betriebsstundenzähler *m* / compteur *m* horaire
service life (of an instrument) / Lebensdauer *f* / durée *f* de vie
service pipe / Hausanschluß *m*, Hauszuleitung *f* / branchement *m* d'abonné, raccordement *m*
service water / Fabrikationswasser *n*, Wasser *n* für industriellen Gebrauch, Betriebswasser *n*, Prozeßwasser *n* / eau *f* d'usage industriel, eau *f* de procédés
settleable / absetzbar / décantable, déposable
settleable matter / absetzbare Stoffe *mpl* / matières *fpl* décantables, matières *fpl* sédimentables
settleable solids *pl* / absetzbare Stoffe *mpl* / matières *fpl* décantables, matières *fpl* sédimentables
settled volume / Schlammabsetzvolumen *n* / volume *m* de boue décantée
settling / Absetzen *n* / sédimentation *f*
settling glas / Absetzglas *n*, Sedimentierglas *n*, Imhoffglas *n* / éprouvette *f* conique graduée, éprouvette *f* de décantation, cône *m* Imhoff à sédimentation
sewage / Abwasser *n* / eau *f* résiduaire, eau *f* usée
sewage fungus / Abwasserpilz *m*, Sphaerotilus *m* / champignon *m* filamenteux
sewage pit / Sickergrube *f* / puits *m* d'infiltration
sewage purification / Abwasserreinigung *f* / épuration *f* des eaux usées
sewage sludge / Klärschlamm *m*, Abwasserschlamm *m* / boues *fpl* d'épuration
sewage treatment works / Abwasserreinigungsanlage *f*, Klärwerk *n* / station *f* d'épuration des eaux d'égout

sewage, sizing

sewage, waste water treatment / Abwasserbehandlung f / traitement m des eaux d'égout
sewage works operator / Klärwärter m / agent m de station d'épuration
sewer (Abw) / Kanal m / égout m
sewerage (Abw) / Kanalisation f, Entwässerungsnetz n / canalisation f, réseau m d'assainissement
sewer film / Sielhaut f / pellicule f biologique
sewer pipe / Kanalrohr n / tuyau m d'égout
shake / rütteln, schütteln / vibrer, ébranler, secouer, remuer
shale / Schiefer m / schiste m
sheet iron / Eisenblech n / tôle f de fer
sheet metal / Blech n / tôle f
shell (Biol) / Muschel f / coquillage m, mollusque m
— (Elekt) / Elektronenschale f / couche f électronique
shelly limestone / Muschelkalk m / calcaire m coquillé
shock / Stoß m, Aufprallen n / choc m, coup m
shock load / Stoßbelastung f / charge f de choc
shore / Ufer n / bord m, rive f, berge f
— (of the sea) / Strand m / plage f, rivage m
shortage / Mangel m / manque m
short time / Kurzzeit f / court terme m
shower (bath) / Dusche f, Brause f / douche f
shred / zerkleinern / concasser, broyer, dilacérer
sieve / Sieb n / tamis m, crible m
— / sieben, absieben / tamiser, cribler
sieve analysis / Siebanalyse f / granulométrie f
sieving machine / Prüfsiebmaschine f / tamiseur m
sievings / Siebgut n, Siebrückstand m / matières fpl retenues par tamisage
sift / sieben, absieben / tamiser, cribler
silent discharge (Elekt) / stille Entladung f / décharge f silencieuse
silica / Kieselsäure f / silice f
silicate / Silicat n / silicate m
silicic acid / Kieselsäure f / silice f
silicofluoride / Silicofluorid n / silico-fluorure m
silicon / Silicium n / silicium m
sill / Schwelle f / seuil m
silt / Schlamm m, Schlick m / boue f, vase f
siltation / Verschlickung f / envasement m
silting → siltation
silver / Silber n / argent m
silver treatment / Silberung f / traitement m à l'argent
simultanous precipitation / Simultanfällung f / précipitation f simultanée
sink trap / Sinkkasten m, Gully m, Straßeneinlauf m / siphon m de décantation, bouche f d'égout
site inspection / Ortsbesichtigung f / visite f des lieux, inspection f locale
site (on the) / Ort und Stelle (an) / in situ
size of grain / Korngröße f / grosseur f des grains, taille f des grains
sizing (of fabric) / Appretur f / apprêtage m
— (Text) / Schlichten n / encollage m

skim   soften

skim / abheben, Schwimmdecke abstreifen / enlever le chapeau, enlever l'écume
skimmer / Abstreifer *m* / racleur *m* superficiel
skim milk / Magermilch *f* / lait *m* écrémé
skimmings / Abstreifergut *n* / matières *fpl* flottantes
skin / Haut *f*, Fell *n* / derme *m*, peau *f*
slab / Platte *f* / plaque *f*, dalle *f*
slag / Schlacke *f* / laitier *m*, scorie *f*
slake (lime) / löschen / éteindre
slaked lime / Kalkhydrat *n*, Calciumhydroxid *n*, gelöschter Kalk *m* / chaux *f* hydratée, chaux *f* éteinte
slaughter house / Schlachthaus *n*, Schlachthof *m* / abattoir *m*
slight / unbedeutend / insignifiant, futile, négligeable
slime / Rasen *m* (eines Tropfkörpers) / pellicule *f*, film *m* biologique
— / Schleim *m* / mucus *m*
slitwidth / Spaltbreite *f* / largeur *f* de fente
slop / Schlempe *f* / vinasses *fpl*, rinçure *f*
slope / Gefälle *n*, Neigung *f* / pente *f*
sloped / geneigt, schräg / incliné, penché, biais
slotted tube well / Schlitzrohrbrunnen *m* / tubage *m* perforé
sludge / Schlamm *m* / boue *f*
sludge age / Schlammalter *n* / âge *m* des boues
sludge blanket / Schwebefilter *n* / voile *m* de boue
sludge cake / Filterkuchen *m*, Preßkuchen *m* / gâteau *m* de presse
sludge contact / Schlammkontakt *m* / contact *m* de boues
sludge drying bed / Trockenbett *n*, Schlammtrockenplatz *m* / lit *m* de séchage
sludge loading / Schlammbelastung *f* / charge *f* massique
sludge removal / Entschlammung *f* / évacuation *f* des boues
sludge return / Schlammrücklauf *m* / retour *m* des boues
sludge volume index / Schlammvolumen-Index *m* / indice *m* du volume de boue
sludge worm / Schlammröhrenwurm *m* / tubifex *m*
sluice / Schleuse *f* / écluse *f*
small cattle / Kleinvieh *n* / petit bétail *m*
smell / Geruch *m* / odeur *f*
smelting works / Hüttenwerk *n* / usine *f* métallurgique
smooth / glatt / lisse, uni
smoothness / Glätte *f* / lissage *m*, glissance *f*
snow / Schnee *m* / neige *f*
snow water / Schmelzwasser *n* / eau *f* de fusion
soak / einweichen, weichen / ramollir, amollir (s'), tremper
soaking water / Einweichwasser *n* (Gerberei) / eau *f* de reverdissage
soap / Seife *f* / savon *m*
soap solution / Seifenlösung *f* / liqueur *f* de savon
soda / Soda *f* / soude *f*
sodium / Natrium *n* / sodium *m*
sodium tripolyphosphate STP / Natriumtripolyphosphat *n* / tripolyphosphate *m* de sodium
soft drinks / alkoholfreie Getränke *npl* / boissons *fpl* non alcoolisées
soften / enthärten / adoucir

softening / Enthärtung *f* / adoucissement *m*
soil / Boden *m*, Erdboden *m*, Erdreich *n* / sol *m*
soil compaction / Bodenverdichtung *f* / compactage *m* du sol
soil melioration / Bodenverbesserung *f* / amélioration *f* des sols
soil stabilization / Bodenverfestigung *f* / stabilisation *f* du sol
solar radiation / Sonnenbestrahlung *f*, Einstrahlung *f* / radiation *f* solaire, insolation *f*
solder hardly / hart löten / braser
solder softly / weich löten / souder tendrement
solid matter → solids *pl*
solids *pl* / Feststoffe *mpl* / matières *fpl* solides
solid state / fester Aggregatzustand *m* / état *m* solide d'agrégat
solubility / Löslichkeit *f* / solubilité *f*
soluble / löslich / soluble
solution / Lösung *f* / solution *f*
— (Chem) / Auflösen *n*, Lösen *n* / dissolution *f*
solution-feed dosage / Naßdosierung *f* / dosage *m* par solution
solution for measurement / Meßlösung *f* / solution *f* de mesure
solve (Chem) / lösen, auflösen / dissoudre
solvent / Lösemittel *n* / solvant *m*, dissolvant *m*
soot / Ruß *m* / suie *f*
source / Quelle *f* / source *f*
space loading (Abw) / Raumbelastung *f* / charge *f* spatiale
spadeable / stichfest / consistant
spare part / Ersatzteil *n* / pièce *f* de rechange
spatula / Spatel *m* / spatule *f*
species (Biol) / Art *f* / espèce *f*, ordre *m*
specific / spezifisch / spécifique
specific conductance / spezifisches Leitvermögen *n* / conductance *f* spécifique
specific gravity / spezifisches Gewicht *n*, Wichte *f* / poids *m* spécifique
specific weight / spezifisches Gewicht *n*, Wichte *f* / poids *m* spécifique
specified value / Sollwert *m* / valeur *f* fixée
specifity / Spezifität *f* / spécificité *f*
spectral bandwidth / spektrale Bandbreite *f* / bande *f* passante
spectral lines / Spektrallinien *fpl* / raies *fpl* spectrales
spectral purity / spektrale Reinheit *f* / pureté *f* spectrale
spectral range / Wellenlängenbereich *m* / domaine *m* spectral
spectrometry / Spektrometrie *f* / spectrométrie *f*
spectrophotometer / Spektralphotometer *m* / spectrophotomètre *m*
speed / Schnelligkeit *f* / vélocité *f*, vitesse *f*
spent acid / Abfallsäure *f* / acide *m* épuisé
spent lye / Ablauge *f*, Abfallauge *f* / lessive *f* épuisée
spent mash / Schlempe *f* / vinasses *fpl*, rinçure *f*
spent pickling liquor / Abfallbeize *f* / liqueur *f* de décapage épuisée
spent sulfite liquor / Sulfitablauge *f* / lessive *f* résiduaire sulfitique
spherical / kugelförmig / sphérique
spillway (Hydrol) / Überfall *m*, Überlauf *m* / déversoir *m*
spin / schleudern, zentrifugieren / centrifuger
splash / verspritzen / jaillir (faire -)

spot   **steam**

spot sample / Stichprobe *f* / échantillon *m* ponctuel
spray / sprengen, besprengen / arroser
spraying / Sprühen *n*, Verdüsen *n* / pulvérisation *f*
spray irrigation / Verregnung *f*, Beregnung *f* / irrigation *f* par aspersion
spray nozzle / Sprühdüse *f* / buse *f* de pulvérisation
spreading basin / Sickerbecken *n* / bassin *m* d'égouttage
spring / Quelle *f* / source *f*
spring overturn (Limnol) / Frühjahrsumwälzung *f* / inversion *f* vernale
sprinkle / benetzen, besprengen, sprengen / mouiller, arroser, humecter
sprinkler / Regner *m*, Beregnungsvorrichtung *f* / aspersoir *m*
— / Drehsprenger *m* / arroseur *m* rotatif
spun glass / Glaswolle *f* / laine *f* de verre
square meter / Quadratmeter *m* / mètre *m* carré
square root / Quadratwurzel *f* / racine *f* carrée
squeeze bottle / Spritzflasche *f* / pissette *f*
stability / Haltbarkeit *f*, Beständigkeit *f* / stabilité *f*
— → marble test for water stability
stability test / Bestimmung *f* der Haltbarkeit, Bestimmung *f* der Fäulnisfähigkeit, Methylenblau-Test *m* / test *m* de stabilité
stabilization / Stabilisierung *f* / stabilisation *f*
— / Konservierung *f* / préservation *f*
stabilization pond / Abwasserteich *m*, Stabilisierungsteich *m* / lagune *f*, étang *m* de stabilisation
stable / haltbar / stable
stack / Schornstein *m* / cheminée *f*
staff gauge / Lattenpegel *m* / échelle *f* limnimétrique
stagnant volume / Totvolumen *n* / volume *m* mort
stagnant water / stehendes Gewässer *n* / eau *f* stagnante
stagnate / stagnieren / stagner
stain (Bakt) / färben, anfärben / teinter
stainless / nichtrostend / inoxydable
stainless steel / rostfreier Stahl *m* / acier *m* inoxydable
stale / schal, fade / fade
standard / Norm *f* / norme *f*, standard *m*
standard addition / Additionsmethode *f*, Aufstockversuch *m* / méthode *f* d'ajouts dosés
standard deviation / Standardabweichung *f* / écart-type *m*
standard error / mittlerer Fehler *m* / erreur-type *f*
standardization / Normung *f* / normalisation *f*
standard method / Einheitsverfahren *n* / procédé *m* normalisé, méthode *f* normalisée
standard solution / Eichlösung *f* / solution *f* étalon
— / Normallösung *f* / solution *f* normale
standard strength (Chem) / Titer *n* / titre *m*
staple fiber / Zellwolle *f* / rayonne *f* filée
starch (Chem) / Stärke *f* / amidon *m*
statistics / Statistik *f* / statistique *f*
steady flow / laminare Strömung *f* / écoulement *m* laminaire
steam / Dampf *m* / vapeur *f*
— / Wasserdampf *m* / vapeur *f* d'eau

steam   **stream**

steam distillation / Wasserdampfdestillation *f* / distillation *f* à la vapeur
steamed mechanical (wood) pulp / Braunschliff *m* / pâte *f* mécanique brune
steam trap / Kondenstopf *m* / séparateur *m* d'eau
steel / Stahl *m* / acier *m*
steep / einweichen, weichen / ramollir, amollir (s'), tremper
steep water / Einweichwasser *n* (Mälzerei), Weichwasser *n* / eau *f* de trempe
stepped / stufenweise / par étages, étagé
stepped aeration (Abw) / Stufenbelüftung *f* / aération *f* répartie, aération *f* étagée
stepped feed / Stufenbelastung *f* / alimentation *f* étagée, charge *f* répartie
sterile / keimfrei, steril / stérile, stérilisé
sterilization / Entkeimung *f*, Sterilisation *f* / stérilisation *f*
stimulation / Anregung *f*, Erregung *f* / excitation *f*, stimulation *f*
stinking / stinkend / malodorant, fétide, puant
stir / rühren, umrühren / agiter, brasser
stirrer / Rührer *m* / agitateur *m*
stirring / Rühren *n*, Umrühren *n* / brassage *m*, agitation *f*
stirring rod / Rührstab *m* / tige *f* d'agitateur, bras *m* d'agitateur
stock / Vorrat *m* / provision *f*, stock *m*, fonds *m*
— (with fish) / besetzen / empoissonner, aleviner
stock culture (Bakt) / Stammkultur *f* / souche *f* pour culture
stock of fish / Fischbesatz *m* / empoissonnement *m*, alevinage *m*, peuplement *m* piscicole
stock solution / Vorratslösung *f*, Stammlösung *f* / solution *f* mère, solution *f* étalon
stone / Stein *m* / pierre *f*
stoneware / Steinzeug *n* / grès *m* vernissé
stoppage / Verstopfung *f* / obstruction *f*, colmatage *m*
stopper / Stopfen *m* / bouchon *m*
— (of a flask) / verschließen / boucher
stop up / verstopfen, zusetzen / engorger, obstruer
storage / Speicherung *f* / stockage *m*
storage basin / Sammelbecken *n*, Sammelbehälter *m* / réservoir *m* de stockage
storage capacity / Stauraum *m*, Fassungsraum *m* / capacité *f* de stockage
storage pond / Stapelteich *m*, Speicherteich *m* / étang *m* d'accumulation
store / Vorrat *m* / provision *f*, stock *m*, fonds *m*
storm-overflow / Regenüberlauf *m* / déversoir *m* d'orage
storm water / Niederschlag *m*, Regen *m* / pluie *f*, précipitation *f*
storm-water retention basin / Regenrückhaltebecken *n* / bassin *m* de retenue des eaux de pluie
STP → sodium tripolyphosphate
straight chain / gradkettig, linear / linéaire
strainer / Sieb *n* / tamis *m*, crible *m*
strainer pipe / Filterrohr *n*, Brunnenfilter *n* / crépine *f* de puits, tuyau *m* filtre, tube *m* crépine
stratification (Limnol) / Schichtung *f* / stratification *f*
stratum (Geol) / Schicht *f*, Bett *n* / couche *f*, strate *f*
streak (Bakt) / Abstrich *m* / frottis *m*
stream / Strahl *m* / jet *m*
— (Hydrol) / Strom *m* / fleuve *m*

streamline flow / laminare Strömung f / écoulement m laminaire
street inlet / Sinkkasten m, Gully m, Straßeneinlauf m / siphon m de décantation, bouche f d'égout
strength / Stärke f / puissance f, intensité f
stress / Spannung f / tension f, effort m
stripping / Strippen n, Austreiben n (von Gas) / strippage f
strong / stark / fortement
strong sewage / dickes Abwasser n / eaux fpl usées concentrées
strontium / Strontium n / strontium m
structure / Gefüge n, Struktur f / structure f, texture f
submerged burner / Tauchbrenner m / brûleur m immergé
submerged disk (disc) filter / Scheibentropfkörper m / disque m biologique
submerged filter / überstauter Filter m / filtre m noyé, filtre m immergé
submerged plant / Unterwasserpflanze f / plante f submergée
submission / Ausschreibung f / soumission f
subsequent filter / Nachfilter m / filtre m finisseur
subsoil irrigation / Untergrundverrieselung f / irrigation f en sous-sol
substance / Stoff m, Substanz f / substance f, matière f
substrate (Bakt) / Nährlösung f / bouillon m de culture
succinic acid / Bernsteinsäure f / acide m succinique
suction / Saugen n, Ansaugen n / succion f
suction bottle / Saugflasche f / fiole f à vide
suction pump / Saugpumpe f / pompe f aspirante
sugar / Zucker m / sucre m
sugar beet flume water / Rüben-Schwemm- und -Waschwasser n / eau f de lavage des betteraves
sulfate / Sulfat n / sulfate m
sulfate black-liquor / Schwarzlauge f / liqueur f noire
sulfate pulp / Sulfatzellstoff m / pâte f à la soude, pâte f au sulfate
sulfide / Sulfid n / sulfure m
sulfite / Sulfit n / sulfite m
sulfite pulp / Sulfitzellstoff m / pâte f au sulfite
sulfonation / Sulfonierung f / sulfonation f
sulfur / Schwefel m / soufre m
— → total organic sulfur
sulfur dioxide / schweflige Säure f, Schwefeldioxid n / acide m sulfureux
sulfuric acid / Schwefelsäure f / acide m sulfurique
sulfurous acid / schweflige Säure f, Schwefeldioxid n / acide m sulfureux
sump / Pumpensumpf m / puisard m
superchlorinate / hochchloren, überchloren / superchlorer
supersaturate / übersättigen / sursaturer
supersaturation / Übersättigung f / sursaturation f
supersonics / Ultraschall m / ultrason m, infrason m
supervise / überwachen / surveiller, contrôler
supervision / Überwachung f / contrôle m, surveillance f
supply / liefern, versorgen, beschaffen / livrer, alimenter, approvisionner, desservir
supply water / Leitungswasser n / eaux fpl de distribution
surcharge / überlasten, überbelasten / surcharger

surf / Brecher *mpl* / ressac *m*, brisement *m*
surface / Oberfläche *f* / surface *f*
surface-active agents *pl* / oberflächenaktive Stoffe *mpl*, Tenside *npl* / agents *mpl* tensio-actifs, agents *mpl* de surface
surface aeration / Oberflächenbelüftung *f* / aération *f* superficielle
surface condenser / Oberflächenkondensator *m* / condenseur *m* à surface
surface film / Rasen *m* (eines Tropfkörpers) / pellicule *f*, film *m* biologique
surface filtration / Oberflächenfilterung *f* / filtration *f* en surface
surface loading / Flächenbelastung *f*, Oberflächenbelastung *f* / charge *f* superficielle
surface tension / Oberflächenspannung *f* / tension *f* superficielle
surface tension meter / Oberflächenspannungsmesser *m* / tensiomètre *m* interfacial
surface waters *pl* / Oberflächengewässer *n* / eaux *fpl* de surface
surfactant (soft, hard) / Tensid *n* / agent *m* tensio-actif
surfactants / oberflächenaktive Stoffe *mpl*, Tenside *npl* / agents *mpl* tensio-actifs, agents *mpl* de surface
surroundings *pl* / Umwelt *f*, Umgebung *f*, Umgegend *f* / environs *mpl*, alentours *mpl*, environnement *m*
survival / Überleben *n* / survivance *f*
susceptibility / Empfänglichkeit *f*, Anfälligkeit *f* / susceptibilité *f*
suspect / verdächtig / suspect
suspended solids / Schwebestoffe *mpl* / matières *fpl* en suspension
swamp / Morast *m* / bourbe *f*
— / Sumpf *m* / marais *m*, marécage *m*
swampy / moorig, sumpfig / marécageux, bourbeux
sweat / schwitzen, transpirieren / suer, transpirer
sweepings / Müll *m*, Hausmüll *m*, Kehricht *m* / ordures *fpl* ménagères, immondices *fpl*
sweetish / süßlich / douceâtre
swimming pool / Schwimmbad *n* / piscine *f*
symbiosis / Symbiose *f* / symbiose *f*
synthesis / Synthese *f* / synthèse *f*
synthetic(al) / synthetisch / synthétique
synthetic resin / Kunstharz *n*, Plastik *n* / résine *f* synthétigue, plastique *m*
systematic error / systematischer Fehler *m* / erreur *f* systématique

table / Tabelle *f* / tableau *m*
table water / Tafelwasser *n* / eau *f* de table
tail liquor / Ablauge *f*, Abfallauge *f* / lessive *f* épuisée
take / entnehmen / prélever
tank / Becken *n* / bassin *m*
— / Behälter *m* / réservoir *m*, récipient *m*
tanker / Tanker *m* / pétrolier *m*
tannery / Gerberei *f* / tannerie *f*
tannin / Gerbstoff *m* / tannin *m*, tanin *m*
tanning liquor / Gerbbrühe *f* / tannée *f*, jus *m* de tannerie
tape worm / Bandwurm *m* / ver *m* solitaire, ténia *m*
tapping (Hydrol) / Erschließung *f*, Fassung *f* / captage *m*
tap water / Leitungswasser *n* / eaux *fpl* de distribution
tar / Teer *m* / goudron *m*

tarry / teerartig / goudronneux
taste / Geschmack *m* / goût *m*, saveur *f*
tasteless / geschmacklos / insipide
temperature gradient / Temperaturgefälle *n*, Temperaturgradient *m* / chute *f* de température
temperature stratification / Temperaturschichtung *f* / stratification *f* thermique
tension / Spannung *f* / tension *f*, effort *m*
terms of delivery / Lieferbedingungen *fpl* / conditions *fpl* de livraison
tertiary treatment / dritte Reinigungsstufe *f* / traitement *m* tertiaire
test / Versuch *m* / essai *m*
— / Prüfung *f*, Untersuchung *f* / examen *m*, vérification *f*
— / versuchen / essayer
— (of significance) / Prüfverfahren *n* / test *m* de signification, test *m* d'épreuve
test glass / Reagenzglas *n* / tube *m* à essai
test portion / Untersuchungsprobe *f* / prise *f* d'essai
test solution / Probenlösung *f* / solution *f* d'épreuve, solution *f* d'échantillonnage
test tube / Reagenzglas *n* / tube *m* à essai
tetraethyl lead / Bleitetraethyl *n* / tetraéthyle *m* de plomb
texture / Gefüge *n*, Struktur *f* / structure *f*, texture *f*
thaw / tauen, auftauen, schmelzen / dégeler
thermal / thermisch / thermique
thermal unit / Wärmeeinheit *f* / unité *f* thermique, unité *f* de chaleur
thermocline (Limnol) / Sprungschicht *f*, Metalimnion *n* / thermocline *f*, métalimnion *m*, couche *f* du saut thermique
thermometer / Thermometer *n* / thermomètre *m*
thermophilic / wärmeliebend, thermophil / thermophile
thicken / eindicken / épaissir
thickener / Eindicker *m* / épaississeur *m*
thickening / Eindickung *f* / épaississement *m*
thickness / Dicke *f* / épaisseur *f*
— (of a layer) / Schichtdicke *f* / épaisseur *f* de couche
thin layer chromatography / Dünnschicht-Chromatographie *f* / chromatographie *f* à couche mince
thiocyanate / Rhodanid *n*, Thiocyanat *n* / thiocyanate *m*
thiosulfate / Thiosulfat *n* / thiosulfate *m*, hyposulfite *m*
thixotropy / Thixotropie *f* / thixotropie *f*
three-necked flask / Dreihalskolben *m* / ballon *m* à trois cols
three-way cock / Dreiweghahn *m* / robinet *m* à trois voies
threshold / Schwelle *f* / seuil *f*
threshold treatment / Schwellenverfahren *n*, Schwellenwertbehandlung *f* / traitement *m* de seuil
throttle / drosseln / étrangler
thunderstorm / Gewitter *n* / orage *m*
tidal river / Tidefluß *m* / fleuve *m* à marée
tide / Gezeiten *pl*, Tide *f* / marée *f*
tight / dicht / étanche
tightness / Dichtigkeit *f* / étanchéité *f*
time / Zeit *f* / temps *m*

132

tin / Zinn *n* / étain *m*
tin coated / verzinnt / étamé
tissue / Gewebe *n* / tissu *m*, étoffe *f*
titer / Titer *n* / titre *m*
title / Titel *m* / titre *m*
titrate / titrieren / titrer
titration / Titration *f*, Titrieren *n* / titrage *m*
titrimetric / maßanalytisch, volumetrisch / volumétrique
TOC → total organic carbon
TOD → total oxygen demand
top coating / Deckschicht *f* (eines Anstriches) / couche *f* superficielle
TOS → total organic sulfur
total / gesamt / total, global
total capacity / Gesamtinhalt *m* / capacité *f* totale, volume *m* total
total hardness / Gesamthärte *f* / dureté *f* totale, titre *m* hydrotimétrique
total mean / Gesamtmittelwert *m* / moyenne *f* générale
total nitrogen / Gesamtstickstoff *m* / azote *m* total
total organic carbon TOC / gesamter organischer Kohlenstoff *m* / carbone *m* organique total
total organic nitrogen / gesamter organisch gebundener Stickstoff *m* / azote *m* organique total
total organic sulfur TOS / gesamter organischer Schwefel *m* / soufre *m* organique total
total oxygen demand TOD / gesamter Sauerstoffbedarf *m* / demande *f* en oxygène totale DOT, demande *f* totale en oxygène DTO
total phosphorous / Gesamtphosphor *m* / phosphore *m* total
total solids / Gesamtrückstand *m* / résidu *m* total, matières *fpl* solides totales
tower / Turm *m* / tour *f*
toxic / giftig / toxique, vénéneux
toxicity / Giftigkeit *f*, Toxizität *f* / toxicité *f*
toxicity to fish / Fischgiftigkeit *f* / toxicité *f* vis-à-vis des poissons
toxic threshold / Schädlichkeitsgrenze *f* / seuil *m* de toxicité
trace / Spur *f* / trace *f*
trace element (Chem) / Spurenelement *n* / élément-trace *m*
tracer / Indikator *m*, Anzeiger *m* / indicateur *m*
— (Physiol, Med) / Tracer *m* / traceur *m*
tracing / Markierung *f* / traçage *m*
trade waste water / gewerbliches Abwasser *n*, Industrieabwasser *n* / eaux *fpl* résiduaires industrielles
transmission / Durchlässigkeit *f* (für Strahlung) / transmission *f*
transmitter / Meßwertwandler *m* / transmetteur *m* de mesure
transparency / Durchsichtigkeit *f* / transparence *f*
— (of a liquid) / Klarheit *f* / limpidité *f*
transparent / durchsichtig, klar / transparent, clair, limpide
transpire / schwitzen, transpirieren / suer, transpirer
trash / Müll *m*, Hausmüll *m*, Kehricht *m* / ordures *fpl* ménagères, immondices *fpl*
tray / Trog *m* / bac *m*, auge *f*
tray aeration / Kaskadenbelüftung *f* / aération *f* par cascade
treat / behandeln / traiter

treatment / Aufbereitung *f*, Behandlung *f*, Konditionierung *f* / traitement *m*
trench / Graben *m* / tranchée *f*, fossé *m*
trend / Trend *m* / tendance *f*
tributary / Nebenfluß *m* / affluent *m*
trichloracetic acid / Trichloressigsäure *f* / acide *m* trichloroacétique
trickle / rieseln / ruisseler
trickling filter / Tropfkörper *m* / filtre *m* percolateur, lit *m* bactérien, filtre *m* biologique
tritium / Tritium *n* / tritium *m*
trivalent (Chem) / dreiwertig / trivalent
trough / Trog *m* / bac *m*, auge *f*
true value / wahrer Wert *m* / valeur *f* vraie, valeur *f* exacte
trunk sewer (Abw) / Hauptsammler *m*, Stammsiel *n* / collecteur *m* principal
try / versuchen / essayer
tube / Rohr *n*, Röhre *f* / tube *m*, tuyau *m*
tubercle / Rostknolle *f* / tubercule *m* de rouille
tubing / Leitung *f* / conduite *f* (d'eau potable), canalisation *f* (d'eau usée)
— / Verrohrung *f* / tuyauterie *f*, tubage *m*
turbid / trübe, schlammig / trouble
turbidimeter / Trübungsmesser *m* / turbidimètre *m*
turbidity / Trübung *f* / turbidité *f*
turbulent / turbulent / turbulent
turning point (Chem) / Umschlagpunkt *m*, Wendepunkt *m* / point *m* de virage
two-stage / zweistufig / à deux étages
typhoid fever / Typhus *m* / fièvre *f* typhoïde

ultrafiltration / Ultrafiltration *f* / ultrafiltration *f*
ultrasonics / Ultraschall *m* / ultrason *m*, infrason *m*
ultra-violet / ultraviolett / ultra-violet
unbleached / ungebleicht / écru
unbranched / unverzweigt / non-ramifié
unbreakable / bruchfest / résistant à la rupture
unclean / unrein / impur
underpressure / Unterdruck *m* / sous-pression *f*
undissolved matter / ungelöste Stoffe *mpl* / matières *fpl* non dissoutes
unhealthy / ungesund / insalubre, malsain
unicellular / einzellig / unicellulaire
uniform flow / gleichförmige Strömung *f* / écoulement *m* uniforme
unit / Einheit *f* / unité *f*
unpleasant / unangenehm / désagréable
unsaponifiable / unverseifbar / insaponifiable
unsaturated / ungesättigt / non-saturé
unsteady / veränderlich, unbeständig / variable, changeant, inconstant
upkeep / Unterhaltung *f*, Instandhaltung *f* / entretien *m*
upstream / flußaufwärts, stromaufwärts / en amont
uptake (Biol) / Aufnahme *f* / ingestion *f*, réception *f*
upward flow / Aufwärtsströmung *f* / courant *m* ascendant
upward flow rate / Aufstiegsgeschwindigkeit *f*, Steiggeschwindigkeit *f* / vitesse *f* ascensionnelle

uranium / Uran n / uranium m
urea / Harnstoff m / urée f
urinal / Pissoir n / urinoir m
urine / Harn m, Urin m / urine f
usable / nutzbar / exploitable
usable capacity / Nutzinhalt m / capacité f utile, volume m utile
use / Gebrauch m, Nutzung f / emploi m
useful / nützlich / utile, profitable
utilization / Verwertung f / utilisation f, mise f en valeur
utilize / verwerten / utiliser
UV-ray emitter / UV-Strahler m / lampe f UV

vacuum / Vakuum n / vacuum m, vide m
vacuum filtration / Vakuumfiltration f / filtration f sous vide
vacuum pump / Vakuumpumpe f / pompe f à vide
valley / Tal n / vallée f
valve / Ventil n / valve f, soupape f
— / Schieber m / vanne f
vanadium / Vanadium n / vanadium m
vanishing / Verschwinden n / disparition f
vapor (USA) / Dampf m / vapeur f
vapour → vapor
vaporize / verdampfen, eindampfen, abdampfen / évaporer, vaporiser
vapour (vapor) pressure / Dampfdruck m / pression f de la vapeur
variable / veränderlich, unbeständig / variable, changeant, inconstant
variance (Math) / Streuung f, Varianz f / variance f
variation / Schwankung f, Oszillation f / oscillation f, variation f, fluctuation f
vegetable / pflanzlich / végetal
— / Gemüse n / légume m
vegetation / Vegetation f / végétation f
velocity / Geschwindigkeit f / vitesse f
velocity of flow / Durchflußgeschwindigkeit f / vitesse f de débit
venom / Gift n / poison m, toxique m
ventilate / entlüften / désaérer
ventilation / Lüftung f, Ventilation f / ventilation f
Venturi flume / Venturigerinne n / canal m Venturi
vertical / senkrecht, vertikal / vertical, perpendiculaire
vessel / Gefäß n / vase m
vibrate / rütteln / vibrer, ébranler
vibrator / Rüttler m, Schüttelmaschine f / vibrateur m
victuals pl / Lebensmittel n / denrée f
vinegar / Essig m / vinaigre m
viscose / Zellwolle f / rayonne f filée
viscose rayon / Viskosefaser f / rayonne f de viscose
viscosity / Zähflüssigkeit f, Viskosität f / viscosité f
viscous / zähflüssig, dickflüssig / visqueux
visibility / Sichtbarkeit f / visibilité f
vitrified tile / Steingut n / faïence f, grès m

vitrify / emaillieren / émailler
void / leer / vide
volatile / flüchtig / volatil
volatile acids / flüchtige Säuren *fpl* / acides *mpl* volatils
volatile matter / Glühverlust *m* / matières *fpl* volatiles, perte *f* au feu
volatile solids / Glühverlust *m* / matières *fpl* volatiles, perte *f* au feu
volatility (Chem) / Flüchtigkeit *f* / volatilité *f*
volume / Volumen *n*, Rauminhalt *m*, Inhalt *m* / volume *m*, capacité *f*
volumetric / maßanalytisch, volumetrisch / volumétrique
volumetric load / Volumenbelastung *f* / charge *f* volumétrique

wall / Wand *f*, Wandung *f* / paroi *f*
wall of pipe / Rohrwandung *f* / paroi *f* du tuyau
warm / warm, heiß / chaud
warmth / Wärme *f*, Hitze *f* / chaleur *f*
warning limits / Warnbereich *m* / zone *f* d'alerte
wash / waschen / laver, blanchir
washing / Spülung *f*, Wäsche *f* / rinçage *m*, lavage *m*, chasse *f*
washing (wash) bottle (Chem) / Waschflasche *f* / barboteur *m*, flacon *m* laveur
waste / vergeuden, verschwenden / gaspiller
waste heat / Abwärme *f* / chaleur *f* perdue
wastes *pl* / Abfälle *mpl* / déchets *mpl*, résidus *mpl*
waste water / Abwasser *n* / eau *f* résiduaire, eau *f* usée
waste water treatment plant / Abwasserreinigungsanlage *f*, Klärwerk *n* / station *f* d'épuration des eaux d'égout
water / verrieseln, berieseln, bewässern / irriguer
— / Wasser *n* / eau *f*
— (Zool) / tränken / abreuver
water bath / Wasserbad *n* / bain-marie *m*
water bearing formation / Aquifer *m*, Grundwasserraum *m* / aquifère *f* (formation)
water-borne diseases *pl* / Wasserkrankheiten *fpl* / maladies *fpl* d'origine hydrique
water course / Wasserlauf *m* / cours *m* d'eau
water demand / Wasserbedarf *m* / besoins *mpl* en eau
water distribution network / Wasserleitungsnetz *n* / réseau *m* de distribution d'eau
water divide (Geol) / Wasserscheide *f* / ligne *f* de partage des eaux
water glass (Chem) / Wasserglas *n*, Alkalisilikat *n* / silicate *m* de sodium, verre *m* soluble
water jet air pump / Wasserstrahlpumpe *f* / pompe *f* par jet d'eau, trompe *f* d'éau
water level / Wasserspiegel *m* / niveau *m* hydrostatique, plan *m* d'eau
water meter / Wasserzähler *m* / compteur *m* d'eau
water of crystallization / Kristallwasser *n* / eau *f* de cristallisation
water plant / Wasserpflanze *f* / plante *f* aquatique
water purification / Wasseraufbereitung *f* / traitement *m* de l'eau
water repellent / wasserabweisend, hydrophob / hydrophobe
water resources management / Wasserwirtschaft *f* / aménagement *m* des eaux
waters *pl* / Gewässer *n* / eaux *fpl*
watershed (Geol) / Wasserscheide *f* / ligne *f* de partage des eaux
— (Hydrol) / Einzugsgebiet *n* / bassin *m* versant

water   yield

water supply / Wasserversorgung *f* / approvisionnement *m* en eau, distribution *f* d'eau
water tower / Wasserturm *m* / château *m* d'eau
water vapour / Wasserdampf *m* / vapeur *f* d'eau
water way / Wasserstraße *f* / voie *f* navigable
water works / Wasserwerk *n* / usine *f* d'eau
wave / Welle *f* / onde *f*
wave length / Wellenlänge *f* / longueur *f* d'onde
weak / schwach / faible, peu
weak sewage / dünnes Abwasser *n* / eaux *fpl* usées diluées
wear / Verschleiß *m*, Abnutzung *f* / usure *f*
weed / Unkraut *n* / mauvaise herbe *f*
weed control / Entkrautung *f* / désherbage *m*
weigh / wiegen / peser
weighing bottle / Wägeglas *n* / flacon *m* à tare
weight / Gewicht *n* / poids *m*
weighted mean / gewogenes Mittel *n* / moyenne *f* pondérée
weir / Stauanlage *f*, Wehranlage *f*, Stauwerk *n* / barrage *m*
weld / schweißen / souder
well / Brunnen *m*, Schacht *m* / puits *m*
wet / benetzen / mouiller, humecter
— / naß / mouillé
wet cyclone / Hydrozyklon *m* / hydrocyclone *m*
wet oxidation / Naßverbrennung *f* / oxydation *f* humide
wetting agent / Netzmittel *n*, Benetzungsmittel *n* / mouillant *m*
wet well / Pumpensumpf *m* / puisard *m*
wheel / Rad *n* / roue *f*
wheel water / Rüben-Schwemm- und -Waschwasser *n* / eau *f* de lavage des betteraves
whey / Molke *f* / petit-lait *m*, lactosérum *m*
white (coarse) fish / Weißfisch *m* / poissons *mpl* blancs
wide necked bottle / Weithalsflasche *f* / flacon *m* à ouverture large
wood / Holz *n* / bois *m*
wood fiber / Holzfaser *f* / fibre *f* ligneuse
wood pulp / Holzschliff *m*, Holzstoff *m* / pâte *f* de bois, pâte *f* mécanique
wood pulp hydrolysis / Holzverzuckerung *f* / hydrolyse *f* du bois, saccharification *f* du bois
working capacity / Nutzinhalt *m* / capacité *f* utile, volume *m* utile
working range / nutzbarer Bereich *m* / domaine *m* utile
works / Anlage *f*, Betrieb *m* / installation *f*, établissement *m*
— / Fabrik *f* / usine *f*, fabrique *f*, exploitation *f* industrielle
woven filter / Gewebefilter *m* / filtre *m* en toile
wrought iron / Schmiedeeisen *n* / fer *m* forgé

X-ray test / Röntgenuntersuchung *f* / examen *m* aux rayons X

yeast / Hefe *f* / levure *f*
yield / Leistung *f*, Ertrag *m* / rapport *m*
— (Chem) / Ausbeute *f* / rendement *m*

yield

— (Hydrol) / Ergiebigkeit *f*, Schüttung *f* / débit *m*
— (Biol) / Ertrag *m* / rendement *m*

zeta potential / Zetapotential *n* / zêta *m* potentiel
zinc / Zink *n* / zinc *m*

Notes explicatives

Le dictionnaire de la Chimie des Eaux se compose de trois parties de valeur égale dans lesquelles, a chaque fois, tous les termes sont ordonnés alphabéthiquement dans l'une des trois langues – allemand, anglais ou français. Le premier et le dernier terme d'une feuille est signalé en tête de page.

A chaque inscription – isolée par un trait de séparation – suivent les traductions dans les deux autres langues. Au cours des traductions, dans le cas où plusieurs synonymes doivent être mentionnés, ceux-ci sont alors séparés par des virgules. Lors de la traduction, dans l'une des langues initiales, les synonymes sont considérés comme des termes autonomes. Des expressions qui se composent de plusieurs mots sont mentionnées non seulement sous forme de substantif mais aussi sous forme de terme complet. Par exemple sont citées des expressions comme:

demande en oxygene totale

DOT→ demande en oxygene totale

oxygene →demande en oxygene totale.

Pour chaque substantif français et allemand, le genre est indiqué en caractères italiques (m masculin, f feminin, n neutre). Les mots qui n'interviennent qu'au pluriel sont signalés par pl. En ce qui concerne les expressions anglaises, l'orthographie britannique est prise en considération, cependant par écart de langage, celle-ci est complétée par l'orthographie américaine. Dans la partie anglaise, les expressions americaines sont suivies d'une référence à l'orthographie britannique. Des acronymes courants sont ordonnés alphabétiquement avec référence transversale au terme écrit en toute lettre. La dénomination des procédés d'analyse s'est effectuée d'après les normes des Deutsche Einheitsverfahren du Deutsches Institut für Normung (DIN–DEV), des Standard Methods for Examination of Water and Waste Water de l'American Public Health Association, de l'American Waterworks Association et de la Water Pollution Control Federation et d'après les normes de l'Association Française de Normalisation.

Dans la présence de nombreux termes, le domaine spécial dont l'expression lui appartient, est donné – sous forme abrégée – entre paranthèses, ou bien il est indiqué à l'aide de notes explicatives sous lequel rapport le terme trouve normalement emploi.

Index des Abréviations

Abw	eau usée	Abwasser	sewage, waste water
Anal	analytique	Analytik	analytics
Bakt	bacteriologie	Bakteriologie	bacteriology
Biol	biologie	Biologie	biology
Bot	botanique	Botanik	botany
Chem	chimie	Chemie	chemistry
Elekt	électricité	Elektrizität	electricity
Geol	géologie	Geologie	geology
GB	Grande-Bretagne	Großbritannien	Great Britain
Hydrol	hydrologie	Hydrologie	hydrology
Korr	corrosion	Korrosion	corrosion
Labor	laboratoire	Laboratorium	laboratory
Limnol	limnologie	Limnologie	limnology
Math	mathématique	Mathematik	mathematics
Med	médicine	Medizin	medicine
Meteor	météorologie	Meteorologie	meteorology
Papier	papier, carton	Papier, Pappe	paper, cardboard
Phy	physique	Physik	physics
Physiol	physiologie	Physiologie	physiology
Techn	technique	Technik	engineering
Text	textile	Textil	textile
USA	Etats-Unis de l'Amerique	Vereinigte Staaten von Amerika	United States of America
Zool	zoologie	Zoologie	zoology

abaissement *m* / Erniedrigung *f*, Verminderung *f* / decrease, lowering, reduction
abattement *m* (Geol) / Absenkung *f* / draw down
abattoir *m* / Schlachthaus *n*, Schlachthof *m* / slaughter house, abattoir
abrasion *f* / Verschleiß *m*, Abrieb *m* / abrasion, attrition
abreuver (Zool) / tränken / water
absorbance *f* / Extinktion *f* / absorbance
absorbeur *m* / Absorptionsgefäß *n* / absorption vessel
absorption *f* (Chem, Phys, Physiol) / Absorption *f* / absorption
— → capacité *f* d'absorption
— → vase *f* d'absorption
absorption *f* atomique (Anal) / Atomabsorption *f* / atomic absorption
absorption *f* d'oxygène / Sauerstoffaufnahme *f* / oxygen uptake, absorption of oxygen
accepteur *m* / Akzeptor *m* / acceptor
accessoires *mpl* / Zubehör *n* / accessories *pl*
accident *m* / Unfall *m* / accident
acclimater / akklimatisieren / acclimatize
accroissement *m* / Vermehrung *f*, Zuwachs *m* / growth, increase
accumulation *f* / Akkumulation *f*, Anreicherung *f*, Speicherung *f* / accumulation
accumuler / sammeln, ansammeln / gather, collect, accumulate
acétate *m* / Acetat *n* / acetate
acétate *m* d'éthyle / Ethylacetat *n* / ethyl acetate
acétone *f* / Aceton *n* / acetone
acétylène *m* / Acetylen *n* / acetylene
acide *m* / Säure *f* / acid
acide / sauer / acid
acide *m* acétique / Essigsäure *f* / acetic acid
acide *m* aminé / Aminosäure *f* / amino acid
acide *m* ascorbique / Ascorbinsäure *f* / ascorbic acid
acide *m* borique / Borsäure *f* / boric acid
acide *m* butyrique / Buttersäure *f* / butyric acid
acide *m* carbolique / Phenol *n*, Karbolsäure *f* / phenol, carbolic acid
acide *m* carbonique / Kohlensäure *f*, Kohlenstoffdioxid *n* / carbon dioxide, carbonic acid
acide *m* carbonique agressif / aggressives Kohlenstoffdioxid *n* / aggressive carbon dioxide
acide *m* carbonique libre en excès / überschüssiges Kohlenstoffdioxid *n* / excess carbon dioxide
acide *m* chlorhydrique / Salzsäure *f*, Chlorwasserstoffsäure *f* / hydrochloric acid, muriatic acid
acide *m* chromique / Chromsäure *f* / chromic acid
acide *m* cyanhydrique / Cyanwasserstoff *m*, Blausäure *f* / hydrocyanic acid, hydrogen cyanide, Prussic acid
acide *m* épuisé / Abfallsäure *f* / spent acid
acide *m* fluorhydrique / Flußsäure *f*, Fluorwasserstoffsäure *f* / hydrofluoric acid
acide *m* fluosilicique / Kieselfluorwasserstoff *m* / fluosilicic acid
acide *m* formique / Ameisensäure *f* / formic acid
acide *m* gras / Fettsäure *f* / fatty acid
acide *m* humique / Huminsäure *f* / humic acid

acide *m* **hypochloreux** / unterchlorige Säure *f* / hypochlorous acid
acide *m* **lactique** / Milchsäure *f* / lactic acid
acide *m* **nitreux** / salpetrige Säure *f* / nitrous acid
acide *m* **nitrilotriacétique** / Nitrilotriessigsäure *f* / nitrilotriacetic acid
acide *m* **nitrique** / Salpetersäure *f* / nitric acid
acide *m* **perchlorique** / Perchlorsäure *f* / perchloric acid
acide *m* **phosphorique** / Orthophosphorsäure *f* / (ortho)phosphoric acid
acide *m* **prussique** / Cyanwasserstoff *m*, Blausäure *f* / hydrocyanic acid, hydrogen cyanide, Prussic acid
acide *m* **succinique** / Bernsteinsäure *f* / succinic acid
acide *m* **sulfureux** / schweflige Säure *f*, Schwefeldioxid *n* / sulfur dioxide, sulfurous acid
acide *m* **sulfurique** / Schwefelsäure *f* / sulfuric acid
acides *mpl* **volatils** / flüchtige Säuren *fpl* / volatile acids
acide *m* **trichloroacétique** / Trichloressigsäure *f* / trichloracetic acid
acidification *f* / Ansäuerung *f* / acidification
acidifier / ansäuern / acidify
acidité *f* / Azidität *f*, Säuregrad *m* / acidity
acier *m* / Stahl *m* / steel
acier *m* **inoxydable** / rostfreier Stahl *m* / stainless steel
action *f* / Wirkung *f* / action, effect
activation *f* / Aktivierung *f* / activation
activité *f* **inhibitrice** / Hemmwirkung *f* / inhibiting action
adaptation *f* / Anpassung *f*, Adaptierung *f* / adaptation
addition *f* / Zusatz *m*, Zugabe *f* / addition, feed
adduction *f* (Hydrol) / Einleitung *f*, Zufuhr *f* / influx, influent
à deux étages / zweistufig / two-stage, double stage
adjuvant *m* **de floculation** / Flockungshilfsmittel *n* / coagulant aid
admissible / zulässig / permissible, admissible
adoucir / enthärten / soften
adoucissement *m* / Enthärtung *f* / softening
adoucissement *m* **partiel** / Teilenthärtung *f* / partial softening
adoucisseur *m* **domestique** / Hausenthärter *m* / domestic softener
adsorber / adsorbieren / adsorb
adsorption *f* / Adsorption *f* / adsorption
aérateur *m* / Belüfter *m* / aerator
aération *f* / Belüftung *f*, Lüftung *f* / aeration
— → bassin *m* d'aération
aération *f* **à fines bulles** / feinblasige Belüftung *f* / fine bubble aeration
aération *f* **étagée** → aération *f* répartie
aération *f* **par cascade** / Kaskadenbelüftung *f* / tray aeration
aération *f* **par diffusion** / Druckluftbelüftung *f* / diffused air aeration
aération *f* **par grosses bulles** / grobblasige Belüftung *f* / large bubble aeration
aération *f* **prolongée** / Langzeitbelüftung *f* / extended aeration
aération *f* **répartie** (Abw) / Stufenbelüftung *f* / stepped aeration
aération *f* **superficielle** / Oberflächenbelüftung *f* / surface aeration
aérer / belüften / aerate
aérobie / aerob / aerobic
aérosol *m* / Aerosol *n* / aerosol

affaissement *m* **de terrain** / Erdsenkung *f* / land subsidence
affichage *m* **de mesure** / Meßwertausgabe *f* / readout of measured values
affinage *m* (Abw) / Schönung *f*, weitergehende Behandlung *f* / advanced treatment, polishing
affluent *m* / Nebenfluß *m* / tributary, affluent
âge *m* / Alter *n* / age
âge *m* **des boues** / Schlammalter *n* / sludge age
agent *m* (Chem) / Mittel *n* / agent
agent *m* **antimoussant** / Entschäumer *m* / antifoam
agent *m* **de station d'épuration** / Klärwärter *m* / sewage works operator
agent *m* **liant** / Bindemittel *n* / binder, binding agent
agent *m* **réducteur** / Reduktionsmittel *n* / reducing agent
agents *mpl* **de surface** / oberflächenaktive Stoffe *mpl*, Tenside *npl* / surfactants, surface-active agents *pl*
agents *mpl* **tensio-actifs** / oberflächenaktive Stoffe *mpl*, Tenside *npl* / surfactants, surface-active agents *pl*
agent *m* **tensio-actif** (doux, dur) / Tensid *n* / surfactant
agir / reagieren / react
agitateur *m* / Rührer *m* / stirrer, agitator
agitateur *m* **magnétique** / Magnetrührer *m* / magnetic stirrer
agitation *f* / Rühren *n*, Umrühren *n* / agitating, stirring
agiter / rühren, umrühren / agitate, stir
agrandissement *m* / Vergrößerung *f* / enlargement
agrégation *f* / Aggregation *f*, Anhäufung *f* / aggregation
agressif / aggressiv / aggressive
agressivité *f* / Aggressivität *f*, Angriffsfähigkeit *f* / aggressiveness
agressivité *f* **vis-à-vis de la chaux** / Kalkaggressivität *f* / aggressivity against lime
aigu / akut / acute
aiguille *f* / Nadel *f* / needle
air *m* / Luft *f* / air
— → tirage *m*
— → courant *m* d'air
air *m* **comprimé** / Druckluft *f* / compressed air
air *m* **d'échappement** *m* / Abluft *f* / exhaust air
aire *f* / Oberfläche *f*, Flächeninhalt *m* / area
ajout *m* / Zusatz *m*, Zugabe *f* / addition, feed
ajouter / zusetzen, zufügen / add
albumine *f* / Eiweiß *n*, Protein *n* / albumin, protein
alcali *m* / Alkali *n* / alkali
alcalin / alkalisch / alkaline
alcalinité *f* / Alkalität *f* / alkalinity
alcalinité *f* **caustique** / Ätzalkalität *f* / caustic alkalinity
alcool *m* / Alkohol *m* / alcohol
alentours *mpl* / Umwelt *f*, Umgebung *f*, Umgegend *f* / environment, surroundings *pl*
alevinage *m* / Fischbesatz *m* / stock of fish
aleviner (avec des poissons) / besetzen / stock
algicide *m* / Algizid *n* / algicide
algue *f* / Alge *f* / alga

143

alimentation   **anionique**

alimentation f / Zufuhr f, Speisung f, Beschickung f, Ladung f / charge, feed
alimentation f **en eau de secours** / Notwasserversorgung f / emergency water supply
alimentation f **en oxygène** / Sauerstoffeintrag m / oxygenation
alimentation f **étagée** / Stufenbelastung f / stepped feed
alimenter / versorgen, beschaffen / supply, provide
aliphatique / aliphatisch / aliphatic
alkylbenzène sulfonate m / Alkylbenzolsulfonat n / alkylbenzene sulfonate
alkylbenzène sulfonate m **linéaire** / lineares Alkylbenzolsulfonat n / linear alkylbenzene sulfonate
alliable / mischbar / miscible
alliage m / Legierung f / alloy
allumer (s') / entflammen, entzünden / ignite, inflame
aluminate m / Aluminat n / aluminate
alumine f / Aluminiumoxid n, Tonerde f / alumina
aluminium m / Aluminium n / aluminum (USA), aluminium
amasser (s') / sammeln, ansammeln / gather, collect, accumulate
amélioration f **des sols** / Bodenverbesserung f / soil melioration
améliorer (s') / verbessern / ameliorate
aménagement m / Bewirtschaftung f / management
aménagement m **des eaux** / Wasserwirtschaft f / water resources management
amener à / auffüllen zu / add to, dilute to
ameublissement m (du sol) / Auflockerung f / loosening
amiante m / Asbest m / asbestos
amiante-ciment m / Asbestzement m / asbestos cement
amibe f / Amöbe f / amoebe
amidon m (Chem) / Stärke f / starch
ammoniaque f / Ammoniak n / ammonia
ammoniaque f **liée** / gebundenes Ammoniak n / fixed ammonia
ammonium m / Ammonium n / ammonium
ammonium m **quarternaire** / quaternäres Ammonium n / quaternary ammonia
amollir (s') / einweichen, weichen / soak, steep, macerate
amont → en amont
amorphe / amorph / amorphous
ampoule f **à décanter** / Scheidetrichter m / separating funnel
anaérobie / anaerob / anaerobic
analyse f / Analyse f / analysis
analyse f **discriminante** / Diskriminanzanalyse f / discriminant analysis
analyse f **en ligne** / online Analyse f / on-line analysis
analyse f **factorielle** / Faktorenanalyse f / factor analysis
analyse f **gravimétrique** / Gewichtsanalyse f, Gravimetrie f / gravimetric analysis
analyser / analysieren / analyze
anhydre m **carbonique** / Kohlensäure f, Kohlenstoffdioxid n / carbon dioxide, carbonic acid
anhydre m **(gaz) carbonique dissout** / gelöstes (freies) Kohlenstoffdioxid n / dissolved carbon dioxide
anhydride m / Anhydrid n / anhydride
anion m / Anion n / anion
anionique / anionisch / anionic

anode f / Anode f / anode
anode f **sacrifiée** / Schutzanode f, Opferanode f / sacrified anode, protective anode
antiacide / säurefest, säurebeständig / acid-proof, acid-resistant
antibiotiques mpl / Antibiotika pl / antibiotics pl
antigel m / Frostschutzmittel n / antifreeze
antimoine m / Antimon n / antimony
à plusieurs étages / mehrstufig / multi-stage
appareil m / Gerät n, Apparat m / apparatus, device
apparence f / Aussehen n / appearance
apparition f / Auftreten n, Vorkommen n / occurrence
applicable / anwendbar / applicable
application f→ domaine m d'application
application f **directe de chlore** / direkte Chlorung f / direct chlorination
apprêtage m / Appretur f / sizing (of fabric), dressing, finish
approvisionnement m / Zufuhr f, Speisung f, Beschickung f, Ladung f / charge, feed
approvisionnement m **en eau** / Wasserversorgung f / water supply
approvisionner / versorgen, beschaffen / supply, provide
aqueux / wässrig, wässerig / aqueous
aquifère f (formation) / Aquifer m, Grundwasserraum m / aquifer, water bearing formation
argent m / Silber n / silver
— → traitement m à l'argent
argile f / Ton m, Letten m / clay
aride / trocken / dry, arid
aromatique / aromatisch / aromatic
arrière-goût m / Nachgeschmack m / aftertaste
arrosage m / Bewässerung f / irrigation
arroser / sprengen, besprengen / spray, sprinkle
arroseur m **rotatif** / Drehsprenger m / sprinkler, rotary distributor
arsenic m / Arsen n / arsenic
artésien / artesisch / artesian
artificiel / künstlich / artificial
asbeste m / Asbest m / asbestos
ascaride m / Spulwurm m / belly worm
aspersoir m / Regner m, Berregnungsvorrichtung f / sprinkler
aspersion f→ irrigation f par aspersion
asphalte m / Asphalt m / asphalt
aspiration f / Ansaugen n, Aufsaugen n, Absaugen n (von Gas) / aspiration
aspirer / ansaugen, absaugen (von Gas) / aspirate
assainissement m / Entwässerung f (Wasser ableiten) / drainage
assèchement m / Entwässerung f (Schlamm), Trocknung f / dehydration, dewatering
assimilation f / Assimilation f / assimilation
association f (Biol) / Lebensgemeinschaft f / community, association, biocoenose
atelier m **de décapage** / Beizerei f / pickling plant
atmosphère f / Atmosphäre f / atmosphere
atome m / Atom n / atom
atomisation f / Atomisieren n, Zerstäubung f / atomization
atomiseur m / Zerstäuber m / nebulizer, atomizer

attacher   baril

attacher (s') / ansetzen, sich / deposit, become coated
attraction f → force f d'attraction
attrition f / Verschleiß m, Abrieb m / abrasion, attrition
auge f / Trog m / trough, tray
augmentation f / Zunahme f, Vergrößerung f / increase, augmentation
augmenter / verstärken / intensify, reinforce
auto-absorption f / Selbstabsorption f / self absorption
autoclave m / Autoklav m / autoclave
auto-épuration f / Selbstreinigung f / self-purification
autolaveur (filtre) / selbstreinigend / selfpurifying
autotrophe / autotroph / autotrophic
aval → en aval
azote m / Stickstoff m / nitrogen
azoté / stickstoffhaltig / nitrogenous
azote m albuminoïde / Eiweiß-Stickstoff m / albuminoid nitrogen
azote m ammoniacal / Ammoniumstickstoff m / ammonia nitrogen
azote m Kjeldahl / Kjeldahl-Stickstoff m / Kjeldahl nitrogen
azote m nitreux / Nitrit-Stickstoff m / nitrite nitrogen
azote m nitrique / Nitrat-Stickstoff m / nitrate nitrogen
azote m organique total / gesamter organisch gebundener Stickstoff m / total organic nitrogen
azote m total / Gesamtstickstoff m / total nitrogen
azoture m / Azid n / azide

bac m / Trog m / trough, tray
bac m à graisse / Fettabscheider m / grease separator, grease trap
bac m d'attente à poissons / Hälterungsbecken n für Fische / holding pond for fish
bactéricide / keimtötend, bakterizid / germicidal, bactericidal
bactérien / bakteriell / bacterial
bactéries fpl / Bakterien fpl / bacteria pl
bactéries fpl ferrugineuses / Eisenbakterien fpl / iron bacteria
bactéries fpl nitrificantes / Stickstoffbakterien fpl / nitrogen fixing bacteria
bactériologie f / Bakteriologie f / bacteriology
baignoire f / Badewanne f / bath tub
bain m / Bad n / bath
bain-marie m / Wasserbad n / water bath
balance f / Waage f / balance
ballast m / Ballast m / ballast
ballastière f / Kiesgrube f / gravel pit
ballon m (Chem) / Kolben m / flask
ballon m à fond plat / Stehkolben m / flat bottom flask
ballon m à fond rond / Rundkolben m / round bottom flask
ballon m à trois cols / Dreihalskolben m / three-necked flask
ballon m de distillation / Destillierkolben m / distilling flask
ballon m jaugé / Meßkolben m / graduated flask
bande f passante / spektrale Bandbreite f / spectral bandwidth
barboteur m (Chem) / Waschflasche f / washing (wash) bottle
baril m (petrole) / Faß n / barrel

barrage *m* / Stauanlage *f*, Wehranlage *f*, Stauwerk *n* / weir, dam
barrage-déversoir *m* / Überfallwehr *n* / overfall weir
barreau *m* **aimanté** / Magnetrührstab *m* / magnetic stirrer rod (bar)
baryum *m* / Barium *n* / barium
bas / niedrig / low
base *f* (Chem) / Base *f* / base
basique (fortement, faiblement) / basisch (stark, schwach) / basic (strong, weak)
basses eaux *fpl* (Hydrol) / Niedrigwasser *n* / low water
bassin *m* / Becken *n* / basin, tank
bassin *m* **à écoulement radial** / radial durchströmtes Becken *n* / radial flow basin
bassin *m* **à fond conique** / Trichterbecken *n* / hopper-bottomed tank
bassin *m* **circulaire** / Rundbecken *n*, Kreisbecken *n* / circular tank
bassin *m* **d'activation** / Belebungsbecken *n*, Belüftungsbecken *n* / activated sludge tank, aeration tank
bassin *m* **d'aération** / Belebungsbecken *n*, Belüftungsbecken *n* / activated sludge tank, aeration tank
bassin *m* **de dessablement** / Sandfang *m* / grit chamber, sand trap
bassin *m* **d'égouttage** / Sickerbecken *n* / spreading basin
bassin *m* **de maturation** / Schönungsteich *m* / maturation pond
bassin *m* **de puise** / Einlaufbecken *n* / intake basin
bassin *m* **de retenue** / Rückhaltebecken *n* / detention basin
bassin *m* **de retenue des eaux de pluie** / Regenrückhaltebecken *n* / storm-water retention basin
bassin *m* **d'homogénéisation** / Mischbecken *n* / mixing basin
bassin *m* **en terre** / Erdbecken *n* / earth basin
bassin *m* **fluvial** / Flußgebiet *n* / river basin
bassin *m* **versant** (Hydrol) / Einzugsgebiet *n* / watershed (Geol), catchment area
bec *m* **de Bunsen** / Bunsen-Brenner *m* / Bunsen burner
bécher *m* (Chem) / Becherglas *n* / beaker
benthos *m* / Benthos *n* / benthic deposit
bentonite *f* / Bentonit *m* / bentonite
benzène *m* / Benzol *n* / benzene
benzine *f* / Benzol *n* / benzene
berge *f* / Ufer *n* / shore, bank
besoin *m* / Bedarf *m* / demand, requirements *pl*
besoins *mpl* **de pointe** / Spitzenbedarf *m* / peak demand
besoins *mpl* **en eau** / Wasscrbedarf *m* / water demand
béton *m* / Beton *m* / concrete
béton *m* **armé** / Stahlbeton *m* / reinforced concrete
béton *m* **centrifugé** / Schleuderbeton *m* / centrifuged concrete
béton *m* **préfabriqué** / Fertigbcton *m* / prefabricated concrete
biais *m* (quantitativ) / Richtigkeit *f*, Bias *m* (quantitativ) / accuracy of the mean, bias
biais / geneigt, schräg / inclined, sloped
bicarbonate *m* / Hydrogencarbonat *n*, Bicarbonat *n* / bicarbonate, hydrogen carbonate
bief *m* / Haltung *f*, Stauhaltung *f* / reach
bilan *m* / Bilanz *f* / balance
bilan *m* **d'oxygène** / Sauerstoffhaushalt *m*, Sauerstoffgleichgewicht *n* / oxygen balance
biocénose *f* (Biol) / Lebensgemeinschaft *f* / community, association, biocoenose

biochimie *f* / Biochemie *f* / biochemistry
biodégradabilité *f* / biologische Abbaubarkeit *f* / biodegradability
biologique / biologisch / biological
biomasse *f* / Biomasse *f* / biomass
bismuth *m* / Bismut *n* / bismuth
bismuth *m* **actif** / Bi-aktiv, Bismut-aktiv / bismuth-active
bitume *m* / Bitumen *n* / bitumen
bivalent (Chem) / zweiwertig / bivalent
blanchi / gebleicht / bleached
blanchiment *m* / Bleiche *f*, Bleichen *n* / bleaching
blanchiment *m* **à l'oxygène** / Sauerstoffbleiche *f* / oxygen bleaching
blanchir / waschen / wash
blanchisserie *f* / Bleicherei *f* / bleaching plant
bleu *m* **de méthylène** / Methylenblau *n* / methylene blue
boire / trinken / drink
bois *m* / Holz *n* / wood
bois *m* **feuillu** / Laubholz *n* / deciduous wood
boisson *f* / Getränk *n* / drink, beverage
boissons *fpl* **non alcoolisées** / alkoholfreie Getränke *npl* / soft drinks
boîte *f* / Schale *f* / dish, bowl
boîte *f* **de Pétri** (Bakt) / Petrischale *f*, Kulturschale *f* / Petri-dish, culture dish
bol *m* / Schale *f* / dish, bowl
bondérisation *f* (Korr) / Phosphatierung *f*, Bonderung *f* / bondering
borate *m* / Borat *n* / borate
bord *m* / Ufer *n* / shore, bank
bore *m* / Bor *n* / boron
borne *f* **d'intervalle de confiance** *f* / Vertrauensgrenze *f* / confidence limit
bouche *f* / Öffnung *f* / opening, orifice
bouche *f* **d'égout** / Sinkkasten *m*, Gully *m*, Straßeneinlauf *m* / gully, sink trap, street inlet
boucher (une bouteille) / verschließen / stopper
bouchon *m* / Stopfen *m* / stopper
boue *f* / Schlamm *m* / sludge, mud, silt
boue *f* **activée** / Belebtschlamm *m*, belebter Schlamm / activated sludge
boue *f* **de chaux** / Scheideschlamm *m* / defecation slime, defecation scum
boue *f* **de forage** / Bohrschlamm *m* / drilling mud
boue *f* **de retour** / Rücklaufschlamm *m* / return sludge
boue *f* **deshydratée** / Trockenschlamm *m* / dry sludge
boue *f* **digérée** (Abw) / Faulschlamm *m*, ausgefaulter Schlamm *m* / digested sludge
boue *f* **en excès** / Überschußschlamm *m* / excess sludge
boue *f* **en recirculation** / Rücklaufschlamm *m* / return sludge
boue *f* **fraîche** / Frischschlamm *m* / raw sludge
boue *f* **gonflante** / Blähschlamm *m* / bulking sludge
boue *f* **humique** / Tropfkörperschlamm *m* / humus (sludge)
boue *f* **industrielle** / gewerblicher Schlamm *m* / industrial sludge
boue *f* **mûre** / eingearbeiteter Faulschlamm *m* / ripe sludge
boues *fpl* **d'épuration** / Klärschlamm *m*, Abwasserschlamm *m* / sewage sludge
boue *f* **sèche** / Trockenschlamm *m* / dry sludge

boues *fpl* **flottantes** / Schwimmdecke *f*, Schwimmschlamm *m* / scum, floating layer, floating sludge
bougie *f* **filtrante** / Filterkerze *f* / filtering candle
bouilleur *m* / Kocher *m*, Heizkessel *m*, Kessel *m* / boiler
bouillir / kochen, sieden / boil
bouillon *m* **de culture** (Bakt) / Nährlösung *f* / nutrient broth, substrate, nutrient solution
bourbe *f* / Morast *m* / morass, swamp
bourbeux / moorig, sumpfig / swampy, moory, fenny
bouteille *f* / Flasche *f* / bottle
boyau *m* / Darm *m* / intestine, bowel
branchement *m* **d'abonné** / Hausanschluß *m*, Hauszuleitung *f* / service pipe, house connection
bras *m* **d'agitateur** / Rührstab *m* / stirring rod
braser / hart löten / solder hardly
brassage *m* / Rühren *n*, Umrühren *n* / agitating, stirring
brasser / rühren, umrühren / agitate, stir
brasserie *f* / Brauerei *f* / brewery
brisement *m* / Brecher *mpl* / breakers *pl*, surf
brome *m* / Brom *n* / bromine
bromide *m* / Bromid *n* / bromide
brosse *f* / Bürste *f* / brush
brosse *f* **Kessener** / Kessenerbürste *f*, Walzenbürste *f* / Kessener revolving brush
brosse *f* **rotative** / Kessenerbürste *f*, Walzenbürste *f* / Kessener revolving brush
brouillard *m* / Nebel *m* / fog
broyer / zerkleinern / crush, comminute, shred
broyeur *m* / Zerkleinerer *m* / desintegrator, comminutor
broyeur *m* **à jarre et à billes** / Kugelmühle *f* / ball mill
broyeur *m* **d'ordures** / Küchenabfallzerkleinerer *m* / garbage grinder
bruit *m* → nuisance *f* de bruit
brûler / verbrennen / incinerate, burn
brûleur *m* / Brenner *m* / burner
brûleur *m* **immergé** / Tauchbrenner *m* / submerged burner
brume *f* / Dunst *m*, Nebel *m* / mist
brut / roh / raw, crude
buanderie *f* / Waschanstalt *f*, Wäscherei *f* / laundry
bulle *f* / Blase *f* / bubble
burette *f* / Bürette *f* / burette
buse *f* **de pulvérisation** / Sprühdüse *f* / spray nozzle
buselure *f* (Chem) / Düse *f* / nozzle
by-pass *m* / Umleitung *f*, Nebenleitung *f* / by-pass

cabinet *m* / Klosett *n*, Abort *m*, Toilette *f* / closet, latrine, lavatory
cabinet *m* **sec** / Trockenabort *m* / pail closet, dry closet
cadmium *m* / Cadmium *n* / cadmium
calcaire *m* / Kalkstein *m* / limestone
calcaire *m* **coquillé** / Muschelkalk *m* / shelly limestone
calcaire *m* **jurassique** / Jurakalk *m* / jurassic limestone

calcaire **carburant**

calcaire *m* **lacustre** / Seekreide *f* / bog lime, lake marl
calcination *f* / Brennen *n* (von Kalk) / calcining
calciner (Chem) / glühen / ignite
calcium *m* / Calcium *n* / calcium
calcul *m* / Berechnung *f* / calculation
calibrer / eichen, calibrieren / calibrate, gauge
calorie *f* / Kalorie *f* / calorie, calory
canal *m* / Kanal *m* / channel
— / Gerinne *n* / flume, race, channel
canal *m* **de jaugeage** / Meßgerinne *n* / measuring duct, measuring flume
canal *m* **de mesure** / Meßgerinne *n* / measuring duct, measuring flume
canalisation *f* / Kanalisation *f*, Entwässerungsnetz *n* / canalization, sewerage
— (d'eau usée) / Leitung *f* / conduit, tubing, line
canal *m* **Venturi** / Venturigerinne *n* / Venturi flume
cancérogène / karzinogen, kanzerogen, krebserregend / cancerogenic
caniveau *m* / Gerinne *n* / flume, race, channel
caoutchouc *m* / Gummi *m*, Kautschuk *m* / caoutchouc, rubber
capacité *f* / Volumen *n*, Rauminhalt *m*, Inhalt *m* / volume, capacity
capacité *f* **biogénique** / Ertragsfähigkeit *f*, Produktivität *f*, Fruchtbarkeit *f* / productivity, fertility
capacité *f* **d'absorption** / Aufnahmevermögen *n* (Aufnahmefähigkeit) / absorption capacity
capacité *f* **d'absorption de chlore** / Chlorzehrung *f*, Chlorbindungsvermögen *n* / chlorine combining capacity
capacité *f* **de charge** / Aufnahmefähigkeit *f* / carrying capacity
capacité *f* **de dissoudre le plomb** / Bleilösevermögen *n* / plumbo-solvency
capacité *f* **de production** (Techn) / Leistungsfähigkeit *f* / capacity
capacité *f* **de stockage** / Stauraum *m*, Fassungsraum *m* / storage capacity
capacité *f* **d'oxygénation CO** / Sauerstoffaufnahmefähigkeit *f*, Sauerstoffeintragsvermögen *n* / oxygenation capacity
capacité *f* **totale** / Gesamtinhalt *m* / total capacity
capacité *f* **utile** / Nutzinhalt *m* / working capacity, usable capacity
capillaire / kapillar / capillary
capsule *f* / Schale *f* / dish, bowl
capsule *f* **d'évaporation** / Abdampfschale *f* / evaporating dish
captage *m* (Hydrol) / Erschließung *f*, Fassung *f* / capture, tapping
carbonatation *f* / Karbonisierung *f* / carbonization
carbonate *m* / Carbonat *n* / carbonate
carbone *m* / Kohlenstoff *m* / carbon
— → oxyde *m* de carbone
carboné *m* / kohlenstoffhaltig / carbonaceous
carbone *m* **inorganique** / anorganischer Kohlenstoff *m* / inorganic carbon
carbone *m* **organique** / organischer Kohlenstoff *m* / organic carbon
carbone *m* **organique dissout** / gelöster organischer Kohlenstoff *m* / dissolved organic carbon
carbone *m* **organique total TOC** / gesamter organischer Kohlenstoff *m* / total organic carbon
carburant *m* / Kraftstoff *m* / fuel (motor-)

carburant											charge

carburant *m* **léger** / Vergaserkraftstoff *m* / carburetor fuel
carbure *m* / Karbid *n* / carbide
carotte *f* **de sondage** / Bohrkern *m* / core
carton *m* / Pappe *f* / cardboard, paperboard
cascade *f* / Kaskade *f* / cascade
cassant / brüchig / brittle
catalyseur *m* / Katalysator *m* / catalyst
catalytique / katalytisch / catalytic
cation *m* / Kation *n* / cation
cationique / kationisch / cationic
caverne *f* / Höhle *f* / cavern, cave
CE → concentration *f* effective
célérité *f* / Schnelligkeit *f* / celerity
cellule *f* (Biol) / Zelle *f* / cell
cellule *f* **photoélectrique** / Photozelle *f* / photoelectric cell
cendre *f* / Asche *f* / ash, cinders
cendres *fpl* **volantes** / Flugasche *f*, Flugstaub *m* / fly ash, flue dust
central / zentral / central
centrale *f* **thermique** / Heizkraftwerk *n* / heating power station
centrifuger / schleudern, zentrifugieren / centrifuge, spin
centrifugeuse *f* / Zentrifuge *f*, Schleuder *f* / centrifuge
chaleur *f* / Wärme *f*, Hitze *f* / heat, warmth
chaleur *f* **perdue** / Abwärme *f* / waste heat
chambre *f* / Kammer *f*, Raum *m* / chamber, compartment
chambre *f* **de digestion des boues** / Faulbehälter *m*, Schlammfaulraum *m* / digestion chamber, digester
chamoiserie *f* / Sämischgerberei *f* / chamois tannery
champ *m* **d'épandage** → champ *m* d'irrigation
champ *m* **de mesure** / Meßbereich *m* / measuring range
champ *m* **d'irrigation** / Rieselfeld *n* / irrigation field
champêtre / ländlich / rural
champignon *m* / Pilz *m* / fungus, mushroom
champignon *m* **filamenteux** / Abwasserpilz *m*, Sphaerotilus *m* / sewage fungus
champ *m* **magnétique** / magnetisches Feld *n* / magnetic field
changeant / veränderlich, unbeständig / variable, changeable, unsteady
chantier *m* / Baustelle *f* / construction site
chanvre *m* / Hanf *m* / hemp
chapeau *m* **d'écume** / Schwimmdecke *f*, Schwimmschlamm *m* / scum, floating layer, floating sludge
charbon *m* / Kohle *f* / coal
charbon *m* **actif** / Aktivkohle *f* / activated carbon
charbon *m* **actif en grains** / Aktivkohlegranulat *n* / granulated activated carbon
charbon *m* **actif en poudre** / Aktivkohlepulver *n* / powdered activated carbon
charbon *m* **de bois** / Holzkohle *f* / charcoal
charbon *m* **pulvérisé** / Pulverkohle *f* / powdered coal
charge *f* (Hydrol) / Fracht *f*, Belastung *f* / load
charge *f* **de choc** / Stoßbelastung *f* / shock load
charge *f* **massique** / Schlammbelastung *f* / sludge loading

charge f **maximale** / Spitzenbelastung f, Spitzenlast f / peak load, maximum load
chargement m / Zufuhr f, Speisung f, Beschickung f, Ladung f / charge, feed
charge f **normale** / Grundlast f / base load
charger / belasten / load
charge f **répartie** / Stufenbelastung f / stepped feed
charge f **spatiale** (Abw) / Raumbelastung f / space loading
charge f **superficielle** / Flächenbelastung f, Oberflächenbelastung f / surface loading
charge f **volumétrique** / Volumenbelastung f / volumetric load
chasse f / Spülung f / flushing, rinsing, washing
château m **d'eau** / Wasserturm m / water tower
chaud / warm, heiß / warm, hot
chaudière f / Heizkessel m, Kessel m, Kocher m / boiler
chauffage m / Heizung f, Beheizung f / heating
chauffer / heizen, beheizen / heat
chaulage m / Kalkung f / lime treatment
chaux f / Kalk m / lime
chaux f **anhydre** / Ätzkalk m, Branntkalk m, Calciumoxid n / quick lime, caustic lime
chaux f **éteinte** / Kalkhydrat n, Calciumhydroxid n, gelöschter Kalk m / hydrated lime, slaked lime
chaux f **hydratée** / Kalkhydrat n, Calciumhydroxid n, gelöschter Kalk m / hydrated lime, slaked lime
chaux f **vive** → chaux f anhydre
cheminée f / Schornstein m / stack
chenal m **d'oxydation** (Abw) / Oxidationsgraben m, Schlängelgraben m / oxidation ditch
cheval-vapeur m **CV** / Pferdestärke f / horse power
cheveu m / Haar n / hair
chimie f / Chemie f / chemistry
chimique / chemisch / chemical
chloramine f / Chloramin n / chloramine
chloration f / Chlorung f / chlorination
chloration f **au point de rupture** / Knickpunktchlorung f / break-point chlorination
chloration f **intermittente** / Stoßchlorung f / intermittent chlorination
chlore m / Chlor n / chlorine
chlore m **actif** / aktives Chlor n / active chlorine
chlore m **combiné** / gebundenes Chlor n / combined chlorine
chlore m **disponible** / wirksames (verfügbares) Chlor n / avaible chlorine
chlore m **libre** / freies Chlor n / free chlorine
chlore m **organique dissout** / gelöstes organisch gebundenes Chlor n / dissolved organic chlorine
chlorer / chloren / chlorinate
chlore m **résiduel** / Restchlor n / residual chlorine
chlorite m / Chlorit n / chlorite
chlorophénol m / Chlorphenol n / chlorophenol
chlorophylle f / Chlorophyll n / chlorophyll
chlorure m / Chlorid n / chloride
chlorure m **de cyanogène** / Chlorcyan n / cyanogen chloride
choc m / Stoß m, Aufprallen n / shock, impact

choléra coloration

choléra *m* / Cholera *f* / cholera
chromate *m* / Chromat *n* / chromate
chromatographie *f* **à couche mince** / Dünnschicht-Chromatographie *f* / thin layer chromatography
chromatographie *f* **en phase gazeuse** / Gaschromatographie *f* / gas chromatography
chromatographie *f* **en phase liquide** / Flüssigkeits-Chromatographie *f* / liquid chromatography
chromatographie *f* **en phase liquide sur colonne à haute performance** / Hochdruck-Flüssigkeitschromatographie *f* / high performance liquid chromatography
chromatographie *f* **sur colonne** / Säulenchromatographie *f* / column chromatography
chrome *m* / Chrom *n* / chromium
chute *f* **de pluie** / Regenfall *m* / rainfall
chute *f* **de température** / Temperaturgefälle *n*, Temperaturgradient *m* / temperature gradient
ciment *m* / Zement *m* / cement
cinétique / kinetisch / kinetic
circuit *m* / Kreislauf *m*, Umlauf *m* / circulation, circuit, cycle
circuit *m* **fermé** / geschlossener Kreislauf *m* / closed circuit
circuit *m* **ouvert** / offener Kreislauf *m* / open circuit
circulation *f* (Limnol) / Zirkulation *f*, Umwälzung *f* / circulation, overturn
clair / durchsichtig, klar / transparent, clear, limpid
clarificateur *m* / Klärbecken *n*, Absetzbecken *n* / clarifier
clarification *f* (Abw) / Klärung *f* / clarification
clarifier / klären / clarify
classe *f* **granulométrique** / Korngrößenbereich *m* / grain size range
cloison *f* **plongeante** / Tauchwand *f*, Tauchbrett *n* / scum-board, downflow baffle
cloison *f* **siphoïde** → cloison *f* plongeante
CO → capacité *f* d'oxygénation
coagulation *f* / Flockung *f*, Ausflocken *n*, Koagulation *f* / flocculation, coagulation
coaguler / flocken, ausflocken / floc, flocculate, coagulate
co-courant *m* / Gleichstrom *m* / parallel flow
coefficient *m* / Koeffizient *m*, Beiwert *m* / coefficient
coke *m* / Koks *m* / coke
colititre *m* (Biol) / Colititer *m* / coli titer
colle *f* / Leim *m* / glue
collecte *f* / Sammlung *f*, Ansammlung *f* / gathering, collection, accumulation
collecter / sammeln, ansammeln / gather, collect, accumulate
collecteur *m* **principal** (Abw) / Hauptsammler *m*, Stammsiel *n* / main collector, trunk sewer, interceptor
coller (se) / zusammenbacken / cake
colloïdal / kolloid, kolloidal / colloidal
colloïde *m* / Kolloid *n* / colloid
colmatage *m* / Verstopfung *f* / clogging, stoppage, obstruction
— → indice *m* de colmatage
colmatant → pouvoir *m* colmatant
colonne *f* (Chem) / Kolonne *f*, Säule *f* / column
colorant *m* / Farbe *f*, Farbstoff *m* / dye, paint, colorant
coloration *f* / Farbe *f*, Färbung *f* / colour, pigment, color (USA)

coloré / farbig, gefärbt / coloured
colorer / färben / dye, colour, color (USA)
colorimètre m / Kolorimeter n / colorimeter
colorimétrique / kolorimetrisch / colorimetric
combiner (Chem) / verbinden / combine
combustible / brennbar, entzündbar / inflammable, combustible
combustible m / Brennstoff m, Treibstoff m / fuel, combustible
combustion f (Chem) / Verbrennung f, Veraschung f / incineration, combustion
commande f **à distance** / Fernsteuerung f / remote control
communauté f (Biol) / Lebensgemeinschaft f / community, association, biocoenose
commune f / Gemeinde f / community
compactage m **du sol** / Bodenverdichtung f / soil compaction
compacter / verdichten / compact
comparaison f / Vergleich m / comparison
compartiment m / Kammer f, Raum m / chamber, compartment
compléter au volume / auffüllen zu / add to, dilute to
complexation f / Komplexierung f / complexation
complexe m / Komplex m / complex
complexométrique / komplexometrisch / complexometric
composant m / Bestandteil m / component, constituent
composé m **réactif au bleu de méthylène** / Methylenblau-aktive Substanz f / methyleneblue active substance
composés mpl **de phosphore** / Phosphorverbindungen fpl / phosphorous compounds
composés mpl **organochlorés** / chlororganische Verbindungen fpl / chlororganic substances
composition f / Zusammensetzung f / composition
compost m / Kompost m / compost
compresseur m / Verdichter m, Kompressor m / compressor
compression f / Druck m / pressure, head, compression
comprimer / zusammendrücken, komprimieren / compress
compte m / Berechnung f / calculation
compteur m / Zähler m / meter, counter
compteur m **d'eau** / Wasserzähler m / water meter
compteur m **horaire** / Betriebsstundenzähler m / service hours counter
concasser / zerkleinern / crush, comminute, shred
concasseur m (Techn) / Brecher m / crusher
concentration f / Konzentration f / concentration
concentration f **d'aucun effet observé** / Konzentration f ohne sichtbaren Effekt / no observed effect concentration
concentration f **effective CE** / Wirkkonzentration f / effective concentration
concentration f **létale** / Letalkonzentration f / lethal concentration
concentrer (Chem) / anreichern, konzentrieren / concentrate
condensat m / Kondensat n, Kondens(ations)wasser n / condensate, condenser water
condensateur m (Elekt) / Kondensator m / condenser, capacitor
condenseur m (Labor) / Kondensator m, Kühler m / condenser, cooler
condenseur m **à jet** / Einspritzkondensator m / jet condenser
condenseur m **à surface** / Oberflächenkondensator m / surface condenser
condenseur m **par injection** / Einspritzkondensator m / jet condenser

conditionnement   **corroder**

conditionnement m / Konditionieren n, Konditionierung f / conditioning
conditionnement m **de l'air** / Klimatisierung f, Luftaufbereitung f / air conditioning
conditions fpl **de livraison** / Lieferbedingungen fpl / terms of delivery
conductance f **spécifique** / spezifisches Leitvermögen n / specific conductance
conducteur m / Leiter m / conductor
conductivité f / Leitfähigkeit f / conductivity
conduite f (d'eau potable) / Leitung f / conduit, tubing, line
conduite f **de ceinture** / Ringleitung f / circular main, ring main
conduite f **d'échantillonnage** / Entnahmeleitung f / sampling line
conduite f **sous pression** / Druckleitung f / pressure line
cône m **d'appel** / Absenkungstrichter m / cone of depression
cône m **Imhoff** / Absetzglas n, Sedimentierglas n, Imhoffglas n / settling glas, Imhoff cone
confiance $f \rightarrow$ borne f d'intervalle de confiance
confluent m / Zusammenfluß m / confluence
conique / kegelförmig, konisch / conical
conservateur m / Gefrierschrank m / deep freezer
conserver / konservieren / preserve
conserverie f / Konservenfabrik f / cannery
conserverie f **de viande** / Fleischwarenfabrik f / packing house
consistance f / Konsistenz f / consistency
consistant / stichfest / spadeable, compacted
consommateur m / Verbraucher m / consumer
consommation f / Verbrauch m, Zehrung f / consumption
consommation f **d'acides** / Säurekapazität f, Säurebindungsvermögen n / acid binding capacity
consommation f **de bases** / Basekapazität f / base binding capacity
consommation f **d'oxygène** / Sauerstoffverbrauch m / oxygen consumption
consommation f **par habitant** / Prokopfverbrauch m / per capita consumption
consommer / verbrauchen / consume
constante f / Festwert m, Konstante f / constant
contact m **de boues** / Schlammkontakt m / sludge contact
contagieux / ansteckend, infektiös / infectious, contagious
contagion f / Ansteckung f, Infektion f / infection, contagion
contaminer / verschmutzen, verunreinigen / pollute, contaminate
contenance f / Gehalt m, Inhalt m / content(s)
contenu m / Gehalt m, Inhalt m / content(s)
continu / kontinuierlich, ununterbrochen / continuous
contre-courant m / Gegenstrom m / counter current
contre-pression f / Gegendruck m / back pressure, counter pressure
contrôle m / Überwachung f / control, supervision
contrôle m **continu** / Überwachungsmessung f / monitoring
contrôler / überwachen / control, supervise
coquillage m / Muschel f / mussel, shell
corps m **de remplissage** (pour des colonnes) / Füllkörper m, Füllung f / packing
corps m **simple** / Grundstoff m, Element n / element
corrélation f / Korrelation f / correlation
corroder / korrodieren, angreifen / corrode

corrosif / korrosiv, angreifend / corrosive
corrosif pour les métaux / metallangreifend / corrosive to metals
corrosion f / Korrosion f / corrosion
couche f / Belag m / coating
— (Geol) / Schicht f, Bett n / layer, stratum, bed
couche f **de fond** / Bodenschicht f / bottom stratum, bottom layer
couche f **de peinture** / Anstrich m / coat, coating
couche f **du saut thermique** (Limnol) / Sprungschicht f, Metalimnion n / thermocline, metalimnion
couche f **électronique** / Elektronenschale f / shell
couche f **filtrante** / Filterschicht f / filtering layer
couche f **limite** / Grenzschicht f / boundary layer, interface
couche f **oxydée de laminage** / Walzhaut f, Zunder m / mill scale
couche f **monomoléculaire** / monomolekularer Film m / monomolecular film
couche f **protectrice** / Schutzschicht f, Schutzbelag m / protective scale, protective layer, protective coating
couche f **superficielle** / Deckschicht f (eines Anstriches) / coating, top coating
coulage m / Sickerverlust m / leakage (of water)
couler / fließen / flow
— (Metalle) / gießen / cast
couleur f / Farbe f, Färbung f / colour, pigment, color (USA)
coup m / Stoß m, Aufprallen n / shock, impact
couple m **local** / Lokalelement n / local cell
courant m (Elekt) / Strom m / current
— (Hydrol) / Strömung f / current, flow, drift
courant m **alternatif** (Elekt) / Wechselstrom m / alternating current
courant m **ascendant** / Aufwärtsströmung f / upward flow
courant m **continu** / Gleichstrom / direct current
courant m **d'air** / Luftzug m / (air) draft
courant m **de densité** / Dichteströmung f / density current
courbe f / Kurve f / curve
courbe f **de débits classés** / Abfluß-Dauerlinie f / flow duration curve
courbe f **d'oxygène en sac** / Tiefpunkt m der Sauerstofflinie / oxygen sag
cours m **d'eau** / Wasserlauf m / water course
cours m **d'eau récepteur** / Vorfluter m / receiving water, recipient
court terme m / Kurzzeit f / short time
couver / bebrüten / incubate
couvertures fpl **biologiques** (Biol) / Bewuchs m / periphyton
couveuse f / Brutschrank m / incubator
craie f / Kreide f / chalk
craquage m (d'hydrocarbures) / Kracken n (von Kohlenwasserstoffen) / cracking (of hydrocarbons)
crépine f **de puits** / Filterrohr n, Brunnenfilter n / strainer pipe, screen pipe
crête f / Überfallkante f / crest
creuset m / Tiegel m / crucible
creuset m **filtrant** / Filtertiegel m / filter crucible
crevassé / zerklüftet, klüftig / fissured, crevassed
crible m / Sieb n / sieve, screen, strainer

cribler / sieben, absieben / screen, sieve, sift
cristallisation *f* / Kristallisation *f* / crystallization
cristalliser / kristallisieren / crystallize
critère *m* / Kriterium *n* / criterion
croissance *f* / Wachstum *n* / growth
crue *f* / Hochwasser *n* / high water, flood
cubique / kubik / cubic
cuir *m* / Leder *n* / leather
cuivre *m* / Kupfer *n* / copper
culture *f* / Züchtung *f*, Zucht *f* / cultivation, breeding
culture *f* **en boîtes de Pétri** (Bakt) / Plattenkultur *f* / Petri-dish culture
culture *f* **pure** (Bakt) / Reinkultur *f* / pure culture
curage *m* / Reinigung *f* / purification, cleaning, decontamination
cuve *f* / Küvette *f* / cuvette
cuve *f* **de fermentation** / Gärbottich *m* / fermenter
CV → cheval-vapeur *m*
cyanate *m* / Cyanat *n* / cyanat
cyanogène *m* / Cyan *n*, Dicyan *n* / cyanogen
cyanure *m* / Cyanid *n* / cyanide
cyanures *mpl* **aisément libérables** / leicht freisetzbare Cyanide *npl* / easily liberable cyanides
cycle *m* / Kreislauf *m*, Umlauf *m* / circulation, circuit, cycle

dalle *f* / Platte *f* / plate, slab
dame-jeanne *f* / Glasballon *m*, Korbflasche *f* / carboy
danger *m* / Gefahr *f* / danger
dangereux / gefährlich / dangerous
DBO → demande *f* biochimique en oxygène
DCO → demande *f* chimique en oxygène
débit *m* / Wasserführung *f* / discharge
— / Durchfluß *m* / flow, passage
— (du bassin versant) / Abflußspende *f* / discharge
— (Hydrol) / Ergiebigkeit *f*, Schüttung *f* / yield, delivery
débit *m* **de temps sec** / Trockenwetterabfluß *m* / dry weather flow
débit *m* **d'étiage** (Hydrol) / Niedrigwasser *n* / low water
débit *m* **journalier** / Tagesabfluß *m*, Tagesmenge *f* / daily water flow
débitmètre *m* / Durchflußmesser *m*, Rotameter *m* / flow meter, rotameter
déblai *m* **de forage** / Bohrgut *n* / drillings *pl*, debris
déborder / überlaufen / overflow
décalaminage *m* / Entzunderung *f* / de-scaling
décalcifier / entkalken / delime, decalcify
décantable / absetzbar / settleable
décantation *f* (Abw) / Klärung *f* / clarification
décantation *f* **primaire** / Vorklärung *f* / primary settling, preliminary clarification
décantation *f* **secondaire** / Nachklärung *f* / final clarification, secondary sedimentation
décanter / abgießen, dekantieren / decant
décanteur *m* / Klärbecken *n*, Absetzbecken *n* / clarifier
décanteur *m* **lamellaire** / Plattenabsetzbecken *n* / plate clarifier

décapage   demande

décapage m / Dekapieren n, Beizen n / pickling
décaperie f / Beizerei f / pickling plant
décarbonatation f / Entkarbonisierung f / decarbonization
décharge f (Abw) / Einleiten n / discharge, introduction
— / Entlastung f / discharge, relief
— → régulation f de la décharge
décharge f **d'hydrocarbures** / Öl ablassen n / oil dumping
déchargeoir m / Auslauf m / outlet, outfall
décharge f **publique** / Deponie f (Müll-) / dump
décharger / abkippen (abladen) / dump
décharge f **silencieuse** (Elekt) / stille Entladung f / silent discharge
déchets mpl / Abfälle mpl / wastes pl, garbage
déchets mpl **de cuisine** / Küchenabfall m / garbage (USA)
déchlorer / entchloren / dechlorinate
décoloration f / Entfärbung f / decolorizing
décolorer / entfärben / decolorize
décomposition f (Biol, Chem) / Zersetzung f / disintegration, destruction
— (Chem) / Aufschluß m / digestion, decomposition
déconcentration f → purge f de déconcentration
décontamination f / Entgiftung f, Dekontamination f / detoxification, decontamination
défaut m / Mangel m / defect
défectueux / mangelhaft / defective
déferrisation f / Enteisenung f / iron removal, deferrization
déferriser / enteisenen / remove iron, deferrize
déficit m / Mangel m, Fehlmenge f, Defizit n / deficiency, deficit
déficit m **en oxygène** / Sauerstoffehlbetrag m / oxygen deficit
défoliant m / Entlaubungsmittel n / defoliant
dégazage m / Entgasung f / degassing, deaeration
dégazeur m / Entgaser m / gas expeller, degasser
dégeler / tauen, auftauen, schmelzen / melt, thaw
dégorgeoir m / Auslauf m / outlet, outfall
dégoûtant / ekelhaft / disgusting
dégradabilité f / Abbaubarkeit f / degradability
dégradation f (Biol) / Abbau m / degradation, digestion
dégrader (Biol) / abbauen / decompose, disintegrate
dégraissage m / Entfettung f / grease removal, degreasing
dégraisser / entfetten / degrease
dégraisseur m / Fettabscheider m / grease separator, grease trap
degré m / Grad m / degree
degré m **de dureté** / Härtegrad m / degree of hardness
degré m **de liberté** / Freiheitsgrad m / degree of freedom
degré m **hydrotimétrique** / Härtegrad m / degree of hardness
demande f / Bedarf m / demand, requirements pl
demande f **biochimique en oxygène DBO** / biochemischer Sauerstoffbedarf / biochemical oxygen demand
demande f **chimique en oxygène DCO** / chemischer Sauerstoffbedarf m CSB / chemical oxygen demand COD
demande f **en chlore** / Chlorbedarf m, Chlorzehrung f / initial chlorine demand

demande   **désintégrer**

demande f **en oxygène** / Sauerstoffbedarf m / oxygen demand
demande f **en oxygène totale DOT** / gesamter Sauerstoffbedarf m / total oxygen demand
demande f **totale en oxygène DTO** → demande f en oxygène totale
démanganisation f / Entmanganung f / manganese removal
déminéralisation f / Entmineralisierung f / demineralization
déminéralisation f **totale** / Vollentsalzung f / complete deionizing
déminéraliser / entsalzen / demineralize, deionize
demi-vie f / Halbwertszeit f / half-life
démolir / zerstören / destroy, demolish, disintegrate
dénitrification f / Denitrifikation f / denitrification
dénombrement m **des bactéries** (Bakt) / Koloniezahl f, Keimzahl f / bacterial count
denrée f / Lebensmittel n / victuals pl
densité f / Dichte f / density
déphénolage m / Entphenolung f / dephenolizing
déphénolisation f / Entphenolung f / dephenolizing
déplacement m / Verdrängung f / displacement
dépolarisation f / Depolarisation f / depolarization
déposable / absetzbar / settleable
déposer / ablagern, deponieren / deposit
dépôt m / Bodensatz m, Sinkstoffe mpl / deposit, sediment
dépoussiéreur m / Entstauber m / dust separator
depression f / Druckerniedrigung f, Tiefdruck m (Meteor) / depression
— (Geol) / Absenkung f / depression
déranger / stören / interfere
dérivé m / Derivat n / derivative
dériver / ableiten, umleiten / divert
dérivés mpl **organohalogéniques adsorbables** / adsorbierbare organische Halogenverbindungen fpl AOX / adsorbable organic halogen compounds
dérivés mpl **organohalogéniques extractibles** / extrahierbare organische Halogenverbindungen fpl EOX / extractable organic halogen compounds
derme m / Haut f, Fell n / skin, hide
désacidifier / entsäuern / deacidificate
désaérer / entlüften / deaerate, ventilate
désagréable / unangenehm / unpleasant, disagreable
désencollage m (Text) / Entschlichtung f / de-sizing
désencrage m / Entfärbung f (von Altpapier) / de-inking
désherbage m / Entkrautung f / weed control
déshuilage m / Entölung f / oil removal, oil separation
déshuileur m / Ölfänger m, Ölabscheider m / oil separator, oil trap, oil collector
déshuileur m **à plaque parallèle** / Parallelplattenabscheider m / parallel plate separator
déshydratation f / Entwässerung f (Schlamm), Trocknung f / dehydration, dewatering
désilication f / Entkieselung f / desilicification
désinfectant m / Desinfektionsmittel n / disinfectant
désinfection f / Desinfektion f / disinfection
désintégration f / Zerfall m, Spaltung f, Abbau m (Geol) / disintegration
désintégrer / zerstören / disintegrate, destroy, demolish

désodorisation   **digue**

désodorisation *f* / Desodorierung *f*, Geruchsbeseitigung *f* / odour control, deodorization
désoxydation *f* (Chem) / Reduktion *f* / reduction, deoxidation
désoxyder (Chem) / reduzieren / deoxidize
dessableur *m* / Sandfang *m* / grit chamber, sand trap
dessalage *f* / Entsalzung *f* / desalting, desalination
dessalement *m* / Entsalzung *f* / desalination, desalting
dessaler / entsalzen / demineralize, deionize
dessécher / trocknen / dry, desiccate
desservir / versorgen, beschaffen / supply, provide
dessiccateur *m* / Exsikkator *m* / exsiccator, desiccator
dessoufrage *m* / Entschwefelung *f* / desulfuration
destructable / zersetzlich / decomposable
destruction *f* / Zersetzung *f* / disintegration, destruction
désulfuration *f* / Entschwefelung *f* / desulfuration
détecteur *m* / Detektor *m*, Anzeiger *m* / detector
détection *f* (Chem) / Nachweis *m* / detection
détergent *m* / Reinigungsmittel *n*, Detergens *n* / detergent
déterminant *m* / Determinand *m* / determinand
détermination *f* (Chem) / Bestimmung *f* / determination
détermination *f* **des effets vis-à-vis des poissons** / Fischtest *m*, Bestimmung *f* der Wirkung auf Fische / fish test, determination of effects on fish
détermination *f* **en série** (Chem) / Reihenbestimmung *f* / series determination
détersif *m* / Reinigungsmittel *n*, Detergens *n* / detergent
détoxication *f* / Entgiftung *f*, Dekontamination *f* / detoxification, decontamination
détritus *m* / Detritus *m* / detritus
détruire / zerstören / destroy, demolish, disintegrate
développer / entwickeln / develop
déversement *m* **dans la mer** / Verklappen *n* ins Meer / dumping at sea
déverser / ableiten, umleiten / divert
déversoir *m* (Hydrol) / Überlauf *m* / spillway, overfall, overflow
déversoir *m* **de jaugeage** / Meßwehr *n* / measuring weir
déversoir *m* **d'orage** / Regenüberlauf *m* / storm-overflow, rain outlet
dézincification *f* (enlever la couche de zinc) / Entzinken *n* / dezinc(k)ing
diagramme *m* / Diagramm *n* / diagram, graph, plot
dialyse *f* / Dialyse *f* / dialysis
dialyse *f* **en flux continu** / Durchfluß-Dialyse *f* / continuous flow dialysis
diamètre *m* **nominal** / Nennweite *f*, Durchmesser *m* / nominal width, diameter
diatomées *fpl* / Diatomeen *fpl*, Kieselalgen *fpl* / diatoms *pl*
diazotation *f* / Diazotierung *f* / diazotation
diffusion *f* / Diffusion *f* / diffusion
diffusion *f* **de l'air** / Luftverteilung *f*, Belüftung *f* / air diffusion
digérer / faulen, ausfaulen / digest, putrefy
digesteur *m* / Faulbehälter *m*, Schlammfaulraum *m* / digestion chamber, digester
digesteur *m* **chauffé** / geheizter Faulraum *m* / heated digester
digesteur *m* **final** / Nachfaulraum *m* / final digester
digestibilité *f* / Faulfähigkeit *f*, Faulbarkeit *f* / putrescibility, digestibility
digestion *f* (Biol, Med) / Faulung *f*, Verdauung *f* / digestion
digue *f* / Damm *m* / dam, embankment

dilacérateur *m* / Küchenabfallzerkleinerer *m* / garbage grinder
dilacérer / zerkleinern / crush, comminute, shred
diluer / verdünnen / dilute
dilution *f* / Verdünnung *f* / dilution
dimension *f* **des particules** / Teilchengröße *f* / particle size
diminution *f* / Abnahme *f* / decrease, decline
dioxyde *m* / Dioxid *n* / dioxide
dioxyde *m* **de carbone** / Kohlensäure *f*, Kohlenstoffdioxid *n* / carbon dioxide, carbonic acid
dioxyde *m* **de chlore** / Chlordioxid *n* / chlorine dioxide
dioxyde *m* **de manganèse** / Braunstein *m*, Mangandioxid *n* / manganese dioxide
diphényls *mpl* **polychlorés** / polychlorierte Biphenyle *npl* PCB / polychlorinated biphenyls
disparition *f* / Verschwinden *n* / vanishing
dispersant / dispergierend / dispersing
dispersion *f* / Dispersion *f* / dispersion
dispersion *f* **de la lumière** / Lichtstreuung *f* / light scattering
dispositif *m* / Vorrichtung *f* / device, appliance
disque *m* / Scheibe *f* / disc
disque *m* **biologique** / Scheibentropfkörper *m* / submerged disk (disc) filter
disque *m* **blanc de Secchi** / Sichtscheibe *f* / disc for measuring of transparency
disque *m* **filtrant** / Rundfilter *m* / round filter
dissolution *f* (Chem) / Auflösen *n*, Lösen *n* / solution, dissolving
dissolvant *m* / Lösemittel *n* / solvent
dissoudre (Chem) / lösen, auflösen / solve, dissolve
distillat *m* / Destillat *n* / distillate
distillation *f* / Destillation *f* / distillation
distillation *f* **à basse température** / Schwelung *f* / low temperature carbonization
distillation *f* **à la vapeur** / Wasserdampfdestillation *f* / steam distillation
distiller / brennen, destillieren / distill
distillerie *f* / Brennerei *f* / distillery
distribuer / verteilen / distribute
distribution *f* / Verteilung *f* / distribution
distribution *f* **d'eau** / Wasserversorgung *f* / water supply
— → reseau *m* de distribution d'eau
distribution *f* **des fréquences** / Häufigkeitsverteilung *f* / frequency distribution
distribution *f* **gaussienne** → distribution *f* normale
distribution *f* **normale** / Normalverteilung *f* / normal distribution
divalent (Chem) / zweiwertig / bivalent
dolomie *f* **demi-calcinée** / halbgebrannter Dolomit *m* / half-calcined dolomite
domaine *m* / Bereich *m* / range
domaine *m* **d'application** (Labor) / Anwendungsbereich *m* / field of application
domaine *m* **spectral** / Wellenlängenbereich *m* / spectral range
domaine *m* **utile** / nutzbarer Bereich *m* / working range
dommage *m* / Schaden *m* / damage
dosage *m* / Dosierung *f* / dosing
dosage *m* **à sec** / Trockendosierung *f* / dry-feed dosage
dosage *m* **de l'oxygène cédé par le permanganate de potassium** / Kaliumpermanganatverbrauch *m* / potassium permanganate consumption

dosage   **eau**

dosage *m* **par solution** / Naßdosierung *f* / solution-feed dosage
dose *f* **létale DL** / Letaldosis *f*, tödliche Dosis *f* / lethal dose
dose *f* **maximale quotidienne tolérée** / maximal tolerierte tägliche Dosis *f* / maximal tolerated dosis per day
doser en excès / überdosieren / over-dose
doseur *m* / Dosiergerät *n*, Zumeßgerät *n* / feeder, dosing device
DOT → demande *f* en oxygène totale
douceâtre / süßlich / sweetish
douche *f* / Dusche *f*, Brause *f* / douche, shower (bath)
drainage *m* / Entwässerung *f* / drainage
drainage *m* **domestique** / Hausentwässerung *f* / house drainage
drainer (Geol) / drainieren, entwässern / drain
drêche *f* / Biertreber *mpl* / brewers grains *pl*
DTO → demande *f* totale en oxygène
durcissement *m* / Verhärtung *f*, Härtung *f* / hardening, induration
durée *f* **de fonctionnement** / Betriebsdauer *f*, Laufzeit *f* / operating period
durée *f* **de passage** / Durchflußzeit *f* (Becken) / detention time
durée *f* **de séjour** / Aufenthaltszeit *f*, Retentionszeit *f* / detention period, retention time
durée *f* **de transport** / Durchflußzeit *f* (Leitung) / flow time
durée *f* **de vie** / Lebensdauer *f* / life time, service life (of an instrument)
dureté *f* / Härte *f* / hardness
dureté *f* **alcaline (temporaire)** / vorübergehende (temporäre) Härte *f*, Karbonathärte *f* / alkaline (temporary) hardness, carbonate hardness
dureté *f* **calcaire** / Kalkhärte *f* / calcium-hardness
dureté *f* **carbonatée** / vorübergehende (temporäre) Härte *f*, Karbonathärte *f* / alkaline (temporary) hardness, carbonate hardness
dureté *f* **non alcaline (permanente)** / bleibende Härte *f*, Nichtcarbonathärte *f* / non alkaline (permanent) hardness, non-carbonate hardness
dureté *f* **non-carbonatée** / bleibende Härte *f*, Nichtcarbonathärte *f* / non alkaline (permanent) hardness, non-carbonate hardness
dureté *f* **totale** / Gesamthärte *f* / total hardness
dynamique / dynamisch / dynamic
dysenterie *f* (Med) / Ruhr *f* / dysentery

eau *f* / Wasser *n* / water
eau *f* **brute** / Rohwasser *n* / raw water
eau *f* **chlorée** / Chlorwasser *n* / chlorine solution
eau *f* **connéee** / Porenwasser *n*, Haftwasser *n* / connate water
eau *f* **d'alimentation** / Speisewasser *n*, Kesselzusatzwasser *n* / feed water, boiler make up
eau *f* **d'appoint** / Speisewasser *n*, Kesselzusatzwasser *n* / feed water, boiler make up
eau *f* **de cale** / Bilgewasser *n* / bilge water
eau *f* **de chaudière** / Kochendwasser *n*, Kesselwasser *n* / boiler water
eau *f* **de chaux** / Kalkwasser *n* / lime water
eau *f* **de consommation** *f* / Trinkwasser *n* / drinking water
eau *f* **de cristallisation** / Kristallwasser *n* / water of crystallization
eau *f* **de fusion** / Schmelzwasser *n* / snow water
eau *f* **de Javel** / Bleichlauge *f*, Natriumhypochloritlauge *n* / bleaching lye

eau *f* de lavage des betteraves / Rüben-Schwemm- und -Waschwasser *n* / sugar beet flume water, wheel water
eau *f* de lavage du charbon / Kohlewaschwasser *n* / coal washing water
eau *f* de lestage / Ballastwasser *n* / ballast water
eau *f* de mer / Meerwasser *n* / sea water
eau *f* de pluie / Regenwasser *n* / rain water
eau *f* de presse du houblon / Hopfenpreßwasser *n* / hop press liquor
eau *f* de procédés / Prozeßwasser *n*, Wasser *n* für industriellen Gebrauch, Betriebswasser *n*, Fabrikationswasser *n* / process water, industrial water, service water
eau *f* de purge de la chaudière / Kesselschlammwasser *n*, Abschlammwasser *n* / boiler blow-down water
eau *f* de refroidissement / Kühlwasser *n* / cooling water
eau *f* de reverdissage / Einweichwasser *n* (Gerberei) / soaking water
eau *f* de table / Tafelwasser *n* / table water
eau *f* de trempe / Einweichwasser *n* (Mälzerei), Weichwasser *n* / steep water
eau *f* d'extinction du coke / Kokslöschwasser *n* / coke-quenching water
eau *f* distillée / destilliertes Wasser *n* / distilled water
eau *f* douce / Süßwasser *n* / fresh water
eau *f* dure / hartes Wasser *n* / hard water
eau *f* d'usage industriel / Fabrikationswasser *n*, Wasser *n* für industriellen Gebrauch, Prozeßwasser *n* / process water, industrial water, service water
eau *f* interstitielle / Hohlraumwasser *n*, Porenwasser *n* / interstitial water
eau *f* mère / Mutterlauge *f* / mother lye
eau *f* minérale / Mineralwasser *n* / mineral water
eau *f* potable / trinkbares Wasser *n* / potable water
eau *f* pour la dilution BOD / Verdünnungswasser *n* BSB / dilution water BOD
eau *f* pour la lutte incendie / Feuerlöschwasser *n* / fire fighting water
eau *f* résiduaire / Abwasser *n* / sewage, waste water
eau *f* séléniteuse / gipshaltiges Wasser *n* / selenitic water
eau *f* souterraine / Grundwasser *n* / ground water
eau *f* stagnante / stehendes Gewässer *n* / stagnant water
eau *f* usée / Abwasser *n* / sewage, waste water
eaux *fpl* / Gewässer *n* / waters *pl*
eaux *fpl* ammoniacales résiduaires / Ammoniakabwasser *n* / ammonia waste
eaux *fpl* de condenseur / Fallwasser *n* / condenser water
eaux *fpl* de distribution / Leitungswasser *n* / supply water, tap water
eaux *fpl* de presse / Schnitzelpreßwasser *n* (Zuckerfabrik) / pulp press water
eaux *fpl* de surface / Oberflächengewässer *n* / surface waters *pl*
eaux *fpl* ménagères / Küchenabwasser *n* / scullery wastes *pl*
eaux *fpl* moyennes (Hydrol) / Mittelwasser *n* / mean water
eaux *fpl* pluviales / Regenwasser *n* / rain water
eaux *fpl* résiduaires industrielles / gewerbliches Abwasser *n*, Industrieabwasser *n* / industrial wastes, trade waste water
eaux *fpl* usées concentrées / dickes Abwasser *n* / strong sewage
eaux *fpl* usées diluées / dünnes Abwasser *n* / weak sewage
eaux *fpl* usées domestiques / häusliches Abwasser *n* / domestic sewage, household waste water
eaux *fpl* usées ménagères → eaux *fpl* usée domestiques

ébranler / rütteln / shake, vibrate
ébullition f / Kochen n, Sieden n / boiling
écartement m (Techn) / Spannweite f / range
écart-type m / Standardabweichung f / standard deviation
échange m / Austausch m / exchange
échange m d'ions / Ionenaustausch m / ionic exchange
échangeur m / Austauscher m / exchanger
échangeur m de cations / Kationaustauscher m / cation exchanger
échangeur m de chaleur / Wärmeaustauscher m / heat exchanger
échangeur m d'ions / Ionenaustauscher m / ion exchanger
échantillon m / Probe f / sample
échantillon m composite / zusammengesetzte Probe f, Mischprobe f / composite sample
échantillon m correspondant / korrespondierende Probe f / corresponding sample
échantillonnage m / Probenahme f / sampling
échantillonnage m automatique / automatische Probenahme f / automatic sampling
échantillonnage m en continu / Dauerprobenahme f, kontinuierliche Probenahme f / continuous sampling
échantillonnage m intermittent / Einzelprobenahme f / discrete sampling
échantillonnage m isocinétique / isokinetische Probenahme f / isokinetic sampling
échantillonnage m proportionnel / Proportionalprobenahme f / proportional sampling
échantillonneur m / Probenahmegerät n / sampler
échantillon m ponctuel / Stichprobe f / grab sample, spot sample
échelle f / Leiter f / ladder
échelle f à poissons / Fischtreppe f / fish pass
échelle f limnimétrique / Lattenpegel m / staff gauge
éclatement m → résistance f à l'éclatement
écluse f / Schleuse f / sluice, lock
écologie f / Ökologie f / ecology
écoulement m / Abfluß m / discharge, run off, flow
écoulement m laminaire / laminare Strömung f / streamline flow, steady flow
écoulement m uniforme / gleichförmige Strömung f / uniform flow
écouler (s') / abfließen, ergießen / run off, flow out
écru / ungebleicht / unbleached
écume f / Schaum m / foam, lather, froth
EDTA → éthylène m diaminé tetraacétique
effet m / Wirkung f / action, effect
effet m inhibiteur / Hemmwirkung f / inhibiting action
effet m utile / Wirkungsgrad m / rate of efficiency
efficacité f / Wirksamkeit f / efficiency
effluence f / Ausfluß m / effluent, outflow, discharge
effluent m (Abw) / Abfluß m / effluent, discharge
effluent m final / Endablauf m / final effluent
effluent m minier / Grubenwasser n / mine water
effort m / Spannung f / tension, stress
égout m (Abw) / Kanal m / sewer, drain
égout m domestique / Hausentwässerung f / house drainage
égout m unitaire / Mischwasserkanal m / combined sewer

éjecteur					enlever

éjecteur *m* **l'air comprimé** / Drucklufttheber *m* / compressed air ejector, air lift pump
électrode *f* / Elektrode *f* / electrode
électrode *f* **à membrane de verre** / Glaselektrode *f* / glass electrode
électrode *f* **de référence** / Bezugselektrode *f* / reference electrode
électrode *f* **ionique sélective** / ionensensitive Elektrode *f* / ion-specific electrode
électrodialyse *f* / Elektrodialyse *f* / electrodialysis
électrolyse *f* / Elektrolyse *f* / electrolysis
électrophorèse *f* / Elektrophorese *f* / electrophoresis
élément *m* / Bestandteil *m* / component, constituent
élément *m* **chimique** / Grundstoff *m*, Element *n* / element
élément *m* **de référence** *f* / Bezugselement *n* / reference element
élément-trace *m* (Chem) / Spurenelement *n* / trace element
élevage *m* / Züchtung *f*, Zucht *f* / cultivation, breeding
élimination *f* / Beseitigung *f*, Entfernung *f* / removal, elimination, disposal
élimination *f* **des odeurs** / Desodorierung *f*, Geruchsbeseitigung *f* / odour control, deodorization
éliminer / eliminieren / eliminate
élutriation *f* / Schlämmanalyse *f*, Schlamm-Wäsche *f* / elutriation
émailler / emaillieren / enamel, vitrify
embouchure *f* (Hydrol) / Mündung *f* / mouth
émissaire *m* / Ablauf *m* (-Bauwerk d. Kläranlage) / effluent channel, outlet
émission *f* / Ausfluß *m* / effluent, outflow, discharge
emplir / aufladen, füllen, beschicken / charge, fill
emploi *m* / Gebrauch *m*, Nutzung *f* / use
empoisonnement *m* / Vergiftung *f* / poisoning
empoissonnement *m* / Fischbesatz *m* / stock of fish
empoissonner (avec des poissons) / besetzen / stock
émulsifiant *m* / Emulgator *m* / emulsifying agent
émulsion *f* / Emulsion *f* / emulsion
émulsionner / emulgieren / emulgate, emulsify
en amont / flußaufwärts, stromaufwärts / upstream
en aval / flußabwärts, stromabwärts / downstream
encollage *m* (Text) / Schlichten *n* / sizing
encrassement *m* / Verschlammung *f* (des Tropfkörpers), Pfützenbildung *f* / clogging, ponding
endogène / endogen / endogenous
enduit *m* / Putz *m* / plaster
endurcissement *m* (Hydrol) / Aufhärtung *f* / hardening
énergie *f* / Energie *f* / energy
enflammer (s') / entflammen, entzünden / ignite, inflame
engorgement *m* / Verschlammung *f* (des Tropfkörpers), Pfützenbildung *f* / clogging, ponding
engorger / verstopfen, zusetzen / clog, plug, stop up
engrais *m* / Dünger *m*, Düngemittel *n* / fertilizer
enlèvement *m* / Beseitigung *f*, Entfernung *f* / removal, elimination, disposal
enlèvement *m* **des matières fécales** / Fäkalienabfuhr *f* / scavenging service
enlever le chapeau / abheben, Schwimmdecke abstreifen / skim
enlever l'écume → enlever le chapeau

165

enregistreur *m* / Schreiber *m* / recorder
enrichir (Hydrol) / anreichern / replenish, recharge
enrichissement *m* / Anreicherung *f* / enrichment
enrichissement *m* **biologique** / biologische Anreicherung *f* / biological accumulation
ensemencement *m* / Impfung *f* / seeding, inoculation
ensemencer / impfen, animpfen / seed, inoculate
entartrage *m* / Verkrustung *f*, Inkrustation *f* / incrustation, scaling
entartrer / verkrusten / incrust
enterrer / vergraben, eingraben / bury, dig in
entonnoir *m* / Trichter *m* / funnel, hopper, cone
entonnoir *m* **à robinet** / Tropftrichter *m* / separating funnel, dripping funnel
entretien *m* / Unterhaltung *f*, Instandhaltung *f* / maintenance, upkeep
envasement *m* / Verschlickung *f* / siltation, silting
environ / ungefähr / approximately
environnement *m* / Umwelt *f*, Umgebung *f*, Umgegend *f* / environment, surroundings *pl*
environs *mpl* / Umwelt *f*, Umgebung *f*, Umgegend *f* / environment, surroundings *pl*
enzyme *m* / Enzym *n* / enzyme
épaisseur *f* / Dicke *f* / thickness
épaisseur *f* **de couche** / Schichtdicke *f* / thickness (of a layer)
épaissir / eindicken / thicken, densify
épaississement *m* / Eindickung *f* / thickening
épaississeur *m* / Eindicker *m* / thickener
épidémie *f* / Epidemie *f*, Seuche *f* / epidemic
épilimnion *m* (Limnol) / Epilimnion *n* / epilimnion
éprouvette *f* **conique graduée** / Absetzglas *n*, Sedimentierglas *n*, Imhoffglas *n* / settling glas, Imhoff cone
éprouvette *f* **de décantation** / Absetzglas *n*, Sedimentierglas *n*, Imhoffglas *n* / settling glas, Imhoff cone
éprouvette *f* **graduée** / Meßzylinder *m* / graduated cylinder
épuiser / auspumpen / exhaust
épuration *f* / Reinigung *f* / purification, cleaning, decontamination
épuration *f* **des eaux usées** / Abwasserreinigung *f* / sewage purification
épuration *f* **finale** / Nachreinigung *f* / final purification
épuration *f* **mécanique des eaux d'égout** / mechanische Abwasserreinigung *f* / primary treatment of waste water, sedimentation (sludge)
épuration *f* **primaire** / Vorreinigung *f* / preliminary treatment
épurer / reinigen / purify, clean, decontaminate
équarrissage *m* / Tierkörperverwertungsanstalt *f* / rendering plant
équation *f* (Math) / Gleichung *f* / equation
équilibre *m* / Gleichgewicht *n* / equilibrium, balance
équilibre *m* **carbonique** / Kalk-Kohlensäure-Gleichgewicht *n* / carbonate equilibrium
équipement *m* / Einrichtung *f*, Ausrüstung *f* / equipment, accomodation
équivalent *m* **habitant** / Einwohnergleichwert *m* / population equivalent
Erlenmeyer *m* / Erlenmeyer-Kolben *m* / Erlenmeyer flask
érosion *f* / Erosion *f* / erosion
erreur *f* / Fehler *m* / error
erreur *f* **aléatoire** / zufälliger Fehler *m* / random error
erreur *f* **de mesure** / Meßfehler *m*, Ablesefehler *m* / error of observation

erreur *f* **systématique** / systematischer Fehler *m* / systematic error
erreur-type *f* / mittlerer Fehler *m* / standard error
espèce *f* (Biol) / Art *f* / species
essai *m* / Versuch *m* / test
essai *m* **à blanc** / Blindversuch *m* / blank test
essai *m* **à blanc chimique** / chemischer Blindwert *m* / chemical blank
essai *m* **à grande échelle** / Großversuch *m* / full-scale test
essai *m* **au marbre** / Kalklösungsvermögen *n*, Marmorlösungsversuch *m* / marble test for water stability
essai *m* **de pompage** / Pumpversuch *m* / pumping test
essai *m* **préliminaire** / Vorversuch *m* / preliminary test
essai *m* **sur place** / Feldversuch *m* / field test
essayer / versuchen / try, test
essence *f* **(de pétrole)** / Benzin *n* / gasoline (USA), petrol (GB)
estimer / veranschlagen, schätzen / estimate
estuaire *m* (Geol) / Mündungsgebiet *n* / estuary
établissement *m* / Werk *n* / mill, plant, works
étagé / stufenweise / stepped
étain *m* / Zinn *n* / tin
étalon *m* / Prüfstandard *m*, Eichstandard *m* / calibration standard
étalon *m* **interne** / innerer Standard *m* / internal standard
étalonnage *m* / Kalibrieren *n*, Eichen *n* / calibration
étalonner / eichen, calibrieren / calibrate, gauge
étamé / verzinnt / tin coated
étanche / dicht / tight
étanche aux gaz / gasdicht / gas tight
étanchéité *f* / Dichtigkeit *f* / tightness
étang *m* / Teich *m*, Weiher *m* / pond, lagoon
étang *m* **à poissons** / Fischteich *m* / fish pond
étang *m* **d'accumulation** / Stapelteich *m*, Speicherteich *m* / storage pond
étang *m* **de refroidissement** / Kühlteich *m* / cooling pond
étang *m* **de stabilisation** / Abwasserteich *m*, Stabilisierungsteich *m* / lagoon, stabilization pond
étang *m* **d'oxydation** / Oxidationsteich *m* / oxidation pond
état *m* **gazeux** / Gaszustand *m*, Gasphase *f* / gaseous phase
état *m* **solide d'agrégat** / fester Aggregatzustand *m* / solid state
éteindre (la chaux) / löschen / slake
étendue *f* **de dosage** / Meßbereich *m* / measuring range
éther *m* **de pétrole** / Petrolether *m* / petroleum ether
éthylène *m* **diaminé tétraacétique EDTA** / Ethylendiamintetraacetat *n* / ethylenediamine tetraacetate
étoffe *f* / Gewebe *n* / fabric, tissue
étoffe *f* **filtrante** / Filtertuch *n* / filtering cloth
étrangler / drosseln / throttle
étuve *f* / Trockenschrank *m* / drying oven
eutrophe (Limnol) / eutroph, nährstoffreich / eutrophic
eutrophisation *f* (Limnol) / Eutrophierung *f* / eutrophication
évacuation *f* / Beseitigung *f*, Entfernung *f* / removal, elimination, disposal

évacuation   **fermentation**

évacuation f **des boues** / Entschlammung f / sludge removal, de-sludging
évacuer / entleeren / evacuate
évacuer à part (Abw) / abtrennen / segregate, separate
évaluation f / Bewertung f, Auswertung f / evaluation, assessment
évaluer / bewerten, auswerten / evaluate
évaporateur m / Verdampfer m / evaporator
évaporateur m **rotatif** / Rotationsverdampfer m / rotation evaporator
évaporation f / Verdunstung f / evaporation
évaporation f **naturelle** → quantité f d'évaporation naturelle
évaporer / verdampfen, eindampfen, abdampfen / evaporate, vaporize, boil down
exactitude f / Richtigkeit f / accuracy
examen m / Prüfung f, Untersuchung f / examination, investigation, test
examen m **aux rayons X** / Röntgenuntersuchung f / X-ray test
examiner / untersuchen / examine, investigate
excitation f / Anregung f, Erregung f / excitation, stimulation
exogène / exogen / exogenous
exploitable / nutzbar / usable
exploitation f / Bewirtschaftung f / management
exploitation f **à ciel ouvert** / Tagebau m / open mining
exploitation f **des mines** / Bergbau m / mining
exploitation f **industrielle** / Fabrik f / factory, mill, works, plant
exploiter / betreiben / operate
exploser / explodieren / explode
exposition f / Aussetzung f, Belichtung f (Photo) / exposure
expression f **des résultats** / Angabe f der Ergebnisse / expression of results
exprimé en / ausgedrückt als / expressed as
exprimer en / angeben als / report as
extincteur m **de chaux** / Kalklöscher m / lime slaker
extractible / extrahierbar / extractable
extraction f / Extraktion f, Auslaugung f / extraction
extrait m **de viande** / Fleischextrakt m / meat extract

fabrique f / Fabrik f / factory, mill, works, plant
fabrique f **de papier** / Papierfabrik f / paper mill
facultatif / fakultativ / facultative
fade / schal, fade / stale
faible / schwach / weak
faible charge f / niedrige Belastung f / low load
faïence f / Steingut n / earthenware, vitrified tile
fèces fpl / Kotstoffe mpl, Fäkalienschlamm m / fecal matter, faeces pl, night soil
fécond / fruchtbar / fertile
fer m / Eisen n / iron
fer m **fondu** / Gußeisen n / cast iron
fer m **forgé** / Schmiedeeisen n / wrought iron
fermentable / gärfähig / fermentable
fermentation f / Gärung f, Vergärung f / fermentation
fermentation f **acide** / saure Gärung f / acid fermentation
fermentation f **alcaline** / Methanfaulung f, alkalische Gärung f / alkaline fermentation

fermentation   filtre

fermentation *f* **méthanique** → fermentation *f* alcaline
fermenter / gären, vergären, fermentieren / ferment
fermer / verschließen / lock, seal, close
fermeture *f* / Verschluß *m* / lock, closure
ferreux / Eisen(II)-, Ferro- / ferrous
ferrique / Eisen(III)-, Ferri- / ferric
ferrugineux / eisenhaltig / ferruginous
fertile / fruchtbar / fertile
fétide / stinkend / stinking
feutre *m* / Filz *m* / felt
fibre *f* / Faser *f* / fiber, filament
fibre *f* **de verre** / Glasfaser *f* / glass fiber
fibre *f* **ligneuse** / Holzfaser *f* / wood fiber, grain
fièvre *f* **typhoïde** / Typhus *m* / typhoid fever
filamenteux / fadenförmig / filamentous, filiforme
filet *m* **à plancton** / Planktonnetz *n* / plankton net
film *m* **biologique** / Rasen *m* (eines Tropfkörpers) / slime, surface film
filtrabilité *f* / Filtrierbarkeit *f* / filtrability, filterability
filtrat *m* / Filtrat *n* / filtrate
filtration *f* / Filtration *f* / filtration
filtration *f* **avec coagulation** / Flockungsfiltration *f* / floc filtration
filtration *f* **en profondeur** / Tiefenfiltration *f* / deep bed filtration
filtration *f* **en surface** / Oberflächenfilterung *f* / surface filtration
filtration *f* **sous vide** / Vakuumfiltration *f* / vacuum filtration
filtre *m* / Filter *m* / filter
filtré / gefiltert, filtriert / filtered, filtrated
filtre *m* **à bougie** / Kerzenfilter *m* / candle filter
filtre *m* **à charbon** / Kohlefilter *m* / carbon filter
filtre *m* **à diatomées** / Kieselgurfilter *m* / diatomite filter
filtre *m* **à haut débit** / Hochlasttropfkörper *m* / high rate filter
filtre *m* **à lits mélangés** / Mehrstoffilter *m* / mixed media filter
filtre *m* **à lits superposés** / Mehrschichtfilter *m* / multilayer filter
filtre *m* **à plis** / Faltenfilter *m* / folded filter
filtre *m* **à précouche** / Anschwemmfilter *m* / precoat filter
filtre *m* **à sable (rapide, lent)** / Sandfilter *m* (Schnell-, Langsam-) / sand filter (rapid, slow)
filtre *m* **à tambour** / Trommelfilter *m* / drum filter, rotary filter
filtre *m* **biologique** / Tropfkörper *m* / trickling filter, biological filter
filtre *m* **de gravier** / Kiesfilter *m* / gravel filter
filtre *m* **dégrossisseur** / Vorfilter *m*, Grobfilter *m* / roughing filter
filtre *m* **en fibre de verre** / Glasfaserfilter *m* / glass fiber filter
filtre *m* **en toile** / Gewebefilter *m* / woven filter
filtre *m* **finisseur** / Nachfilter *m* / final filter, subsequent filter
filtre *m* **immergé** / überstauter Filter *m* / submerged filter
filtre *m* **multicouche** / Mehrschichtfilter *m* / multilayer filter
filtre *m* **mûr** / eingearbeiteter Filter *m* / ripened filter
filtre *m* **noyé** / überstauter Filter *m* / submerged filter
filtre *m* **percolateur** / Tropfkörper *m* / trickling filter, biological filter

169

filtre-presse *m* / Filterpresse *f* / filter press
filtre *m* **sous pression** / Druckfilter *m*, geschlossener Filter *m* / pressure filter
filtrer / filtrieren / filter
fin / fein / fine
fiole *f* **à vide** / Saugflasche *f* / suction bottle
fiole *f* **conique** / Erlenmeyer-Kolben *m* / Erlenmeyer flask
fission *f* **nucléaire** / Kernspaltung *f* / nuclear fission
fissurage *m* (Korr) / Rißbildung *f* / cracking
fissure *f* / Riß *m*, Sprung *m*, Spalte *f* / crack, fissure
fissuré / zerklüftet, klüftig / fissured, crevassed
fissure *f* **capillaire** / Haarriß *m* / hair crack
flacon *m* **à ouverture large** / Weithalsflasche *f* / wide necked bottle
flacon *m* **à tare** / Wägeglas *n* / weighing bottle
flacon *m* **à vis** / Schraubverschluß-Flasche *f* / screw cap bottle
flacon *m* **bouché à l'émeri** / Schliffstopfenflasche *f* / glas-stoppered bottle
flacon *m* **compte-gouttes** / Tropfflasche *f* / drop bottle
flacon *m* **d'incubation** / Sauerstoffflasche *f* / incubation bottle
flacon *m* **laveur** (Chem) / Waschflasche *f* / washing (wash) bottle
flacon *m* **pour fermentation** / Gärkolben *m* / fermentation flask
flamme *f* / Flamme *f* / flame
fleurs *fpl* **d'eau** (Biol) / Wasserblüte *f* / lake bloom
fleuve *m* (Hydrol) / Strom *m* / stream
fleuve *m* **à marée** / Tidefluß *m* / tidal river
flocon *m* / Flocke *f* / floc
floculant *m* / Flockungsmittel *n* / flocculant, floccing agent
floculat *m* (Chem) / Niederschlag *m* / precipitate
floculation *f* / Flockung *f*, Ausflocken *n*, Koagulation *f* / flocculation, coagulation
floculer / flocken, ausflocken / floc, flocculate, coagulate
floraison *f* **d'algue** / Algenblüte *f* / algae bloom
flottation *f* / Flotation *f*, Schwimmaufbereitung *f* / flotation
flotter / flotieren / float
flotteur *m* / Schwimmer *m*, Schwimmkörper *m* / float
fluctuation *f* / Schwankung *f*, Oszillation *f* / oscillation, variation, fluctuation
fluide / flüssig / liquid, fluid
fluide *m* / Flüssigkeit *f* / liquid, fluid, liquor
fluor *m* / Fluor *n* / fluorine
fluoration *f* / Fluoridierung *f* / fluoridation
fluorescéine *f* / Fluorescein *n* / fluorescein
fluorescence *f* / Fluoreszenz *f* / fluorescence
fluorure *m* / Fluorid *n* / fluoride
fonction *f* **d'évaluation** / Auswertefunktion *f* / evaluation function
fond *m* / Boden *m*, Sohle *f* / bottom, floor
fond *m* **d'un filtre** / Filterboden *m* / filter bottom, filter drainage
fonderie *f* / Gießerei *f* / foundry
fondre / gießen (Metalle) / cast
fonds *m* / Vorrat *m* / stock, store
fontaine *f* / Springbrunnen *m* / fountain
fonte *f* / Gußeisen *n* / cast iron

forage m / Bohrung f / boring
force f d'attraction / Anziehungskraft f / force of attraction
force f ionique / Ionenstärke f / ionic strength
forer / bohren / drill, bore
formant une couche protectrice / schutzschichtbildend / scale forming
forte charge f / hohe Belastung f / high load
fortement / stark / strong
fortement chargé / hochbelastet / highly loaded
fosse f / Schacht m / well
fossé m / Graben m / ditch, trench
fossé m d'oxydation (Abw) / Oxidationsgraben m, Schlängelgraben m / oxidation ditch
fosse f Emscher / Emscherbecken n / Imhoff tank
fosse f Imhoff / Emscherbecken n / Imhoff tank
fosse f septique / Faulgrube f, Faulkammer f / septic tank
four m à moufle / Glühofen m, Muffelofen m / muffle furnace
four m d'incinération / Verbrennungsofen m / incinerator, combustion furnace
fragile / brüchig / brittle
fragilité f caustique / Laugenbrüchigkeit f / caustic embrittlement
fréquence f cumulée / Summenhäufigkeit f / cumulative frequency
friable / bröckelig, brüchig / friable
friction f / Reibung f / friction
froid / kalt / cold
fromagerie f / Käserei f / cheese dairy
frottement m / Reibung f / friction
frottis m (Bakt) / Abstrich m / streak
fuel m léger / leichtes Heizöl n / light fuel oil
fuite f / Leck n / leak
— → perte f de fuite
fumées fpl / Dämpfe mpl / fumes pl
fumier m / Stallmist m, Mist m / manure
fusion f / Schmelze f / melt
fût m / Faß n / barrel
futile / unbedeutend / insignificant, slight

galvaniser / galvanisieren / electro-plate, galvanize
galvaniser à chaud / feuerverzinken / dip galvanize
galvanoplastie f / Galvanotechnik f / electro-plating
gamme f / Skala f, Gradierung f / scale, graduation
gaspiller / vergeuden, verschwenden / waste
gâteau m de presse / Filterkuchen m, Preßkuchen m / filter cake, sludge cake
gaz m / Gas n / gas
gaz m de digestion / Faulgas n / digester gas
gaz m de fumée / Rauchgas n / flue gas
gaz m de hauts fourneaux / Gichtgas n, Hochofengas n / blast furnace gas
gaz m du gueulard / Gichtgas n, Hochofengas n / blast furnace gas
gaze f / Gaze f / gauze
gazéifier / vergasen / gasify
gazeux / gasförmig / gaseous

gaz   **grille**

gaz *m* **liquide** / Flüssiggas *n* / liquefied petroleum gas
gaz *m* **nitreux** / nitrose Gase *npl* / nitrous gas
gel *m* / Frost *m* / frost
gélatine *f* / Gelatine *f* / gelatine
gélatineux / gelatinös, gallertartig / gelatinous
gelée *f* / Frost *m* / frost
geler / frieren / freeze
gélose *f* / Nährboden *m* / culture medium
générateur *m* / Generator *m* / generator
géologie *f* / Geologie *f* / geology
gerçure *f* / Riß *m*, Sprung *m*, Spalte *f* / crack, fissure
germe *m* / Keim *m* / germ
germer / keimen / germinate
gestion *f* / Bewirtschaftung *f* / management
gicleur *m* / Düse *f* / nozzle
glace *f* / Eis *n* / ice
glace *f* **de fond** / Grundeis *n* / anchor ice, bottom ice
glacier *m* / Gletscher *m* / glacier
glacière *f* / Kühlschrank *m*, Eisschrank *m* / ice box, refrigerator
glaise *f* / Ton *m*, Letten *m* / clay
glissance *f* / Glätte *f* / smoothness
global / gesamt / total
glucose *m* / Traubenzucker *m*, Glukose *f* / glucose
goitre *m* / Kropf *m* / goiter
gomme *f* / Gummi *m*, Kautschuk *m* / caoutchouc, rubber
goudron *m* / Teer *m* / tar
goudronneux / teerartig / tarry
goût *m* / Geschmack *m* / taste
goutte *f* / Tropfen *m* / drop
gouttelette *f* / Tröpfchen *n* / droplet
graduation *f* / Maßstab *m* / scale, graduation, ratio of dimensions
— / Skala *f*, Gradierung *f* / scale, graduation
grain *m* / Korn *n* / grain
graissage *m* / Schmierung *f* / lubrication
graisse *f* / Fett *n* / fat, grease
granuleux / körnig / granular
granulométrie *f* / Siebanalyse *f* / sieve analysis
graphite *m* / Graphit *m* / graphite
gravier *m* / Kies *m* / gravel
gravière *f* / Kiesgrube *f* / gravel pit
gravitation *f* / Schwerkraft *f* / gravity
grêle *f* / Hagel *m* / hail
grenue / körnig / granular
grès *m* / Steingut *n* / earthenware, vitrified tile
grésil *m* / Hagel *m* / hail
grès *m* **vernissé** / Steinzeug *n* / stoneware
grille *f* / Rost *m*, Gitter *n* / grating, grill
— (grossière, fine) / Rechen *m* (Grob-, Fein-) / screen (coarse, fine), rack

gros   hydrocarbures

gros / grob / coarse
gros bétail *m* / Großvieh *n* / large cattle
grosseur *f* **des grains** / Korngröße *f* / size of grain
grossissement *m* / Vergrößerung *f* / enlargement

habitant *m* / Einwohner *m* / inhabitant
halogène *m* / Halogen *n* / halogen
halogénoforme / Haloforme *pl* / haloforms
hautes eaux *fpl* / Hochwasser *n* / high water, flood
haut fourneau *m* / Hochofen *m* / blast furnace
hémicellulose *f* / Hemicellulose *f* / hemicellulose
herbicide *m* / Unkrautbekämpfungsmittel *n*, Herbizid *n* / herbicide
hétérotrophe / heterotroph / heterotroph
hexachlorobenzène *m* / Hexachlorbenzol *n* / hexachlorobenzene
hexachlorocyclohexane *m* / Hexachlorcyclohexan *n* / hexachlore cyclohexane
hexamétaphosphate *m* / Hexametaphosphat *n* / glassy phosphate, hexametaphosphate
hexane *m* / Hexan *n* / hexane
homogène / homogen, gleichartig / homgeneous
homogénéiser / mischen, vermischen, homogenisieren / mix, blend, homogenize
homogénéité *f* / Homogenität *f* / homogenity
hôpital *m* / Krankenhaus *n* / hospital, infirmary
horizontal / waagerecht, horizontal / horizontal
hôte *m* / Wirt *m* / host
hotte *f* **aspirante** / Abzug *m* (Labor) / exhaust, hood, fume cupboard, exhauster
houille *f* / Kohle *f* / coal
houille *f* **brune** / Braunkohle *f* / lignite, brown coal
HPA → hydrocarbures *mpl* polycycliques aromatiques
huile *f* / Öl *n* / oil
huile *f* **lourde** / Schweröl *n* / heavy oil
huile *f* **minérale** / Mineralöl *n*, Erdöl *n* / mineral oil, crude oil
huître *f* / Auster *f* / oyster
humecter / benetzen / wet, sprinkle
humide / feucht / moist, humid
humidifier / anfeuchten, befeuchten / moisten
humidité *f* / Feuchte *f*, Feuchtigkeit *f* / moisture, humidity
humidité *f* **atmosphérique** / Luftfeuchtigkeit *f* / air humidity
humus *m* / Humus *m* / humus
hydrate *m* / Hydrat *n* / hydrate
hydraté / kristallwasserhaltig / hydrous
hydrate *m* **de carbone** / Kohlenhydrat *n* / carbohydrate
hydrazine *f* / Hydrazin *n* / hydrazine
hydrobiologie *f* / Hydrobiologie *f* / hydrobiology
hydrocarbure *m* / Kohlenwasserstoff *m* / hydrocarbon
hydrocarbures *mpl* **chlorés** / chlorierte Kohlenwasserstoffe *mpl*,
    Chlorkohlenwasserstoffe *mpl* / chlorinated hydrocarbons
hydrocarbures *mpl* **volatils** / leichtflüchtige Kohlenwasserstoffe *mpl* / low volatile
    hydrocarbons
hydrocarbures *mpl* **non polaires** / unpolare Kohlenwasserstoffe *mpl* / non polar
    hydrocarbons

hydrocarbures mpl **polaires** / polare Kohlenwasserstoffe mpl / polar hydrocarbons
hydrocarbures mpl **polycycliques aromatiques HPA** / polycyclische aromatische Kohlenwasserstoffe mpl PAK / polynuclear aromatic hydrocarbons PAH
hydrocyclone m / Hydrozyklon m / wet cyclone
hydrogénation f / Hydrierung f / hydrogenation
hydrogène m / Wasserstoff m / hydrogen
hydrogènecarbonate m / Hydrogencarbonat n, Bicarbonat n / bicarbonate, hydrogen carbonate
hydrogène m **sulfuré** / Schwefelwasserstoff m / hydrogen sulfide
hydrolysable / hydrolysierbar / hydrolizable
hydrolyse f / Hydrolyse f / hydrolysis
hydrolyse f **du bois** / Holzverzuckerung f / wood pulp hydrolysis
hydrophile / wasseranziehend, hygroskopisch, hydrophil / hygroscopic, hydrophilic
hydrophobe / wasserabweisend, hydrophob / hydrophobic, water repellent
hydroxyde m / Hydroxid n / hydroxide
hydroxyde m **ferrique** / Eisen(III)hydroxid n, Eisenoxidhydrat n / ferric hydroxide
hygiène f **du milieu** m / Umwelthygiene f / environmental health
hygiène f **industrielle** / Gewerbehygiene f / occupational health, industrial hygiene
hygiénique / hygienisch / hygienic
hygroscopique / wasseranziehend, hygroskopisch, hydrophil / hygroscopic, hydrophilic
hypochlorite m / Hypochlorit n / hypochlorite
hypolimnion m / Hypolimnion n / hypolimnion
hyposulfite m / Thiosulfat n / thiosulfate

immondices fpl / Müll m, Hausmüll m, Kehricht m / trash, rubbish, sweepings
imperméable / undurchlässig / impermeable, impervious
imprégner / imprägnieren, tränken (Chem) / impregnate
impulsion f / Impuls m / impulse
— (Elekt) / Impuls m / pulse
impur / unrein / unclean, impure
impureté f / Verschmutzung f, Verunreinigung f, Fremdstoff m / pollution, contamination, impurity
inactivité f (Chem) / Trägheit f / inertness
incendie m → réseau m d'incendie
incinération f (Chem) / Verbrennung f, Veraschung f / incineration, combustion
incinérer / verbrennen / incinerate, burn
incliné / geneigt, schräg / inclined, sloped
incolore / farblos / colourless
inconstant / veränderlich, unbeständig / variable, changeable, unsteady
incorporation f / Aufnahme f / absorption
incrustation f / Verkrustung f, Inkrustation f / incrustation, scaling
incruster / verkrusten / incrust
incubateur m / Brutschrank m / incubator
incubation f / Bebrütung f / incubation
indésirable / unerwünscht / objectionable
indicateur m / Indikator m, Anzeiger m / tracer, indicator
indice m **de colmatage** / Verstopfungsvermögen n / fouling capacity, clogging index
indice m **d'écoulement** / Abflußspende f / discharge

indice *m* **de saponification** / Verseifungszahl *f* / saponification number
indice *m* **de saturation** / Sättigungsindex *m* / saturation index
indice *m* **du volume de boue** / Schlammvolumen-Index *m* / sludge volume index
indigène / eingeboren / indigenous
indissoluble / unlöslich / insoluble
induration *f* / Verhärtung *f*, Härtung *f* / hardening, induration
industrie *f* **alimentaire** / Nahrungsmittelindustrie *f* / food industry
inertie *f* (Phys) / Trägheit *f* / inertia
infection *f* / Ansteckung *f*, Infektion *f* / infection, contagion
infiltration *f* / Durchsickerung *f*, Sickerung *f* / percolation, seepage, infiltration
— → perte *f* par infiltration
— → puits *m* d'infiltration
infiltrer (s') / einsickern, durchsickern, versickern / leach, percolate, infiltrate
inflammable / brennbar, entzündbar / inflammable, combustible
influence *f* / Einfluß *m*, Einwirkung *f* / influence
infrarouge *m* / Infrarot *n* / infra-red
infrason *m* / Ultraschall *m* / ultrasonics, supersonics
ingestion *f* (Biol) / Aufnahme *f* / uptake, intake, ingestion
inhibiteur *m* / Hemmstoff *m* / inhibitor
inhibiteur *m* **de corrosion** / Korrosionsschutzmittel *n* / corrosion inhibitor, anticorrosive
inhibition *f* / Hemmung *f* / inhibition
inhibitoire / angriffsverhütend / inhibitory
injection *f* / Einpressung *f*, Injektion *f* (von Zement) / injection, grouting
innocuité *f* / Unschädlichkeit *f* / innocuousness
inoculation *f* / Impfung *f* / seeding, inoculation
inoculer / impfen, animpfen / seed, inoculate
inoffensif / unschädlich / innocuous, harmless
inoxydable / nichtrostend / stainless
insalubre / ungesund / unhealthy
insaponifiable / unverseifbar / unsaponifiable
insignifiant / unbedeutend / insignificant, slight
insipide / geschmacklos, fade / tasteless
in situ / Ort und Stelle (an) / site (on the)
insolation *f* / Sonnenbestrahlung *f*, Einstrahlung *f* / solar radiation
insoluble / unlöslich / insoluble
inspection *f* **locale** / Ortsbesichtigung *f* / local survey, site inspection
installation *f* / Werk *n* / mill, plant, works
installation *f* **d'épuration domestique** / Hauskläranlage *f*, Kleinkläranlage *f* / individual sewage treatment plant
installation *f* **à boues activées** / Belebungsanlage *f* / activated sludge plant
installation *f* **d'activation** / Belebungsanlage *f* / activated sludge plant
installation *f* **de clarification** / Kläranlage *f* / clarification plant
installation *f* **d'essai** / Versuchsanlage *f* / experimental plant, pilot plant
installation *f* **réfrigérante** / Kühlanlage *f*, Rückkühlanlage *f* / refrigeration plant, cooling plant
instrument *m* **de mesure** / Meßinstrument *n* / measuring instrument, gauge, meter
intensité *f* / Stärke *f* / force, strength

intensité **lac**

intensité f **de courant** (Elekt) / Stromstärke f / current strength
intercalibration f / Ringversuch m / interlaboratory trial
interconnexion f / Querverbindung f / cross connection
interface f / Grenzschicht f / boundary layer, interface
interférence f / Störung f / interference
intermittent / stoßweise (diskontinuierlich) / intermittent, in batches
— / intermittierend / intermittent
interruption f / Unterbrechung f / interruption, break
intervalle m / Spannweite f / range
intervalle m **de variation** / Variationsbreite f / range of variation
intestin m / Darm m / intestine, bowel
intoxication f / Vergiftung f / poisoning
introduction f (Hydrol) / Einleitung f, Zufuhr f / influx, influent
introduction f **d'air** / Luftzufuhr f / air supply
inversion f (Limnol) / Zirkulation f, Umwälzung f / circulation, overturn
inversion f **vernale** (Limnol) / Frühjahrsumwälzung f / spring overturn
iode m / Iod n / iodine
ion m / Ion n / ion
ionisation f / Ionisation f / ionization
irradiation f / Strahlung f, Ausstrahlung f, Bestrahlung f / radiancy, radiation, irradiation
irrigation f / Bewässerung f / irrigation
irrigation f **en sous-sol** / Untergrundverrieselung f / subsoil irrigation
irrigation f **par aspersion** / Verregnung f, Beregnung f / spray irrigation
irriguer / verrieseln, berieseln, bewässern / irrigate, water
isolation f / Isolation f, Isolierung f / insulation, isolation
isoler / isolieren, abtrennen / isolate, separate
— (Elekt) / isolieren / insulate
isotope m / Isotop n / isotope
issue f / Auslauf m / outlet, outfall

jaillir (faire-) / verspritzen / splash
jauger / eichen, calibrieren / calibrate, gauge
— (Techn) / messen / gauge
jet m / Strahl m / jet, stream
jeter / verwerfen, wegwerfen / dispose
joindre (Techn) / verbinden / join, connect
jonc m / Binse f / rush
journalier / täglich / daily
jurassique m (Geol) / Jura m / jurassic
jus m **de tannerie** / Gerbbrühe f / tanning liquor
justesse f / Richtigkeit f, Bias m (quantitativ) / accuracy of the mean, bias
juvénile / juvenil / juvenile

laboratoire m / Laboratorium n / laboratory
lac m / See m / lake
lac m **de barrage** / Stausee m, Talsperre f / reservoir, impounded lake

lac   **limite**

lac *m* **intérieur** / Binnensee *m* / inland lake
lactose *m* / Milchzucker *m*, Laktose *f* / lactose
lactosérum *m* / Molke *f* / whey
lagune *f* (Abw) / Abwasserteich *m*, Stabilisierungsteich *m* / lagoon, stabilization pond
  — (côtière) / Lagune *f* / lagoon
laine *f* **de verre** / Glaswolle *f* / glass wool, spun glass
lait *m* **de chaux** / Kalkmilch *f* / milk of lime, lime slurry
lait *m* **écrémé** / Magermilch *f* / skim milk
laiterie *f* / Molkerei *f* / dairy, creamery
laitier *m* / Schlacke *f* / slag
laiton *m* / Messing *n* / brass
laminaire / laminar / laminar
laminoir *m* / Walzwerk *n* / rolling mill
laminoir *m* **à froid** / Kaltwalzwerk *n* / cold-rolling mill
lampe *f* **à cathode creuse** / Hohlkathodenlampe *f* / hollow cathode lamp
lampe *f* **à double faisceau** / Zweistrahllampe *f* / double beam lamp
lampe *f* **à vapeur métallique** / Metalldampflampe *f* / metal vapour lamp
lampe *f* **UV** / UV-Strahler *m* / UV-ray emitter
laque *f* / Lack *m* / lacquer
largeur *f* **de fente** / Spaltbreite *f* / slitwidth
lavage *m* **à contre-courant** / Gegenstromwäsche *f*, Rückspülung *f* / counter current wash, back-washing
lavage *m* / Spülung *f*, Wäsche *f* / rinsing, washhing, flushing
lavage *m* **d'un filtre** / Filterspülung *f* / filter washing
lave *f* / Lava *f* / lava
laver / waschen / wash
laverie *f* / Waschanstalt *f*, Wäscherei *f* / laundry
laveur *m* **à gaz** / Gaswäscher *m*, Skrubber *m* / scrubber
légume *m* / Gemüse *n* / vegetable
lessivage *m* / Schlamm-Wäsche *f* / elutriation
  — / Auslaugung *f*, Eluierung *f*, Eluierbarkeit *f* / elutriation, leaching, leachability
lessive *f* / Lauge *f* / lye, liquor
lessive *f* **épuisée** / Ablauge *f*, Abfallauge *f* / spent lye, tail liquor
lessive *f* **épuisée du bouilleur** / Kocherablauge *f* / boiler waste liquor
lessiver / auslaugen (Schlamm -) / elutriate, lixiviate, leach
lessive *f* **résiduaire sulfitique** / Sulfitablauge *f* / spent sulfite liquor
lever / heben / lift, raise
levure *f* / Hefe *f* / yeast
liaison *f* (Chem) / Bindung *f* / bond
libre / frei / free
liège *m* / Kork *m* / cork
lier (Techn) / verbinden / join, connect
lieux *mpl* **d'aisances** / Klosett *n*, Abort *m*, Toilette *f* / closet, latrine, lavatory
ligne *f* **de partage des eaux** (Geol) / Wasserscheide *f* / watershed, water divide
lignite *m* / Braunkohle *f* / lignite, brown coal
limite *f* **de détermination** / Bestimmungsgrenze *f* / limit of determination
limite *f* **de dosage** / Erfassungsgrenze *f* (untere-), Nachweisgrenze *f* / lower limit of detection

limite f **de visibilité** / Sichttiefe f / depth of visibility
limon m / Lehm m, Schlick m / ooze, loam
limoneuse → terre f limoneuse
limpide / durchsichtig, klar / transparent, clear, limpid
limpidité f / Klarheit f / clearness, transparency(of a liquid)
linéaire / gradkettig, linear / straight chain, linear
lipophile / lipophil / lipophilic
liquéfier / verflüssigen / liquefy
liqueur f / Flüssigkeit f / liquid, fluid, liquor
liqueur f **de décapage épuisée** / Abfallbeize f / spent pickling liquor
liqueur f **de savon** / Seifenlösung f / soap solution
liqueur f **mixte** / Belebtschlammgemisch n (im Belüftungsbecken) / mixed liquor ML
liqueur f **noire** / Schwarzlauge f / sulfate black-liquor
liquide / flüssig / liquid, fluid
liquide m **surnageant** / überstehende Lösung f / liquid supernatant
lissage m / Glätte f / smoothness
lisse / glatt / smooth, even
lit m **bactérien** / Tropfkörper m / trickling filter, biological filter
lit m **de contact** (Abw) / Füllkörper m / contact bed, contact filter
lit m **de séchage** / Trockenbett n, Schlammtrockenplatz m / sludge drying bed
lit m **d'une rivière** / Flußbett n / river bed
lit m **fluidifié** / Fließbett n / fluidized bed
lit m **mélangé** / Mischbett n / mixed bed
litre m / Liter n / liter
livrer / liefern / supply, deliver
lixiviation f / Auslaugung f, Eluierung f / elutriation, leaching(of sludge)
lixivier / auslaugen (Schlamm -) / elutriate, lixiviate, leach
loi f **d'action de masse** / Massenwirkungsgesetz n / law of mass action
longévité f / Langlebigkeit f / longevity
longueur f **d'onde** / Wellenlänge f / wave length
lourd / schwer / heavy
lubrifiant m / Schmiermittel n / lubricant
lubrification f / Schmierung f / lubrication
lutter (Biol) / bekämpfen / control
lyophilisation f / Gefriertrocknung f / freeze drying

machine f / Maschine f / engine
macroporeux / makroporös / macroporous
magnésie f / Magnesia f, Magnesiumoxid n / magnesia
magnésium m / Magnesium n / magnesium
magno m / Magnomaterial n / magno
maille f / Masche f / mesh
maladie f / Krankheit f / disease
maladies fpl **d'origine hydrique** / Wasserkrankheiten fpl / water-borne diseases pl
malodorant / stinkend / stinking
malsain / ungesund / unhealthy
malterie f / Mälzerei f, Malzfabrik f / malt house
manganèse m / Mangan n / manganese

manque *m* / Mangel *m* / shortage, lack
marais *m* / Sumpf *m* / swamp, bog
marbre *m* / Marmor *m* / marble
— → essai *m* au marbre
marche *f* **à vide** / Leerlauf *m* / no-load, idling
marche *f* **en parallèle** / Parallelbetrieb *m* / parallel operation
marche *f* **intermittente** / diskontinuierlicher Betrieb *m*, Chargenbetrieb *m*, unterbrochener Betrieb *m* / intermittent operation, batch operation
marécage *m* / Sumpf *m* / swamp, bog
marécageux / moorig, sumpfig / swampy, moory, fenny
marée *f* / Gezeiten *pl*, Tide *f* / tide
marée *f* **basse** / Ebbe *f* / low tide
marne *f* / Mergel *m* / marl
masquer / maskieren / mask
masse *f* / Masse *f* / mass
masse *f* **d'eau** / Wasserkörper *m* / body of water
masse *f* **volumique** / Massenkonzentration *f* / mass concentration
mastic *m* / Kitt *m* / putty
matériau *m* **de filtration** / Filtermaterial *n* / filter material, filter medium
matière *f* / Stoff *m*, Substanz *f* / matter, substance
matière *f* **première** / Rohstoff *m*, Rohmaterial *n* / raw material, basic material
matières *fpl* **décantables** / absetzbare Stoffe *mpl* / settleable solids *pl*, settleable matter
matières *fpl* **de vidange** / Kotstoffe *mpl*, Fäkalienschlamm *m* / fecal matter, faeces *pl*, night soil
matières *fpl* **dissoutes** / gelöste Stoffe *mpl* / dissolved solids
matière *f* **sèche** / Trockensubstanz *f* / dried matter
matières *fpl* **en suspension** / abfiltrierbare Stoffe *mpl*, ungelöste Stoffe *mpl*, Schwebestoffe *mpl* / nonfiltrable matter, suspended solids
matières *fpl* **flottantes** / Abstreifergut *n* / skimmings
— / Schwimmstoffe *mpl* / floating matter
matières *fpl* **minérales** / mineralische Stoffe *mpl* / inorganic matter, mineral substances *pl*
matières *fpl* **non décantables** / nicht absetzbare Stoffe *mpl* / non settleable matter
matières *fpl* **non dissoutes** / ungelöste Stoffe *mpl* / undissolved matter
matières *fpl* **retenues par tamisage** / Siebgut *n*, Siebrückstand *m* / screenings, sievings
matières *fpl* **sédimentables** / absetzbare Stoffe *mpl* / settleable solids *pl*, settleable matter
matières *fpl* **solides** / Feststoffe *mpl* / solids *pl*, solid matter
matières *fpl* **solides totales** / Gesamtrückstand *m* / total solids
matières *fpl* **volatiles** / Glühverlust *m* / loss on ignition, volatile matter, volatile solids
maturation *f* / Reifung *f*, Reifen *n* / ripening, maturing
mauvaise herbe *f* / Unkraut *n* / weed
maximal / höchst-, maximal / maximum, maximal
maximum / größte / maximum
mazout *m* / Heizöl *n* / fuel oil
médiane *f* / Medianwert *m*, Zentralwert *m* / median
médium *m* / Medium *n* / medium
mélange *m* / Mischung *f* / mixture, mix, blend

mélanger / mischen, vermischen, homogenisieren / mix, blend, homogenize
mélangeur *m* / Mischer *m* / mixer
mélasse *f* / Melasse *f* / molasses
mêler / mischen, vermischen, homogenisieren / mix, blend, homogenize
membrane *f* / Membrane *f* / membrane
membrane *f* **semi-perméable** / semipermeable Membran *f* / semipermeable membrane
menacer / gefährden / endanger
ménager / haushalts- / domestic
mensuration *f* / Messung *f* / metering, gauging, measurement
mer *f* / Meer *n*, See *f* / sea
mercure *m* / Quecksilber *n* / mercury
mésophile / mesophil / mesophilic
mésosaprobe (Biol) / mesosaprob / mesosaprobic
mesure *f* / Messung *f* / metering, gauging, measurement
mesure *f* **de sécurité** / Sicherheitsmaßnahme *f* / safety measure
mesurer / messen / measure, gauge
métabolisme *m* / Stoffwechsel *m*, Nahrungsumsatz *m* / metabolism
métal *m* / Metall *n* / metal
métalimnion *m* (Limnol) / Sprungschicht *f*, Metalimnion *n* / thermocline, metalimnion
métal *m* **léger** / Leichtmetall *n* / light metal
métallique / metallisch / metallic
métal *m* **lourd** / Schwermetall *n* / heavy metal
métal *m* **non ferreux** / Nichteisenmetall *n* / nonferrous metal
métaux *mpl* **alcalino-terreux** / Erdalkalimetall *n* / alkaline earth metal
méthane *m* / Methan *n* / methane
— → récupération *f* du méthane
méthode *f* / Verfahren *n*, Methode *f* / process, method, procedure
méthode *f* **d'ajouts dosés** / Additionsmethode *f*, Aufstockversuch *m* / standard addition
méthode *f* **normalisée** / Einheitsverfahren *n* / standard method
méthode *f* **par dilution** (Anal) / Verdünnungsverfahren *n* / dilution method
méthylorange *m* / Methylorange *n* / methyl orange
mètre *m* **carré** / Quadratmeter *m* / square meter
mettre en danger / gefährden / endanger
mg/L → milligrammes *mpl* par litre
microbiologie *f* / Mikrobiologie *f* / microbiology
microgrammes *mpl* **par litre** / Mikrogramm/Liter / parts per billion
microorganisme *m* / Mikroorganismus *m*, Kleinlebewesen *n* / microorganism
microtamis *m* / Feinsieb *n*, Mikrosieb *n* / micro-strainer
migration *f* / Wanderung *f* / migration
milieu *m* **de culture** / Nährboden *m* / culture medium
milliard *m* / Milliarde *f* / billion
milligrammes *mpl* **par litre mg/L** / Milligramm/Liter / milligrams *pl* per liter, parts per million
mine *f* / Bergwerk *n*, Grube *f* / mine pit
mine *f* **de charbon** / Kohlengrube *f* / coal mine
mine *f* **métallique** / Erzgrube *f* / ore mine
minerai *m* **de fer** / Eisenerz *n* / iron ore

minéral / mineralisch / mineral
minéral *m* / Mineral *n* / mineral
minéralisation *f* / Mineralisierung *f* / mineralization
minière *f* / Bergwerk *n*, Grube *f* / mine pit
miscible / mischbar / miscible
mise *f* à profit / Nutzung *f* / beneficial use
mise *f* en valeur / Verwertung *f* / utilization, reclamation
mobile / beweglich / mobile
mobilité *f* / Mobilität *f*, Beweglichkeit *f* / mobility
mode *m* (statistique) / häufigster Wert *m* / mode
modèle *m* de référence / Auswertemodell *n* / evaluation model
mode *m* opératoire (Anal) / Durchführung *f* / procedure
moisissure *f* / Schimmel(pilz) *m* / mold
moitié *f* / Hälfte *f* / half
molécule *f* / Molekül *n* / molecule
mollusque *m* / Muschel *f* / mussel, shell
monovalent (Chem) / einwertig / monovalent
moraine *f* / Moräne *f* / moraine
mortalité *f* / Sterblichkeit *f* / mortality
mort *f* de poissons / Fischsterben *n* / fish kill
mortel / tödlich / deadly, fatal
mortier *m* / Mörtel *m*, Reibschale *f*, Mörser *m* / mortar
mouche *f* / Fliege *f* / fly
mouillant *m* / Netzmittel *n*, Benetzungsmittel *n* / wetting agent
mouillé / naß / wet, humid
mouiller / benetzen / wet, sprinkle
moulin *m* / Mühle *f* / mill
mousse *f* (Bot) / Moos *n* / moss
mousser / schäumen / foam
moyenne *f* / Durchschnitt *m* / average
moyenne *f* arithmétique / arithmetischer Mittelwert *m* / arithmetic mean
moyenne *f* générale / Gesamtmittelwert *m* / general mean, total mean
moyenne *f* pondérée / gewogenes Mittel *n* / weighted mean
moyenne *f* simple (Math) / Mittel *n* / mean, average
mucus *m* / Schleim *m* / slime, mucus
municipal / städtisch / municipal
mûr / reif / ripened
mutagène *m* / Mutagen *n* / mutagen

naissant / naszierend / nascent
nannoplancton *m* / Nannoplankton *n* / nannoplankton
naphte *m* brut / Mineralöl *n*, Erdöl *n* / mineral oil, crude oil
nappe *f* artésienne / Grundwasserleiter *m* mit gespanntem Wasser / artesian aquifer
naturel / natürlich / natural
nébulisateur *m* / Zerstäuber *m* / nebulizer, atomizer
négligeable / unbedeutend / insignificant, slight
neige *f* / Schnee *m* / snow
nettoyage *m* / Reinigung *f* / purification, cleaning, decontamination

nettoyer / reinigen / purify, clean, decontaminate
neutre / neutral / neutral
nickel *m* / Nickel *n* / nickel
nickeler / vernickeln / nickel-plate
nitrate *m* / Nitrat *n* / nitrate
nitrification *f* / Nitrifikation *f* / nitrification
nitrifier / nitrifizieren / nitrify
nitrile *m* / Nitril *n* / nitrile
nitrite *m* / Nitrit *n* / nitrite
niveau *m* **hydrostatique** / Wasserspiegel *m* / water level
nocif / schädlich / noxious, detrimental, injurious
nombre *m* **le plus probable** (Bakt) / wahrscheinlichste Zahl *f* / most probable number MPN
non-corrosif / korrosionsbeständig / corrosion-resisting, non-corrosive
non-étanche / undicht / leaky
non-ionique / nichtionisch / non-ionic
non-miscible / unmischbar / immiscible
non-ramifié / unverzweigt / unbranched
non-saturé / ungesättigt / unsaturated
normalisation *f* / Normung *f* / standardization
norme *f* / Norm *f* / standard
nourriture *f* **pour les poissons** / Fischnahrung *f* / fish food
noyau *m* / Kern *m* / kernel, nucleus
noyau *m* **atomique** / Atomkern *m* / atomic nucleus
nuisance *f* / Belästigung *f* / nuisance
nuisance *f* **de bruit** / Lärmbelästigung *f* / noise disturbance
nuisance *f* **olfactive** / Geruchsbelästigung *f* / odour nuisance, odour trouble
nuisible / schädlich / noxious, detrimental, injurious
nutrition *f* / Ernährung *f* / nutrition

objet *m* / Zweck *m* / scope
obscurité *f* / Dunkelheit *f* / darkness
obstruction *f* / Verstopfung *f*, Verstopfen *n* / clogging, stoppage, obstruction, choking
obstruer / verstopfen, zusetzen / clog, plug, stop up
océan *m* / Ozean *m* / ocean
odeur *f* / Geruch *m* / odour, smell
oléoduc *m* / Ölleitung *f* / pipeline
oligo-élément *m* / Spurenelement *n* / micronutrient
oligosaprobie / oligosaprob / oligosaprobic
oligotrophe (Limnol) / oligotroph, nährstoffarm / oligotrophic
onde *f* / Welle *f* / wave
opalescent / opaleszierend / opalescent
opération *f* (Techn) / Betrieb *m* / operation
opération *f* **par cuvées** / diskontinuierlicher Betrieb *m*, Chargenbetrieb *m*, unterbrochener Betrieb *m* / intermittent operation, batch operation
optimisation *f* / Optimierung *f* / optimization
optique / optisch / optical
orage *m* / Gewitter *n* / thunderstorm

ordre *m* (Biol) / Art *f* / species
ordre *m* **de grandeur** / Größenordnung *f* / order of magnitude
ordure *f* / Schmutz *m* / dirt, filth, pollutant
ordures *fpl* **ménagères** / Müll *m*, Hausmüll *m*, Kehricht *m* / trash, rubbish, sweepings
organique / organisch / organic
organisme *m* / Lebewesen *n* / organism
organisme *m* **indicateur** (Biol) / Leitorganismus *m* / indicator organism
organismes *mpl* / Organismen *mpl* / organisms *pl*
organismes *mpl* **aquatiques** / Wasserorganismen *mpl* / aquatic organisms
organoleptique / organoleptisch / organoleptic
orifice *m* / Öffnung *f* / opening, orifice
origine *f* / Ursprung *m* / origin
orthophosphate *m* / Orthophosphat *n* / orthophosphate
oscillation *f* / Schwankung *f*, Oszillation *f* / oscillation, variation, fluctuation
osmose *f* **inverse** / Umkehrosmose *f*, Reversosmose *f* / reverse osmosis
osmotique → pression *f* osmotique
ouate *f* / Watte *f* / cotton
ouverture *f* / Öffnung *f* / opening, orifice
ovale / eiförmig, oval / ovoide
oxydabilité *f* / Oxidierbarkeit *f* / oxidizability
oxydant *m* / Oxidationsmittel *n*, Oxidans *n* / oxidizing agent
oxydation *f* / Oxidation *f* / oxidation
oxydation *f* **humide** / Naßverbrennung *f* / wet oxidation
oxyde *m* / Oxid *n* / oxide
oxyde *m* **azotique** / Stickstoffoxid *n* / nitric oxide
oxyde *m* **de carbone** / Kohlenstoff(mon)oxid *n* / carbon (mon)oxide
oxyder / oxidieren / oxidize
oxyder (s') / rosten / rust
oxygénation *f* / Sauerstoffeintrag *m* / oxygenation
— → capacité *f* d'oxygénation
oxygène *m* / Sauerstoff *m* / oxygen
— → demande *f* en oxygène
— → demande *f* totale en oxygène
oxygène *m* **atmosphérique** / Luftsauerstoff *m* / atmospheric oxygen
oxymètre *m* / Sauerstoff-Meßgerät *n* / oxygen meter
ozonation *f* / Ozonung *f* / ozonation, ozonization
ozone *m* / Ozon *n* / ozone
ozoneur *m* / Ozonisator *m* / ozonizer
ozonide *m* / Ozonid *n* / ozonide
ozonisation *f* / Ozonung *f* / ozonation, ozonization

papeterie *f* / Papierfabrik *f* / paper mill
papier *m* **filtre** / Filterpapier *n* / filter paper
paralyse *f* **infantile** / Kinderlähmung *f* / poliomyelitis
paramètre *m* / Parameter *m* / parameter
paramolybdate *m* **d'ammonium** / Ammoniummolybdat *n* / ammonium molybdate
par coups / stoßweise (diskontinuierlich) / intermittent, in batches
par étages / stufenweise / stepped

paroi f / Wand f, Wandung f / wall, partition
paroi f **du tuyau** / Rohrwandung f / wall of pipe, pipe barrel
par tête et par jour / pro Kopf und Tag / per capita per day
particule f / Partikel n, Teilchen n / particle
passage m / Durchfluß m / flow, passage
passivation f / Passivierung f / passivation
passivité f / Passivität f / passivity
pasteurisation f / Pasteurisierung f / pasteurization
pâte f / Papierstoff m / pulp
pâte f **à la soude** / Sulfatzellstoff m / kraft pulp, sulfate pulp
pâte f **au sulfate** / Sulfatzellstoff m / kraft pulp, sulfate pulp
pâte f **au sulfite** / Sulfitzellstoff m / sulfite pulp
pâte f **chimique** / Zellstoff m / chemical pulp
pâte f **de bois** / Holzschliff m, Holzstoff m / wood pulp, groundwood, mechanical pulp
pâte f **mécanique** / Holzschliff m, Holzstoff m / wood pulp, groundwood, mechanical pulp
pâte f **mécanique brune** / Braunschliff m / steamed mechanical (wood) pulp
pâte f **mi-chimique** / Halbzellstoff m / semi-chemical pulp
pathogène / krankheitserregend, pathogen / pathogenic
peau f / Haut f, Fell n / skin, hide
pêche f / Fischerei f / fishery
peinture f / Anstrich m / coat, coating
pellicule f / Rasen m (eines Tropfkörpers) / slime, surface film
pellicule f **biologique** / Sielhaut f / sewer film
pellicule f **monomoléculaire** → couche f monomoléculaire
penché / geneigt, schräg / inclined, sloped
pénétrer / eindringen, durchdringen / penetrate, pierce
pente f / Gefälle n, Neigung f / slope
peptone f / Pepton n / peptone
perchlorate m / Perchlorat n / perchlorate
percolateur m / Rieseler m / percolator, irrigator
percolation f / Durchsickerung f, Sickerung f / percolation, seepage, infiltration
périmètre m / Umfang m / perimeter
périmètre m **de protection** / Schutzgebiet n, Schutzzone f / protective area, area of protection
périodique / stoßweise (diskontinuierlich) / intermittent, in batches
périphyton m (Biol) / Bewuchs m / periphyton
permanganate m / Permanganat n / permanganate
perméabilité f / Durchlässigkeit f / permeability
perméable / durchlässig / permeable, pervious
permis / zulässig / permissible, admissible
permis m / Erlaubnis f / permit
peroxyde m **d'hydrogène** / Wasserstoffperoxid n / hydrogen peroxide
perpendiculaire / senkrecht, vertikal / vertical, perpendicular
persistance f / Persistenz f, Beständigkeit f / persistency
persulfate m / Persulfat n / per(oxy)sulfate
perte f / Verlust m / loss
perte f **au feu** / Glühverlust m / loss on ignition, volatile matter, volatile solids

perte f **de charge** / Druckverlust m / pressure drop, loss of head
perte f **de fuite** / Leckverlust m, Schlupf m / leakage, loss (of a liquid)
perte f **de poids** / Gewichtsverlust m / loss of weight
perte f **d'évaporation** / Verdunstungsverlust m / evaporation loss
perte f **par friction** / Reibungsverlust m / frictional loss
perte f **par infiltration** / Sickerverlust m / leakage (of water)
perturbation f / Störung f / interference
pesanteur f / Schwerkraft f / gravity
peser / wiegen / weigh
pesticide m / Pflanzenschutzmittel n / agricultural pesticide
petit bétail m / Kleinvieh n / small cattle
petit-lait m / Molke f / whey
pétrochimie f / Petrochemie f / petrochemistry
pétrolier m / Tanker m / tanker
peu / schwach / weak
peuplement m **piscicole** / Fischbesatz m / stock of fish
peu volatil / schwerflüchtig / non volatile
pH m / pH-Wert m / pH-value
phénol m / Phenol n, Karbolsäure f / phenol, carbolic acid
phénolphthaléine f / Phenolphthalein n / phenolphthalein
phosphate m / Phosphat n / phosphate
phosphore m / Phosphor m / phosphorus
phosphore m **total** / Gesamtphosphor m / total phosphorous
photomètre m / Photometer n / photometer
photomètre m **de flamme** / Flammenphotometer n / flame photometer
photosynthèse f / Photosynthese f / photosynthesis
physico-chimique / physikalisch-chemisch / physico-chemical
physique / physikalisch / physical
phytoplancton m / Phytoplankton n / phytoplankton
pic m / Höchstausschlag m, Spitze f, Peak m / peak
pièce f **de rechange** / Ersatzteil n / spare part
pierre f / Stein m / stone
pile f **atomique** / Kernreaktor m, Atomreaktor m / nuclear reactor, atomic pile
pince f **à creuset** / Tiegelzange f / crucible tongs
pipette f / Pipette f / pipette
pipette f **graduée** / Meßpipette f / graduated pipet
pipette f **jaugée** / Vollpipette f / bulb pipette
piqûre f (Korr) / Lochfraß m / pitting
pisciculture f / Fischzucht f, Teichwirtschaft f / fish rearing, fish culture
piscine f / Schwimmbad n / swimming pool
piscine f **couverte** / Hallenbad n / indoor swimming pool
piscine f **en plein air** / Freibad n / open air swimming pool
pissette f / Spritzflasche f / squeeze bottle
plage f / Strand m / shore, beach
plancher m / Boden m, Sohle f / bottom, floor
plancher m **à buselure** / Filterboden m / filter bottom, filter drainage
plan m **d'eau** / Wasserspiegel m / water level
plante f / Pflanze f / plant

plante   **polluer**

plante f **aquatique** / Wasserpflanze f/ water plant
plante f **rivulaire** / Uferpflanze f/ rivular plant
plante f **submergée** / Unterwasserpflanze f/ submerged plant
plaque f / Platte f/ plate, slab
plaque f **de liège** / Korkplatte f/ cork slab
plastique m / Kunstharz n, Plastik n/ plastic, synthetic resin
platine m / Platin n/ platinum
plâtre m / Gips m/ gypsum
plein / voll / full, filled
pleuvoir / regnen / rain
plomb m / Blei n/ lead
plombagine f / Graphit m/ graphite
plombé / verbleit / lead lined
pluie f / Niederschlag m, Regen m/ precipitation, rain, storm water
poids m / Gewicht n/ weight
poids m **atomique** / Atomgewicht n/ atomic weight
poids m **moléculaire** / molekulare Masse f/ molecular weight
poids m **sec** / Trockengewicht n/ dry weight
poids m **spécifique** / spezifisches Gewicht n, Wichte f/ specific gravity, specific weight
poil m / Fell n, Pelz m/ pelt
point m **bas** / Tiefpunkt m/ lowest point
point m **d'allumage** / Zündpunkt m/ ignition point
point m **d'ébullition** / Siedepunkt m/ boiling point
point m **d'échantillonnage** / Probenahmestelle f/ sampling point
point m **d'éclair** / Zündpunkt m/ ignition point
point m **de condensation** / Taupunkt m, Kondensationspunkt m/ dew point
point m **de congélation** / Gefrierpunkt m/ freezing point
point m **de distribution d'échantillon** / Probenausgabestelle f/ sample delivery point
point m **de fusion** / Schmelzpunkt m/ melting point
point m **de mesure** / Meßstelle f/ gauging station
point m **de rosée** / Taupunkt m, Kondensationspunkt m/ dew point
point m **de virage** (Chem) / Umschlagpunkt m, Wendepunkt m/ turning point, end point, transition
point m **d'inflammation** / Flammpunkt m/ flash point
pointe f / Höchstmenge f, Spitzenwert m/ peak amount
— → besoins mpl de pointe
point m **haut** / Hochpunkt m (einer Leitung) / high point
poison m / Gift n/ venom, poison
poisson m / Fisch m/ fish
poissons mpl → détermination f des effets vis-à-vis des poissons
poissons mpl **blancs** / Weißfisch m/ white (coarse) fish
poix f / Pech n/ pitch
polariser / polarisieren / polarize
polarographe m / Polarograph m/ polarograph
polissage m (Abw) / Schönung f, weitergehende Behandlung f/ advanced treatment, polishing
pollen m / Blütenstaub m, Pollen m/ pollen
polluer / verschmutzen, verunreinigen / pollute, contaminate

pollution f / Verschmutzung f, Verunreinigung f / pollution, contamination, impurity
pollution f **atmosphérique** / Luftverunreinigung f / air pollution
polychlorure m **de vinyle** / Polyvinylchlorid n / polyvinylchloride
polyélectrolytes mpl / Polyelektrolyte mpl / polyelectrolytes pl
polyéthylène m / Polyethylen n / polyethylene
polyphosphate m / Polyphosphat n / polyphosphate
polysaprobie (Biol) / polysaprob / polysaprobic
polystyrène m / Polystyrol n / polystyrene
pompe f / Pumpe f / pump
pompe f **à piston** / Kolbenpumpe f / piston pump
pompe f **aspirante** / Saugpumpe f / suction pump
pompe f **à vide** / Vakuumpumpe f / vacuum pump
pompe f **centrifuge** / Kreiselpumpe f, Zentrifugalpumpe f / centrifugal pump
pompe f **de dosage** / Dosierpumpe f / proportioning pump
pompe f **par jet d'eau** / Wasserstrahlpumpe f / water jet air pump
pompe f **péristaltique** / Schlauchpumpe f / elastic tube pump
population f / Bevölkerung f / population
population f **effective** (Math) / Gesamtzahl f / population
population f **équivalente** / Einwohnergleichwert m / population equivalent
porcelaine f / Porzellan n / porcelain
poreux / porös / porous
porosité f / Hohlraumgehalt m, Porosität f / pore space, porosity
port m / Hafen m / harbor, port
post-chloration f / Nachchlorung f / post-chlorination
poste m **de distribution de carburant** / Tankstelle f / filling station (USA)
potassium m / Kalium n / potassium
potentiel m **de production d'oxygène** / Sauerstoffproduktionspotential n / oxygen production potential
potentiel m **redox** / Redoxpotential n, Redoxspannung f / oxidation reduction potential
potentiométrique / potentiometrisch / potentiometric
pourcentage m / Prozentsatz m, Verhältnis n / rate, percentage
pourcentage m **du poids** / Gewichtsprozent n / percentage by weight
pourcentage m **du volume** / Volumenprozent n / percentage by volume
pourri / faul, faulig / foul, putrid
pourrir / faulen, ausfaulen / digest, putrefy
— (commencer à) / anfaulen / become fouled
pourriture f / Fäulnis f / putrefaction
poussée f / Druck m / pressure, head, compression
poussée f **verticale** / Auftrieb m / ascending force, buoyancy
poussière f / Staub m / dust
pouvoir m **auto-épurateur** / Selbstreinigungskraft f / assimilative capacity, self-purifying capacity
pouvoir m **calorifique** / Heizwert m / calorific value
pouvoir m **colmatant** / Verstopfungsvermögen n / fouling capacity, clogging index
pouvoir m **d'échange** / Austauschvermögen n / exchange capacity
préaération f / Vorbelüftung f / pre-aeration
préalable / vorhergehend / preliminary
précaution f / Vorsichtsmaßnahme f / precaution

préchloration *f* / Vorchlorung *f* / pre-chlorination
précipitable / fällbar / precipitable
précipitant *m* / Fällmittel *n*, Fällungsmittel *n* / precipitant, coagulant
précipitation *f* (Chem) / Fällung *f*, Ausfällung *f* / precipitate, precipitation
— (Meteor) / Niederschlag *m*, Regen *m* / precipitation, rain, storm water
précipitation *f* **simultanée** / Simultanfällung *f* / simultanous precipitation
précipité *m* (Chem) / Niederschlag *m* / precipitate
précipiter (Chem) / fällen, ausfällen, niederschlagen / precipitate
précision *f* / Genauigkeit *f*, Präzision *f* / precision
précontraint / vorgespannt / prestressed
prédateur *m* (Zool) / Räuber *mpl* / predator
préépurer / vorreinigen / pretreat
préfiltre *m* / Vorfilter *m*, Grobfilter *m* / roughing filter
préjudice *m* / Schaden *m* / damage
prélever / entnehmen / take
prélèvement *m* **d'échantillon** / Probenahme *f* / sampling
présence *f* / Anwesenheit *f*, Gegenwart *f* / presence
présenter / angeben als / report as
préservation *f* / Konservierung *f*, Stabilisierung *f* / stabilization, preservation
pression *f* / Druck *m* / pressure, head, compression
— → résistance *f* à la pression
pression *f* **atmosphérique** / Luftdruck *m* / atmospheric pressure
pression *f* **basse** / Niederdruck *m* / low pressure
pression *f* **de la vapeur** / Dampfdruck *m* / vapour (vapor) pressure
pression *f* **osmotique** / osmotischer Druck *m* / osmotic pressure
pression *f* **partielle** / Partialdruck *m*, Teildruck *m* / partial pressure
prétraiter / vorreinigen / pretreat
prévision *f* / Vorhersage *f* / prediction, forecast
principe *m* / Theorie *f* / principle
prise *f* **d'essai** / Untersuchungsprobe *f* / test portion
prise *f* **quotidienne tolérable** / tolerierbare tägliche Aufnahme *f* / acceptable daily intake
privation *f* (Hydrol) / Entzug *m* / abstraction
probabilité *f* / Wahrscheinlichkeit *f* / probability
procédé *m* / Verfahren *n*, Methode *f* / process, method, procedure
procédé *m* **chaux-soude** / Kalk-Soda-Verfahren *n* / lime soda process
procédé *m* **de fermentation-digestion** / Gärfaulverfahren *n* / fermentation-septization process
procédé *m* **normalisé** / Einheitsverfahren *n* / standard method
procès-verbal *m* / Protokoll *n* / record
production *f* **primaire** / Primärproduktion *f* / primary production
productivité *f* / Ertragsfähigkeit *f*, Produktivität *f*, Fruchtbarkeit *f* / productivity, fertility
produit *m* **chimique** / Chemikalie *f* / chemical
profil *m* **en long** / Längsprofil *n* / longitudinal profile
profil *m* **en travers** (Hydrol) / Querschnitt *m* / cross section
profitable / nützlich / useful, profitable, beneficial
profond / tief / deep
profondeur *f* / Tiefe *f* / depth

programmation *f* / Programmierung *f* / programming
programme *m* **de contrôle** / Meßprogramm *n* / monitoring
protection *f* / Schutz *m* / protection
protection *f* **cathodique** / kathodischer Korrosionsschutz *m* / cathodic protection
protection *f* **contre la corrosion** / Korrosionsschutz *m* / corrosion prevention, protection
protection *f* **contre les radiations** / Strahlenschutz *m* / protection against radiation
protection *f* **de l'environnement** / Umweltschutz *m* / environmental protection
protection *f* **des eaux naturelles contre la pollution** / Gewässerschutz *m* / pollution control of water, pollution abatement of water
protectrice / schützend / protective
protéger / schützen / protect, safeguard
protéine *f* / Eiweiß *n*, Protein *n* / albumin, protein
protoplasme *m* / Protoplasma *n* / protoplasm
protozoaires *mpl* / Urtiere *npl*, Protozoen *fpl* / protozoa *pl*
provision *f* / Vorrat *m* / stock, store
puant / stinkend / stinking
public / öffentlich / public
puisard *m* / Pumpensumpf *m* / pumping pit, wet well, sump
puiser / schöpfen / draw
puissance *f* / Stärke *f* / force, strength
puits *m* / Brunnen *m* / well
puits *m* **absorbant** / Schluckbrunnen *m*, Versenkbrunnen *m* / injection well, recharge well
puits *m* **crépiné** / Filterbrunnen *m* / filtering well, screened well
puits *m* **d'infiltration** / Sickergrube *f* / dry well, sewage pit
puits *m* **d'injection** / Schluckbrunnen *m*, Versenkbrunnen *m* / injection well, recharge well
puits *m* **filtrant** / Filterbrunnen *m* / filtering well, screened well
puits *m* **horizontal** / Horizontalbrunnen *m* / horizontal well
pulpe *f* / Pülpe *f* / pulp
pulvérisation *f* / Sprühen *n*, Verdüsen *n* / spraying
pureté *f* / Reinheit *f* / purity, pureness
pureté *f* **spectrale** / spektrale Reinheit *f* / spectral purity
purge *f* / Abschlämmung *f* / purge, blow down
purge *f* **de déconcentration** / Absalzung *f* / desalting
purger / abblasen / blow down
purge *f* **sous pression** / Abblasen *n* / blow down
purifier / reinigen / purify, clean, decontaminate
purin *m* / Jauche *f*, Gülle *f* / liquid manure
putréfactif / fäulniserregend / putrefactive
putréfiable / faulfähig, fäulnisfähig / putrescible
putréfier / faulen, ausfaulen / digest, putrefy
putrescibilité *f* / Fäulnisfähigkeit *f* / putrescibility
putrescible / faulfähig, fäulnisfähig / putrescible
putride / faul, faulig / foul, putrid
pyrite *f* / Schwefelkies *m*, Pyrit *m* / pyrite

qualitatif / qualitativ / qualitative
qualité *f* / Qualität *f*, Güte *f*, Beschaffenheit *f* / quality
quantitatif / quantitativ / quantitative
quantité *f* / Menge *f* / amount, quantity
quantité *f* **d'évaporation naturelle** / Verdunstungsmenge *f* (natürliche -) / quantity of natural evaporation
quartz *m* / Quarz *m* / quartz
quotidien / täglich / daily

raccord *m* **à rodage** (Chem) / Schliffverbindung *f* / ground glass joint
raccordement *m* / Hausanschluß *m*, Hauszuleitung *f* / service pipe, house connection
racine *f* / Wurzel *f* / root
racine *f* **carrée** / Quadratwurzel *f* / square root
racleur *m* / Kratzer *m*, Räumer *m* / scraper
racleur *m* **superficiel** / Abstreifer *m* / skimmer, scum collector
radiation *f* / Strahlung *f*, Ausstrahlung *f*, Bestrahlung *f* / radiancy, radiation, irradiation
radiation *f* **solaire** / Sonnenbestrahlung *f*, Einstrahlung *f* / solar radiation
radier *m* / Boden *m*, Sohle *f* / bottom, floor
radioactif / radioaktiv / radioactive
radioactivité *f* / Radioaktivität *f* / radioactivity
radiolésion *f* / Strahlenschädigung *f* / radiation injury
radium *m* / Radium *n* / radium
raffinerie *f* / Raffinerie *f* / refinery
raies *fpl* **spectrales** / Spektrallinien *fpl* / spectral lines
ramasse-pâte *m* / Stoffänger *m*, Faserstoffänger *m* / save-all, reclaimer
ramification *f* / Verästelung *f*, Verzweigung *f* / ramification
ramollir / einweichen, weichen / soak, steep, macerate
rapport *m* / Leistung *f*, Ertrag *m* / output, performance, yield
rapport *m* **de mélange** / Mischverhältnis *n* / mixing rate, proportion of mixture
rayon *m* (Math) / Radius *m* / radius
— (Phys) / Strahl *m* / ray
rayonne *f* / Kunstseide *f* / artificial silk, rayon
rayonne *f* **de viscose** / Viskosefaser *f* / viscose rayon
rayonne *f* **filée** / Zellwolle *f* / viscose, staple fiber
rayonnement *m* / Strahlung *f*, Ausstrahlung *f*, Bestrahlung *f* / radiancy, radiation, irradiation
rayonnement *m* **de fond** / Nulleffekt *m*, Untergrundstrahlung *f* / background radiation
réacteur *m* **nucléaire** / Kernreaktor *m*, Atomreaktor *m* / nuclear reactor, atomic pile
réactif *m* / Reagens *n* / reagent
réactif *m* **complexant** / Komplexbildner *m* / complexing agent
réaction *f* / Reaktion *f* / reaction
réaction *f* **de base** / Grundreaktion *f* / base reaction
réaération *f* / Wiederbelüftung *f* / re-aeration
réagir / reagieren / react
réalimentation *f* **des nappes souterraines** / Grundwasseranreicherung *f* / ground-water recharge
récarbonisation *f* / Rekarbonisation *f*, Aufhärtung *f* / recarbonation
réception *f* / Aufnahme *f*, Abnahme *f* (einer Ware) / acceptance

réception   remplissage

— (Biol) / Aufnahme *f* / uptake, intake, ingestion
recharger (Hydrol) / anreichern / replenish, recharge
récipient *m* / Behälter *m* / container, tank, receptacle
recirculation *f* / Wiederverwendung *f*, Rücklauf *m*, Kreislauf *m* / recirculation, recycling
recouvrement *m* / Wiederfindungsrate *f* / recovery rate
rectangulaire / rechteckig / rectangular
récupération *f* **du gaz** / Gasgewinnung *f* / gas collection
récupération *f* **du méthane** / Methangewinnung *f* / methane collection
récupérer / wiedergewinnen, rückgewinnen / recover, reclaim
récurer / scheuern, putzen / scour
recyclage *m* / Wiederverwendung *f*, Rücklauf *m*, Kreislauf *m* / recirculation, recycling
réduction *f* (Chem) / Reduktion *f* / reduction, deoxidation
réduire / reduzieren / reduce, deoxidize (Chem)
référence *f* → modèle *m* de référence
reflux *m* / Rückfluß *m* / backflow, reflux, backsiphonage
refouler / heben / lift, raise
réfrigérant *m* / Kühlmittel *n* / coolant, refrigerant
— (Labor) / Kühler *m*, Kondensator *m* / cooler, condenser, refrigerant
réfrigérant *m* **à boules** (Chem) / Kugelkühler *m* / ball condenser
réfrigérant *m* **à reflux** / Rückflußkühler *m* / reflux condenser
réfrigérant *m* **superficiel** / Oberflächenkühler *m* / indirect cooler
réfrigérateur *m* / Kühlschrank *m*, Eisschrank *m* / ice box, refrigerator
réfrigérer / kühlen, abkühlen / refrigerate, cool (down)
refroidir / kühlen, abkühlen / refrigerate, cool (down)
refroidissement *m* **de l'eau à circuit ouvert** / Durchlaufsystem *n* der Wasserkühlung / once-through system of cooling
refroidissement *m* **direct** / direkte Kühlung *f* / contact cooling
refroidissement *m* **indirect** / indirekte Kühlung *f* / indirect cooling
refus *m* **de grille** / Rechengut *n* / screenings
régénérant *m* / Regeneriermittel *n* / regenerant
régénération *f* / Regeneration *f* / regeneration
réglage *m* / Regelung *f*, Regulierung *f* / control, regulation
régler / regeln / control, regulate
régression *f* / Regression *f* / regression
régulateur *m* / Regler *m* / regulator, controller
régulateur *m* **d'ébullition** / Siedestein *m* / boiling stone
régulation *f* / Regelung *f*, Regulierung *f* / control, regulation
régulation *f* **de la décharge** / Ausgleich *m* des Abflusses / equalization of discharge
rejet *m* (Abw) / Abfluß *m* / effluent, discharge
rejet *m* **en profondeur** *f* / Versenkung *f* / deep well disposal
rejeter / verwerfen, wegwerfen / dispose
— (Abw) / einleiten / discharge into, pass into, introduce
relation *f* **de mélange** / Mischverhältnis *n* / mixing rate, proportion of mixture
remous *m* / Rückstau *m* / backwater
remplacement *m* / Austausch *m* / replacement
remplir / aufladen, füllen, beschicken / charge, fill
remplissage *m* / Füllung *f*, Füllen *n* / fill, filling

remuer / schütteln / shake, agitate
rendement *m* / Ausbeute *f* / output (Techn), yield (Chem)
— (Biol) / Ertrag *m* / yield, crop
renforcer / verstärken, bewehren (Beton) / reinforce, intensify
réoxygénation *f* / Wiederbelüftung *f* / re-aeration
répartir / verteilen / distribute
répartition *f* / Verteilung *f* / distribution
repère *m* / Eichstrich *m* / calibration mark
répétabilité *f* / Wiederholbarkeit *f* / repeatability
répéter / wiederholen / repeat
repoussant / abstoßend / repulsive, repelling
reproductibilité *f* / Vergleichbarkeit *f* / reproducibility
reproduire (Biol) / fortpflanzen / reproduce
réseau *m* / Netz *n* / net
réseau *m* **d'assainissement** (Abw) / Kanalisation *f*, Entwässerungsnetz *n* / canalization, sewerage
réseau *m* **d'échantillonnage** / Probenahmenetz *n* / sampling network
réseau *m* **de distribution d'eau** / Wasserleitungsnetz *n* / water distribution network
réseau *m* **séparatif** / Trennkanalisation *f* / separate sewage system
réseau *m* **unitaire d'assainissement** / Mischentwässerung *f* / combined sewerage
réseau *m* **d'incendie** / Löschwassernetz *n* / fire protection network
réservoir *m* / Behälter *m* / container, tank, receptacle
réservoir *m* **de retenue** / Stausee *m*, Talsperre *f* / reservoir, impounded lake
réservoir *m* **de stockage** / Sammelbecken *n*, Sammelbehälter *m* / storage basin, receiving tank
réservoir *m* **surélevé** / Hochbehälter *m* / elevated reservoir
résidu *m* / Rückstand *m* / residue
résidu *m* **calciné** / Glührückstand *m* / residue on ignition, fixed residue solids
résidu *m* **d'évaporation** / Abdampfrückstand *m* / residue on (of) evaporation, evaporation residue
résiduel / restlich / residual
résidu *m* **sec** / Trockenrückstand *m* / dry residue
résidus *mpl* / Abfälle *mpl* / wastes *pl*, garbage
résidu *m* **total** / Gesamtrückstand *m* / total solids
résine *f* / Harz *n* / resin
résine *f* **échangeuse d'ions** / Ionenaustauscherharz *n* / ion exchange resin
résine *f* **synthétique** / Kunstharz *n*, Plastik *n* / plastic, synthetic resin
résistance *f* (Elekt) / Widerstand *m* / resistor
résistance *f* **à la filtration** / Filterwiderstand *m* / filter resistance
résistance *f* **à la pression** / Bruchfestigkeit *f*, Druckfestigkeit *f* (gegen Innendruck) / bursting strength
résistance *f* **à la rupture** / Bruchfestigkeit *f* (gegen Außendruck) / crushing strength
résistance *f* **à l'éclatement** / Bruchfestigkeit *f*, Druckfestigkeit *f* (gegen Innendruck) / bursting strength
résistance *f* **à l'écrasement** / Bruchfestigkeit *f* (gegen Außendruck) / crushing strength
résistant à la rupture / bruchfest / unbreakable, break-resistant
résistant aux acides / säurefest, säurebeständig / acid-proof, acid-resistant
résistivité *f* / Widerstand *m* / resistance, resistor (Elekt)

résonance f / Resonanz f / resonance
respiration f / Atmung f / respiration
respiration f **endogène** / intrazelluläre Veratmung f, endogene Atmung f / endogenous respiration
ressac m / Brecher mpl / breakers pl, surf
résultat m (Anal) / Befund m, Ergebnis n / result, finding
retardant la croissance / wachstumshemmend / inhibiting growth
retenue f → bassin m de retenue
réticulaire / netzförmig / reticular
réticulation f → taux m de réticulation
retombée f **radio-active** / radioaktiver Niederschlag m / radioactive fall-out
retour m **des boues** / Schlammrücklauf m / sludge return
réutiliser / wiederverwenden / re-use
revêtement m / Überzug m, Beschichtung f / coating, lining
revêtement m **protecteur** / Schutzschicht f, Schutzbelag m / protective scale, protective layer, protective coating
revêtu / beschichtet / coated
reviviscence f (Bakt) / nachträgliches Wachstum n / aftergrowth
révolution f / Umdrehung f, Drehung f, Rotation f / rotation, revolution
rigole f / Gerinne n / flume, race, channel
rinçage m / Spülung f, Wäsche f / rinsing, washing, flushing
rincer / spülen / rinse, flush, scour
rinçure f / Schlempe f / spent mash, slop
rivage m / Strand m / shore, beach
rive f / Ufer n / shore, bank
rivière f / Fluß m / river
robinet m / Hahn m / cock
robinet m **à trois voies** / Dreiweghahn m / three-way cock
robinet m **de prise d'échantillons** / Probehahn m / sampling tap, faucet
rocher m / Fels m, Gestein n / rock
rodenticide m / Nagetierbekämpfungsmittel n / rodenticide
roseau m (Bot) / Schilf n / reed
rotamètre m / Rotameter m / rotameter
rotation f / Umdrehung f, Drehung f, Rotation f / rotation, revolution
rotifère m / Rädertierchen n / rotifer
roue f / Rad n / wheel
rouille f (Korr) / Rost m / rust
rouiller / rosten / rust
rouissage m / Flachsröste f / flax rettery
rugosité f / Rauhigkeit f / roughness
rugueux / rauh / rough
ruisseau m / Bach m / creek, brook
ruisseler / rieseln / trickle, percolate
ruissellement m (Hydrol) / Oberflächenabfluß m / run-off
rupture f → résistance f à la rupture
rural / ländlich / rural

sable *m* / Sand *m*, Kies *m* / sand, grit
sable *m* **siliceux** / Quarzsand *m* / quartz sand
sableux / sandig / sandy
saccharification *f* **du bois** / Holzverzuckerung *f* / wood pulp hydrolysis
saisonnier / jahreszeitlich / seasonal
salant / salzig / saline
saleté *f* / Schmutz *m* / dirt, filth, pollutant
salin / salzig / saline
saline *f* / Saline *f* / salt works, salina
salinité *f* / Salzgehalt *m* / salinity
salissures *fpl* / Ablagerungen *fpl* / deposits
sans cendre (filtre) / aschefrei (Filter) / ashless (filter)
santé *f* / Gesundheit *f* / health
santé *f* **publique** / Gesundheitswesen *n* / public health
saponifiable / verseifbar / saponifiable
saponification *f* → indice *m* de saponification
saprobies *fpl* → système *m* saprobie
saturateur *m* / Sättiger *m* / saturator
saturation *f* / Sättigung *f* / saturation
saturation *f* **en carbonate de calcium** / Calciumcarbonatsättigung *f* / calcium carbonate saturation
saturé / gesättigt / saturated
saturer / sättigen / saturate
saumâtre / brackig / brackish
saumure *f* / Sole *f* / brine
sauter (faire -) / sprengen / blast
saveur *f* / Geschmack *m* / taste
savon *m* / Seife *f* / soap
schéma *m* **de circulation** / Fließbild *n* / flow sheet
schiste *m* / Schiefer *m* / shale
scorie *f* / Schlacke *f* / slag
scorie *f* **de lave** / Lavaschlacke *f* / lava slag
scrubber *m* / Gaswäscher *m*, Skrubber *m* / scrubber
seau *m* / Eimer *m* / pail, bucket
sec / trocken / dry, arid
séchage *m* / Trocknung *f* / drying
séchage *m* **thermique** / Heißtrocknung *f* / heat drying
séché à l'air / lufttrocken / air-dry
sécher / trocknen / dry, desiccate
secouer / schütteln / shake, agitate
section *f* / Querschnitt *m* / cross section
section *f* **de rivière** / Flußstrecke *f* / reach of a river
section *f* **effective** / wirksamer Querschnitt *m* / effective cross section
se déposer / ansetzen, sich / deposit, become coated
sédiment *m* (Geol) / Sediment *n* / sediment
sédimentation *f* / Absetzen *n* / sedimentation, settling, decanting
séjour *m* → durée *f* de séjour
sel *m* / Salz *n* / salt

sélénium *m* / Selen *n* / selenium
sels *mpl* **durcissants** / Härtesalze *npl* / hardening salts
semi-conducteur *m* / Halbleiter *m* / semiconductor
semi-perméable / halbdurchlässig / semipermeable
sensibilité *f* / Empfindlichkeit *f* / sensitivity
séparateur *m* / Abscheider *m* / separator
séparateur *m* **d'eau** / Kondenstopf *m* / steam trap
séparateur *m* **d'essence** / Benzinabscheider *m*, Leichtflüssigkeitabscheider *m* / petrol separator
séparateur *m* **d'huile** / Ölfänger *m*, Ölabscheider *m* / oil separator, oil trap, oil collector
séparateur *m* **gravitaire** / Schwerkraftabscheider *m* / gravity separator
séparateur *m* **lamellaire** / Plattenabscheider *m* / plate separator
séparation *f* / Trennung *f*, Abscheidung *f* / separation
séparer / abscheiden, trennen, isolieren / separate, isolate
septique / faulig, septisch / septic
serpentin *m* **de refroidissement** / Kühlschlange *f* / cooling coil
service *m* **des vidanges** / Fäkalienabfuhr *f* / scavenging service
seuil *m* / Schwelle *f* / threshold, sill
seuil *m* **de toxicité** / Schädlichkeitsgrenze *f* / toxic threshold
silicate *m* / Silicat *n* / silicate
silicate *m* **de sodium** (Chem) / Wasserglas *n*, Alkalisilikat *n* / water glass
silice *f* / Kieselsäure *f* / silicic acid, silica
silice *f* **activée** / aktivierte Kieselsäure *f* / activated silica
silicium *m* / Silicium *n* / silicon
silico-fluorure *m* / Silicofluorid *n* / silicofluoride
siphon *m* **de décantation** / Sinkkasten *m*, Gully *m*, Straßeneinlauf *m* / gully, sink trap, street inlet
sodium *m* / Natrium *n* / sodium
soie *f* **artificielle** / Kunstseide *f* / artificial silk, rayon
sol *m* / Boden *m*, Erdboden *m*, Erdreich *n* / ground, soil
solubilité *f* / Löslichkeit *f* / solubility
soluble / löslich / soluble
solution *f* / Lösung *f* / solution
solution *f* **d'échantillonnage** / Probenlösung *f* / sample solution, test solution
solution *f* **de mesure** / Meßlösung *f* / solution for measurement
solution *f* **d'épreuve** / Probenlösung *f* / test solution, sample solution
solution *f* **de soude caustique** / Natronlauge *f* / caustic soda lye
solution *f* **étalon** / Eichlösung *f* / standard solution
— / Vorratslösung, Stammlösung *f* / stock solution
solution *f* **mère** / Vorratslösung *f*, Stammlösung *f* / stock solution
solution *f* **normale** / Normallösung *f* / standard solution
solution *f* **tampon** (Chem) / Pufferlösung *f* / buffer solution
solvant *m* / Lösemittel *n* / solvent
sonde *f* / Sonde *f* / probe
sonde *f* **à membrane sensible** / selektive Membranelektrode *f* / selective membrane electrode
souche *f* **pour culture** (Bakt) / Stammkultur *f* / stock culture
soude *f* / Soda *f* / soda

souder / schweißen / weld
souder fortement / hart löten / solder hardly
souder tendrement / weich löten / solder softly
soufflante *m* / Gebläse *n* / blower
souffler de l'air / belüften / aerate
soufflerie *f* / Gebläse *n* / blower
soufre *m* / Schwefel *m* / sulfur
soufre *m* **organique total** / gesamter organischer Schwefel *m* / total organic sulfur
souiller / verschmutzen, verunreinigen / pollute, contaminate
souillure *f* / Verschmutzung *f*, Verunreinigung *f* / pollution, contamination, impurity
soulever / heben / lift, raise
soumission *f* / Ausschreibung *f* / submission
soupape *f* / Ventil *n* / valve
soupape *f* **d'évacuation de l'air** / Entlüftungsventil *n* / air-relief valve
source *f* / Quelle *f* / spring, source
source *f* **à spectre de raie** / Linienstrahler *m* / line source
source *f* **ponctuelle** / Punktquelle *f* / point source
source *f* **thermale** / Thermalquelle *f* / hot spring
sous-pression *f* / Unterdruck *m* / underpressure, low pressure
spatule *f* / Spatel *m* / spatula
spécificité *f* / Spezifität *f* / specifity
spécifique / spezifisch / specific
spectrométrie *f* / Spektrometrie *f* / spectrometry
spectrophotomètre *m* / Spektralphotometer *n* / spectrophotometer
sphérique / kugelförmig / spherical
stabilisation *f* / Stabilisierung *f* / stabilization
stabilisation *f* **d'échantillon** / Probenstabilisierung *f*, Konservierung *f* von Proben / sample stabilization
stabilisation *f* **du sol** / Bodenverfestigung *f* / soil stabilization
stabilisation *f* **par contact** / Kontaktstabilisierung *f* / contact stabilization
stabilité *f* / Haltbarkeit *f*, Beständigkeit *f* / stability
stable / haltbar / stable
stagnante → eau *f* stagnante
stagner / stagnieren / stagnate
standard *m* / Norm *f* / standard
station *f* **de jaugeage** / Meßstelle *f* / gauging station
station *f* **d'épuration des eaux d'égout** / Abwasserreinigungsanlage *f*, Klärwerk *n* / sewage treatment works, waste water treatment plant
station *f* **expérimentale** / Versuchsanlage *f* / experimental plant, pilot plant
station *f* **thermale** / Heilbad *n* / mineral bath
statistique *f* / Statistik *f* / statistics
stérile / keimfrei, steril / sterile
stérilisation *f* / Entkeimung *f*, Sterilisation *f* / sterilization
stérilisé / keimfrei, steril / sterile
stimulation *f* / Anregung *f*, Erregung *f* / excitation, stimulation
stock *m* / Vorrat *m* / stock, store
stockage *m* / Speicherung *f* / storage
strate *f* (Geol) / Schicht *f*, Bett *n* / layer, stratum, bed

stratification   **taille**

stratification f (Limnol) / Schichtung f / stratification
stratification f **thermique** / Temperaturschichtung f / temperature stratification
strippage f / Strippen n, Austreiben n (von Gas) / stripping
strontium m / Strontium n / strontium
structure f / Gefüge n, Struktur f / structure, texture
substance f / Stoff m, Substanz f / matter, substance
succion f / Saugen n, Ansaugen n / suction, priming
sucre m / Zucker m / sugar
sucre m **de betterave** / Rübenzucker m / beet sugar
sucre m **de canne** / Rohrzucker m / cane sugar
sucre m **de lait** / Milchzucker m, Laktose f / lactose
suer / schwitzen, transpirieren / sweat, transpire
suie f / Ruß m / soot
suinter / einsickern, durchsickern, versickern / leach, percolate, infiltrate
sulfate m / Sulfat n / sulfate
sulfate m **de fer** / Eisen(II)sulfat n / copperas
sulfate m **de fer chloré** / Eisensulfatchlorid n / chlorinated copperas
sulfite m / Sulfit n / sulfite
sulfonation f / Sulfonierung f / sulfonation
sulfure m / Sulfid n / sulfide
sulfure m **de carbone** / Schwefelkohlenstoff m / carbon disulfide
superchlorer / hochchloren, überchloren / superchlorinate
superficie f / Oberfläche f, Flächeninhalt m / area
supplémentaire / zusätzlich / additional
surcharger / überlasten, überbelasten / overload, surcharge
surchloration f / Knickpunktchlorung f / break-point chlorination
surface f / Oberfläche f / surface
surface f **de contact** / Berührungsfläche f / contact area
surface f **libre de la nappe** / Grundwasseroberfläche f / ground-water table
surpression f / Überdruck m / excessive pressure
sursaturation f / Übersättigung f / supersaturation
sursaturer / übersättigen / supersaturate
surveillance f / Überwachung f / control, supervision
surveiller / überwachen / control, supervise
survivance f / Überleben n / survival
susceptibilité f / Empfänglichkeit f, Anfälligkeit f / susceptibility
suspect / verdächtig / suspect
symbiose f / Symbiose f / symbiosis
synthèse f / Synthese f / synthesis
synthétique / synthetisch / synthetic(al)
système m **à courant continu** / Pfropfenströmungssystem n / plug flow system
système m **saprobie** / Saprobiensystem n / saprobic system

TA → titre m alcalimétrique
tableau m / Tabelle f / table, chart
tache f **d'huile** / Ölfleck m / oil slick
TAF → titre m en acides forts libres
taille f **des grains** / Korngröße f / size of grain

tambour *m* / Trommel *f* / drum
tambour *m* **cribleur** / Trommelsieb *n*, Siebtrommel *f* / drum screen, rotary screen
tamis *m* / Sieb *n* / sieve, screen, strainer
tamiser / sieben, absieben / screen, sieve, sift
tamiseur *m* / Prüfsiebmaschine *f* / sieving machine
tampon *m* / Pfropfen *m* / plug
— (Chem) / Puffer *m* / buffer
— → solution *f* tampon
tamponner / puffern / buffer
tanin *m* / Gerbstoff *m* / tannin
tannée *f* / Gerbbrühe *f* / tanning liquor
tannerie *f* / Gerberei *f* / tannery
tannerie *f* **au tan** / Lohgerberei *f* / bark tannery
tannin *m* / Gerbstoff *m* / tannin
tarir / versiegen / run dry
tartre *m* / Kesselstein *m* / scale, incrustation (cettle)
taux *m* / Prozentsatz *m*, Verhältnis *n* / rate, percentage
taux *m* **de recyclage** / Rücknahmeverhältnis *n* / recirculation ratio
taux *m* **de réticulation** / Vernetzungsgrad *m* / degree of interlacing
taux *m* **volumétrique** / Volumenanteile *mpl* / parts per volume
technique *f* **d'hygiène publique** / Gesundheitstechnik *f* / sanitary engineering
teinte *f* / Farbe *f*, Färbung *f* / colour, pigment, color (USA)
teinter (Bakt) / färben, anfärben / stain
teinturerie *f* / Färberei *f* / dye house
télécommande *f* / Fernsteuerung *f* / remote control
temps *m* / Zeit *f* / time
temps *m* **d'action** / Wirkzeit *f* / effective time
temps *m* **d'arrêt** / Aufenthaltszeit *f*, Retentionszeit *f* / detention period, retention time
temps *m* **de contact** / Einwirkungszeit *f* / reaction time
temps *m* **de réponse** / Verzögerungszeit *f* / lag time
tendance *f* / Trend *m* / trend
teneur *f* / Gehalt *m*, Inhalt *m* / content(s)
teneur *f* **en eau** / Wassergehalt *m* / moisture content
teneur *f* **initiale** / Anfangsgehalt *m* / initial content
ténia *m* / Bandwurm *m* / tape worm
tensiomètre *m* **interfacial** / Oberflächenspannungsmesser *m* / surface tension meter
tension *f* / Spannung *f* / tension, stress
tension *f* **superficielle** / Oberflächenspannung *f* / surface tension
terre *f* **à diatomées** / Kieselgur *f* / kieselgur, diatomite, diatomaceous earth
terre *f* **décolorante** / Bleicherde *f* / bleaching earth
terre *f* **limoneuse** / Lehmboden *m* / loamy soil
test *m* **d'épreuve** / Prüfverfahren *n* / test (of significance)
test *m* **de rejet** (Math) / Ausreißertest *m* / outlier test
test *m* **de sélection** / Auswahltest *m* / screening test
test *m* **de signification** / Prüfverfahren *n* / test (of significance)
test *m* **de stabilité** / Bestimmung *f* der Fäulnisfähigkeit, Bestimmung *f* der Haltbarkeit, Methylenblau-Test *m* / stability test, methylene blue test *m*
tetrachlorure *m* **de carbone** / Tetrachlorkohlenstoff *m* / carbon tetrachloride

tetraéthyle *m* **de plomb** / Bleitetraethyl *n* / tetraethyl lead
texture *f* / Gefüge *n*, Struktur *f* / structure, texture
TH → titre *m* hydrotimétrique
thermalisme *m* / Balneologie *f* / balneology
thermique / thermisch / thermal
thermocline *f* (Limnol) / Sprungschicht *f*, Metalimnion *n* / thermocline, metalimnion
thermomètre *m* / Thermometer *n* / thermometer
thermophile / wärmeliebend, thermophil / thermophilic, heat loving
thermoplongeur *m* / Tauchsieder *m* / immersion heater
thiocyanate *m* / Rhodanid *n*, Thiocyanat *n* / thiocyanate
thiosulfate *m* / Thiosulfat *n* / thiosulfate
thiourée *f* **allylique** / Allylthioharnstoff *m* / allyl thiourea
thixotropie *f* / Thixotropie *f* / thixotropy
tige *f* **d'agitateur** / Rührstab *m* / stirring rod
tirage *m* / Luftzug *m* / (air) draft
tissu *m* / Gewebe *n* / fabric, tissue
titrage *m* / Titration *f*, Titrieren *n* / titration
titration *f* **retour** / Rücktitrieren *n*, Rücktitration *f* / back titration
titre *m* / Titel *m* / title
— (Chem) / Titer *n* / standard strength, titer
titre *m* **alcalimétrique TA** / Alkalität *f* / alkalinity
titre *m* **colimétrique** (Biol) / Colititer *m* / coli titer
titre *m* **en acides forts libres TAF** / Gehalt an starken freien Säuren *fpl* / content of strong free acids
titre *m* **hydrotimétrique TH** / Gesamthärte *f* / total hardness
titrer / titrieren / titrate
t/mn → tours *mpl* par minute
TOC → carbone *m* organique total
tôle *f* / Blech *n* / sheet metal
tôle *f* **de fer** / Eisenblech *n* / sheet iron
tôle *f* **perforée** / Lochblech *n* / perforated plate
tolérable / zulässig / permissible, admissible
tonneau *m* / Faß *n* / barrel
torche *f* / Fackel *f* / flare
total / gesamt / total
tour *f* / Turm *m* / tower
tour *m* / Umdrehung *f*, Drehung *f*, Rotation *f* / rotation, revolution
tourbe *f* / Torf *m* / peat
tourbière *f* **haute** / Hochmoor *n*, Torfmoor *n* / raised bog, domed bog
tour *f* **de refroidissement** / Kühlturm *m* / cooling tower
tourie *f* / Glasballon *m*, Korbflasche *f* / carboy
tournesol *m* (Chem) / Lackmus *m* / litmus
tours *mpl* **par minute t/mn** / Umdrehungen *fpl* pro Minute / revolutions *pl* per minute
toxicité *f* / Giftigkeit *f*, Toxizität *f* / toxicity
toxicité *f* **vis-à-vis des poissons** / Fischgiftigkeit *f* / toxicity to fish
toxique *m* / Gift *n* / poison, venom
toxique / giftig / toxic, poisonous
traçage *m* / Markierung *f* / tracing

trace *f* / Spur *f* / trace
traceur *m* (Physiol, Med) / Tracer *m* / tracer
traitement *m* / Aufbereitung *f*, Behandlung *f*, Konditionierung *f* / treatment, conditioning
traitement *m* **à l'argent** / Silberung *f* / silver treatment
traitement *m* **de l'eau** / Wasseraufbereitung *f* / water purification
traitement *m* **des eaux d'égout** / Abwasserbehandlung *f* / sewage, waste water treatment
traitement *m* **de seuil** / Schwellenverfahren *n*, Schwellenwertbehandlung *f* / threshold treatment
traitement *m* **final** (Abw) / Schönung *f*, weitergehende Behandlung *f* / advanced treatment, polishing
traitement *m* **préliminaire** / Vorreinigung *f* / preliminary treatment
traitement *m* **primaire** / Vorbehandlung *f* / primary treatment, pretreatment
traitement *m* **secondaire** / zweite Reinigungsstufe *f* / secondary treatment
traitement *m* **tertiaire** / dritte Reinigungsstufe *f* / tertiary treatment
traiter / behandeln / treat, condition
tranchée *f* / Graben *m* / ditch, trench
transmetteur *m* **de mesure** / Meßwertwandler *m* / transmitter
transmissible / ansteckend, infektiös / infectious, contagious
transmission *f* / Durchlässigkeit *f* (für Strahlung) / transmission
transparence *f* / Durchsichtigkeit *f* / transparency
transparent / durchsichtig, klar / transparent, clear, limpid
transpirer / schwitzen, transpirieren / sweat, transpire
traverser / eindringen, durchdringen / penetrate, pierce
treillis *m* / Gitter *n* / lattice, grid
trempe *f* / Maische *f* / mash
tremper / einweichen, weichen / soak, steep, macerate
trihydrure *m* **d'arsenic** / Arsentrihydrid *n*, Arsenwasserstoff *m* / arsenic trihydride
tripolyphosphate *m* **de sodium** / Natriumtripolyphosphat *n* / sodium tripolyphosphate
tritium *m* / Tritium *n* / tritium
trivalent (Chem) / dreiwertig / trivalent
trompe *f* **d'eau** / Wasserstrahlpumpe *f* / water jet air pump
tronçon *m* **de rivière** / Flußstrecke *f* / reach of a river
trou *m* / Loch *n* / hole
trouble / trübe, schlammig / turbid, muddy
trou *m* **d'homme** / Mannloch *n* / manhole
trous *mpl* / Lochung *f* / perforation
tubage *m* / Verrohrung *f* / casing, tubing
tubage *m* **perforé** / Schlitzrohrbrunnen *m* / slotted tube well
tube *m* / Rohr *n*, Röhre *f* / pipe, tube
tube *m* **à essai** / Reagenzglas *n* / test tube, test glass
tube *m* **crépine** / Filterrohr *n* / screen pipe, strainer pipe
tubercule *m* **de rouille** / Rostknolle *f* / tubercle, nodule of rust
tubifex *m* / Schlammröhrenwurm *m* / sludge worm
turbidimètre *m* / Trübungsmesser *m* / turbidimeter
turbidité *f* / Trübung *f* / turbidity
turbo-malaxeur *m* / Turbomischer *m* / flash mixer
turbulent / turbulent / turbulent

tuyau   **valeur**

tuyau *m* / Rohr *n*, Röhre *f* / pipe, tube
tuyau *m* **d'égout** / Kanalrohr *n* / sewer pipe
tuyau *m* **de réduction** / Reduzierstück *n* / reducer
tuyau *m* **filtre** / Filterrohr *n*, Brunnenfilter *n* / strainer pipe, screen pipe
tuyau *m* **souple** / Schlauch *m* / hose, flexible tubing
tuyauterie *f* / Verrohrung *f* / tubing, casing
tuyaux *mpl* **en fonte ductile** / duktile Gußrohre *mpl* / ductile cast iron pipes
tuyère *f* / Düse *f* / nozzle

ultrafiltration *f* / Ultrafiltration *f* / ultrafiltration
ultrason *m* / Ultraschall *m* / ultrasonics, supersonics
ultra-violet / ultraviolett / ultra-violet
uni / glatt / smooth, even
unicellulaire / einzellig / unicellular, monothalamous
unité *f* / Einheit *f* / unit
unité *f* **de chaleur** / Wärmeeinheit *f* / thermal unit, caloric unit
unité *f* **thermique** / Wärmeeinheit *f* / thermal unit, caloric unit
uranium *m* / Uran *n* / uranium
urbain / städtisch / municipal
urée *f* / Harnstoff *m* / urea
urine *f* / Harn *m*, Urin *m* / urine
urinoir *m* / Pissoir *n* / urinal
usine *f* / Fabrik *f* / factory, mill, works, plant
usine *f* **à distillation de lignite** / Braunkohlenschwelanlage *f* / lignite coking plant
usine *f* **d'eau** / Wasserwerk *n* / water works
usine *f* **électrique** / Kraftwerk *n*, Elektrizitätswerk *n* / power station
usine *f* **hydroélectrique** / Wasserkraftwerk *n* / hydroelectric power plant
usine *f* **métallurgique** / Hüttenwerk *n* / smelting works, iron works, metallurgical plant
usure *f* / Verschleiß *m*, Abnutzung *f* / wear
utile / nützlich / useful, profitable, beneficial
utilisation *f* / Verwertung *f* / utilization, reclamation
utilisation *f* **agricole des eaux usées urbaines** / landwirtschaftliche Abwasserverwertung *f* / agricultural use of sewage
utiliser / verwerten / utilize

vacuum *m* / Vakuum *n* / vacuum
valeur *f* **à blanc** / Blindwert *m*, Leerwert *m* / blank value
valeur *f* **de saturation** / Sättigungswert *m* / saturation value
valeur *f* **du pH** / pH-Wert *m* / pH-value
valeur *f* **en dichromate** / Dichromatverbrauch *m*, Dichromatwert *m* / dichromate value
valeur *f* **en permanganate** / Permanganatverbrauch *m*, Oxidierbarkeit *f* mit Kaliumpermanganat / permanganate value
valeur *f* **exacte** / wahrer Wert *m* / true value
valeur *f* **fixée** / Sollwert *m* / specified value
valeur *f* **individuelle** / Einzelwert *m* / individual value
valeur *f* **moyenne** / Mittelwert *m*, Durchschnittswert *m* / mean, average
valeur *f* **témoin** / Blindwert *m*, Leerwert *m* / blank value

valeur   **vinasses**

valeur f **trouvée** (Anal) / Befund m, Ergebnis n / result, finding
valeur f **vraie** / wahrer Wert m / true value
validité f / Richtigkeit f / accuracy
vallée f / Tal n / valley
valve f / Ventil n / valve
vanadium m / Vanadium n / vanadium
vanne f / Schieber m / valve
vapeur f / Dampf m / vapor (USA), vapour, steam
vapeur f **à haute pression** / Hochdruckdampf m / high-pressure steam
vapeur f **d'eau** / Wasserdampf m / steam, water vapour
vapeur f **d'échappement** / Abdampf m / exhaust steam
vapeur f **épuisée** / Abdampf m / exhaust steam
vapeurs fpl / Dämpfe mpl / fumes pl
vaporiser / verdampfen, eindampfen, abdampfen / evaporate, vaporize, boil down
variable / veränderlich, unbeständig / variable, changeable, unsteady
variance f (Math) / Streuung f, Varianz f / variance
variation f / Schwankung f, Oszillation f / oscillation, variation, fluctuation
— → intervalle m de variation
vase m / Gefäß n / vessel
vase f / Schlick m / mud, silt
vase m **d'absorption** / Absorptionsgefäß n / absorption vessel
végétal / pflanzlich / vegetable
végétation f / Vegetation f / vegetation, plant growth
vélocité f / Schnelligkeit f / speed
vénéneux / giftig / toxic, poisonous
ventilateur m / Ventilator m / fan
ventilation f / Lüftung f, Ventilation f / ventilation
ventouse f / Entlüftungsventil n / air-relief valve
vérification f / Prüfung f, Untersuchung f / examination, investigation, test
verre m / Glas n / glass
verre m **foncé** / dunkles Glas n / dark glass
verre m **fritté** / Glasfritte f / glass frit
verrerie f / Glasgeräte npl / glassware
— / Glashütte f / glass factory
verre m **soluble** (Chem) / Wasserglas n, Alkalisilikat n / water glass
verser / gießen (Flüssigkeiten) / pour
ver m **solitaire** / Bandwurm m / tape worm
vertical / senkrecht, vertikal / vertical, perpendicular
vibrateur m / Rüttler m, Schüttelmaschine f / vibrator
vibrer / rütteln / shake, vibrate
vidange f / Ablaß m, Entleerung f / drain
vidange f **de fond** / Grundablaß m / bottom outlet
vide / leer / empty, void
vide m / Vakuum n / vacuum
vider / entleeren / empty, drain
vieillissement m / Alterung f / ageing
vinaigre m / Essig m / vinegar
vinasses fpl / Schlempe f / spent mash, slop

viscosité f / Zähflüssigkeit f, Viskosität f / viscosity
visibilité f / Sichtbarkeit f / visibility
visite f **des lieux** / Ortsbesichtigung f / local survey, site inspection
visqueux / zähflüssig, dickflüssig / viscous
vitesse f / Schnelligkeit f / speed
vitesse f **ascensionnelle** / Aufstiegsgeschwindigkeit f, Steiggeschwindigkeit f / upward flow rate, rising velocity
vitesse f **de débit** / Durchflußgeschwindigkeit f / velocity of flow
vitesse f **de réaction** / Reaktionsgeschwindigkeit f / reaction rate
voie f **navigable** / Wasserstraße f / water way
voile m **de boue** / Schwebefilter n / sludge blanket
volaille f / Geflügel n / fowl
volatil / flüchtig / volatile
— / leichtflüchtig / low volatile
volatilité f (Chem) / Flüchtigkeit f / volatility
volume m / Volumen n, Rauminhalt m, Inhalt m / volume, capacity
— → indice m du volume de boue
volume m **de boue décantée** / Schlammabsetzvolumen n / settled volume
volume m **en circulation** / Umlaufmenge f / circulating amount (volume)
volume m **moléculaire** / Molvolumen n / molecular volume
volume m **mort** / Totvolumen n / stagnant volume
volume m **total** / Gesamtinhalt m / total capacity
volumétrique / maßanalytisch, volumetrisch / volumetric, titrimetric
volume m **utile** / Nutzinhalt m / working capacity, usable capacity

zêta m **potentiel** / Zetapotential n / zeta potential
zinc m / Zink n / zinc
— → dézincification f
zinguer / verzinken / galvanize
zone f **d'alerte** / Warnbereich m / warning limits
zone f **d'appel** / Absenkungsbereich m (Hydrol), Wirkungszone f / area of influence
zone f **d'échantillonnage** / Probenahmegebiet n / sampling site
zone f **littorale** / Uferbereich m / littoral zone
zone f **profonde** (Limnol) / Profundal n / profundal zone